U0801891

《豫西地区主要秋作物常见病虫害原色图谱》
编　委　会

策　划:李巧芝　段爱菊

主　编:张　莉　刘建平　刘　帆

副主编(按照姓氏笔画排列):

王　宏　王小丽　王小梅　王永青　王淑枝　卢西平
冯社芳　乔建中　刘　宁　刘小强　刘立萍　许肖云
许毅戈　许国星　齐文超　任建安　李　红　李元杰
李青海　张晓军　赵亚利　姜道威　段振东　晋文静
高　娟　谢长营　韩瑞华

编写人员(按照姓氏笔画排列):

马晓辉　王　辉　毛艳青　牛　犇　牛亚斌　许跃峰
李巧芝　李改玲　张捷飞　杨瑞晖　赵一博　段爱菊
郭燕飞　梁俊强　葛国锋　程凯歌

豫西地区 主要秋作物常见病虫害原色图谱

张 莉 刘建平 刘 帆 主编

黄河出版传媒集团
阳 光 出 版 社

图书在版编目(CIP)数据

豫西地区主要秋作物常见病虫害原色图谱 / 张莉，刘建平，刘帆主编. --银川：阳光出版社，2023.7
ISBN 978-7-5525-6899-8

Ⅰ. ①豫… Ⅱ. ①张… ②刘… ③刘… Ⅲ. ①作物-病虫害-河南-图集 Ⅳ. ①S435-64

中国国家版本馆CIP数据核字(2023)第128915号

豫西地区主要秋作物常见病虫害原色图谱　　张莉 刘建平 刘帆 主编

责任编辑　朱双云　马伟锴
封面设计　蚂蚁广告印制中心
责任印制　岳建宁

黄河出版传媒集团
阳 光 出 版 社　出版发行

出 版 人　薛文斌
地　　址　宁夏银川市北京东路139号出版大厦(750001)
网　　址　http://www.ygchbs.com
网上书店　http://shop129132959.taobao.com
电子信箱　yangguangchubanshe@163.com
电　　话　0951-5014139
经　　销　全国新华书店
印刷装订　洛阳市画中画印业有限公司
印刷委托书号　(宁)0026597

开　　本　787 mm × 1092 mm　1/16
印　　张　19.5
字　　数　400千字
版　　次　2023年7月第1版
印　　次　2023年7月第1次印刷
书　　号　ISBN 978-7-5525-6899-8
定　　价　68.00元

前言

豫西地区处于我国地势第二级阶梯向第三级阶梯过渡地带的河南省西部，地形地貌多为丘陵山区，素有“五山四岭一分川”之称。气候类型为暖温带大陆性季风气候，四季分明，夏季多雨，秋季凉爽，降雨主要集中在七、八、九三个月。典型的地理特征，特别适宜多种秋作物种植，主要种类有玉米、谷子、甘薯、花生、大豆、烟草等。近年来，随着种植结构、耕作制度、栽培方式及气候、环境等的变化，秋作物病虫害发生种类增多，发生面积及程度呈上升趋势，直接影响着农业的丰产和丰收。

目前，豫西地区从事农业生产的劳动者，对秋作物多种病虫害的识别能力不足，错用、乱用、重用农药现象时有发生，不仅达不到较好的防治病虫害的效果，还会造成生态环境污染。因此，为了有效推广和普及病虫害鉴别知识和科学防控技术，我们结合多年工作实践，查阅了大量文献资料和最新研究成果，编著了这本《豫西地区主要秋作物常见病虫害原色图谱》。

本书以文字说明与彩色图谱相结合的方式，针对豫西地区9类主要秋作物常见病虫害发生的各个阶段症状特征进行了详细描述，并精选了在实际生产中拍摄的反映为害状及识别病虫害症状特征的原色图片，同时推广应用农业防治、理化诱控、生态调控、生物防治、科学使用化学农药等综合防控技术，有助于保护生物多样性，降低病虫害暴发几率，实现病虫害的可持续控制，而且还可以显著降低化学农药的施用量，避免农产品中的农药残留量超标，从而提升农产品质量安全水平。本书具有图文并茂、通俗易懂、形象直观、方便实用的特点，有助于读者对秋作物主要病虫害快速进行田间诊断和科学防控。

本书在编写过程中，得到有关部门、领导和基层科技人员的大力支持，在此谨致衷心感谢！

由于编者水平有限，书中不当之处，恳请各位专家和读者批评指正。

编者

2023年1月

目 录

第五部分 花生病虫害

第六部分 芝麻病虫害

第七部分 甘薯病虫害

第八部分 棉花病虫害

第九部分 烟草病虫害

第一部分　玉米病虫害

01 玉米弯孢霉叶斑病

分布与危害

玉米弯孢霉叶斑病又称黑霉病、黄斑病，广泛分布于豫西玉米产区，是玉米上主要叶部病害之一，有时也能侵染叶鞘和苞叶。该病主要发生在玉米生长中后期，严重时造成叶片枯死、果穗瘦小，籽粒不饱满，重病田可减产30%以上。

症状特征

玉米弯孢霉叶斑病主要为害玉米叶片，严重时可侵染叶鞘和苞叶，病斑多在玉米9~13叶期开始出现，发生高峰期多在玉米抽雄至灌浆期。发病初期，叶片上出现褪绿的水渍状斑点，随后逐渐扩大呈圆形或椭圆形，部分品种病斑为长条形或梭形，病斑大小一般为(1~2) mm×2 mm。感病品种上病斑大小可达(4~5) mm×(5~7) mm，且常融合成片引起叶片枯死。病斑中心枯白色或黄褐色，周围有较宽的红褐色坏死环带，感病品种外缘有褪绿色或淡黄色晕环。在潮湿的条件下，病斑的正、反两面均可产生灰黑色霉状物，叶背尤为明显(图1-1-1)。

图1-1-1　玉米弯孢霉叶斑病为害状

发生规律

玉米弯孢霉叶斑病病菌常以菌丝体或分生孢子在作物病残体上越冬。不同品种之间病情有一定差异。玉米苗期对该病的抗性一般高于成株期，苗期很少发生，抽雄穗后是弯孢霉叶斑病发生流行的高峰期。7~8月气温、降水量、空气相对湿度、连续降水日数与该病发生时期、危害程度密切相关；玉米抽雄后遇30~32 ℃高温、90%以上空气相对湿度、连续降水，则有利于该病的快速流行。此外，玉米种植过密、管理粗放、偏施氮肥、地势低洼积水、防治不当和连作的地块发病重。

防治措施

1. 农业防治

(1)选用种植抗病品种。

(2)合理轮作、换茬：可与豆类、蔬菜等作物轮作倒茬。

(3)加强田间管理:适时早播;合理间作、套种和密植;施足底肥,及时追肥以防后期脱肥,提倡施用酵素菌沤制的堆肥或充分腐熟的有机肥;雨后及时排除田间积水,提高植株抗病力,减轻发病程度;若进行秸秆直接还田,则应深耕、深翻,以减少初侵染菌源。

(4)清洁田园:玉米收获后,及时清理病残体和枯叶,集中深埋,减少病源。

2. 生物防治

1%苦皮藤素乳油与12.5%烯唑醇可湿性粉剂按3∶7的混配组合对玉米弯孢霉菌丝生长有较强的抑制作用。

3. 化学防治

当田间病株率达到10%时开始防治,药剂可选用50%异菌脲可湿性粉剂1 000~1 500倍液,或12.5%烯唑醇可湿性粉剂1 000~1 500倍液,或50%多菌灵可湿性粉剂500倍液,或75%百菌清可湿性粉剂500倍液,或70%代森锰锌可湿性粉剂500倍液,或70%甲基硫菌灵可湿性粉剂500~600倍液,或80%炭疽福美可湿性粉剂500倍液等,喷雾防治,间隔5~7天防治1次,连续用药2~3次。

02 玉米褐斑病

分布与危害

玉米褐斑病在玉米产区发生十分普遍,该病主要发生在玉米生长中后期,一般对产量影响不显著。但在一些感病品种上该病发生严重,常导致玉米生长前期病叶快速干枯,严重影响产量(图1-2-1)。

图1-2-1 玉米褐斑病大田为害状

症状特征

玉米褐斑病主要为害玉米叶片、叶鞘及茎秆。病菌的初侵染一般发生在玉米小喇叭口期,在叶片上常见与主脉相垂直的带状褪绿感病区(图1-2-2),由于高温和强光照导致喇叭口内夜间吐水温度升高,伤害叶片的幼嫩组织,为病菌入侵提供了温床,每天的周期性吐水,致使玉米叶片上常常出现分段分布的病斑区域;叶片上病斑开始为水浸状小点,后逐渐变为圆或椭圆形的浅黄色病斑,直径1~2 mm;主叶脉上病斑较大,呈深褐色(图1-2-3);病斑常常密布叶片,导致叶片干枯脱落(图1-2-4)。茎秆和果穗下方叶鞘上病斑一般出现较晚,为褐色、红褐色或深褐色,病斑偏大,且有时相连形成不规则的大块斑(图1-2-5),后期病斑表皮破裂,有黄褐色粉末(病原菌的休眠孢子囊)散出,病叶局部散裂,维管束和叶脉残存如丝状,病部枯死,遇风易倒折。

图 1-2-2　玉米褐斑病病叶带状褪绿感病区

图 1-2-3　玉米褐斑病病叶主叶脉上深褐色病斑

图 1-2-4　玉米褐斑病造成叶片干枯

图 1-2-5　玉米褐斑病为害叶鞘形成相连的深褐色不规则大块斑

发生规律

玉米褐斑病病菌以休眠孢子囊在土壤或病残体中越冬，翌年在条件适宜情况下萌发产生大量流动孢子，随气流传播到玉米植株上，游动孢子在玉米叶片表面上水滴中游动，并形成侵染丝，侵害玉米的幼嫩组织。豫西夏玉米区一般在 6 月中旬至 7 月上旬，遇连续阴雨、降水量大时易感病；如果 7~8 月温度偏高、湿度较大、阴雨天数较多时，有利于该病的发展蔓延。在土壤瘠薄的地块，玉米生长不良、叶色发黄，病害发生严重；在土壤肥沃的地块，玉米健壮，叶色深绿，病害发生程度较轻甚至不发病。低洼地、连作地发病重。一般在玉米 8~12 片叶时易发病，玉米 12 片叶以后一般不会再发生该病害。品种间发病程度差异也较大。

防治措施

1. 农业防治

（1）选择种植抗耐病品种。

（2）合理轮作：有条件的地区，可与豆类、花生等作物实行 3 年以上轮作。

(3)加强田间管理：适时早播，合理密植；施足基肥，适时追肥，在玉米4~5叶期可适当追施苗肥，每亩追施尿素或氮磷钾复合肥10~15 kg，培育壮苗，提高植株抗病能力；雨后及时排出田间积水，降低田间湿度。

(4)清洁田园：玉米收获后，彻底清除病残体，并深翻土壤，促进带菌秸秆腐烂，减少翌年的侵染源。

2. 化学防治

(1)在玉米4~5片叶期，选用25%三唑酮可湿性粉剂1 500倍液，或80%代森锰锌可湿性粉剂500~700倍液，或70%甲基硫菌灵可湿性粉剂500~600倍液叶面喷雾，可预防该病的发生。

(2)发病时，可用50%异菌脲可湿性粉剂1 000~1 500倍液，或25%三唑酮可湿性粉剂1 000~1 500倍液，或50%多菌灵可湿性粉剂500倍液，或80%代森锰锌可湿性粉剂700倍液，或12.5%烯唑醇可湿性粉剂1 000~1 500倍液喷雾。喷洒药剂时可加入适量的磷酸二氢钾、磷酸二铵水溶液或其他叶面肥，促进玉米健壮生长，提高抗病能力。多雨年份，应间隔7天喷1次药，连喷2~3次，喷后6小时内若遇雨，应在雨后及时补喷。

03 玉米纹枯病

分布与危害

玉米纹枯病俗称“烂脚杆”，是玉米常见的一种病害，主要发生在玉米生长后期，为害玉米植株近地表的茎秆、叶鞘，亦可为害果穗，常引起茎基腐败，茎秆被破坏，一般发病田可导致减产5%~10%，严重的可达35%以上(图1-3-1)。

图1-3-1　玉米纹枯病大田症状

症状特征

玉米纹枯病属于土传病害，主要危害叶鞘，其次是叶片、果穗及其苞叶。发病严重时，也可侵入坚实的茎秆，但一般不会造成倒伏。最初茎基部叶鞘感病，先出现水渍状灰绿色的圆形或椭圆形病斑，逐渐由灰绿色变成白色至淡黄色，后期变成红褐色云纹斑块(图1-3-2)。叶鞘受害后，病菌可透过叶鞘而为害茎秆，形成下陷的黑褐色斑块(图1-3-3)。发病早的植株，病斑可沿茎秆向上扩展至雌穗苞叶，并横向侵染下部的叶片。湿度大时，病斑上会出现白色霉状物，即菌丝和担孢子。当环境条件适宜时，病斑迅速扩大发展，导致叶片萎蔫，植株如同开水烫过一样，呈暗绿色腐烂，并逐渐枯死。在植株生长后期或温度较高、环境条件不再适合病菌扩大为害时，即产生菌核。菌核初为白色，后变黄褐色，老熟后呈深褐色。

图 1-3-2 玉米纹枯病云纹状病斑

图 1-3-3 玉米纹枯病黑褐色凹陷斑

发生规律

玉米纹枯病病菌以菌核遗留在土壤中,或以菌丝、菌核在植株病残株上越冬。翌年条件适宜,菌核萌发产生菌丝或以病株上存活的菌丝接触寄主,入侵茎基部,表面形成病斑后,病菌气生菌丝逐渐伸长,并不断向上部叶鞘发展。玉米拔节期开始发病,抽雄期发展迅速,吐丝灌浆期受害最重。病菌可通过表皮、气孔和自然孔口侵入寄主,其中以表皮直接侵入为主。

玉米纹枯病是靠直接接触而短距离传播的病害。病害流行与气候、种植密度、品种、肥水条件和地势高低等因素有关,其中以气候因素对玉米纹枯病的发展影响最大,玉米纹枯病发生的最低温度为 13~15 ℃,最适温度为 20~26 ℃,最高温度为 29~30 ℃。病害发生期内,雨期长、湿度高,病情发展快;玉米连作、播种过密、排水不良、施氮过多,发病重;生育期长的品种发病重,而少雨低湿、土壤肥沃则明显抑制病害发展。玉米苗期不发或很少发病,发病始期在喇叭口期至抽雄期,抽雄期病害开始扩展蔓延,灌浆至成熟期发展速度不断增快,也是该病发生为害的关键时期。

防治措施

1. 农业防治

(1)选用抗耐病品种,重病田块可实行轮作倒茬。

(2)清除田间杂草、病株残体,深翻土壤消灭越冬菌源,减少初侵染源。

(3)加强栽培管理:选择适当播期,避免病害发生高峰期(孕穗到抽穗期)与雨季重合;合理密植,宽窄行栽培;在玉米发病初期,摘除病叶,减少再侵染源。

(4)加强肥水管理:增施有机肥,避免氮肥过量,提高植株抗病性;雨天注意田间开沟排水,降低湿度,改善田间环境,减轻发病程度。

2. 生物防治

发病初期,当田间病株率达到 3%~5%时,每亩用 5%井冈霉素可湿性粉剂 200 g 拌入过筛灭菌细土 20 kg,点入玉米喇叭口内,此法防效高、药效长;或每亩用 16%井冈霉素可溶性粉剂 50~60 g,或井冈 · 蜡芽菌悬浮剂 20~26 g,兑水 50 kg 喷雾,隔 7~10 天再防治 1 次。

3. 化学防治

(1)种子处理:可用20%浸种灵乳油按种子质量的0.02%,或25%三唑酮可湿性粉剂按种子质量的0.2%拌种后堆闷24~48小时;也可用2%戊唑醇悬浮种衣剂进行种子包衣。

(2)喷雾防治:发病初期,每亩可用30%苯甲·丙环唑乳油10~20 mL,或25%丙环唑乳油30~40 mL,或15%井冈·三唑酮可湿性粉剂100~130 g,或40%纹霉星可湿性粉剂50~60 g,兑水50~75 kg喷雾,重点喷洒玉米茎基部,施药前要剥除病叶叶鞘。

04 玉米瘤黑粉病

分布与为害

玉米瘤黑粉病在豫西地区普遍发生,分布范围较广,是玉米生产中的重要病害之一。病菌可侵染玉米的茎秆、叶片、果穗、雄穗等幼嫩部位,产生大小不等的病瘤。因形成的黑粉瘤消耗植株大量养分,导致植株空秆不结实,重发病田一般可造成减产30%~80%(图1-4-1)。

图1-4-1 玉米瘤黑粉病为害状

图1-4-2 玉米瘤黑粉病淡紫红色菌瘿

症状特征

玉米瘤黑粉病属于局部侵染病害,明显特征是在病株上形成膨大的肿瘤。玉米的气生根、茎、叶、叶鞘、雄花及雌穗等幼嫩组织均可被侵染危害。被侵染的组织由于病菌代谢产物的刺激而肿大,形成形状和大小各异的菌瘿,菌瘤外包有寄主表皮组织所形成白色或淡紫红色的薄膜(图1-4-2),渐渐变为灰色,后期变为黑灰色(图1-4-3),常被称为"长蘑菇"。菌瘿成熟后外膜破裂,可散出大量黑粉(冬孢子)(图1-4-4)。田间幼苗高0.3 m左右时即可发病,菌瘿多在幼苗基部或根茎交界处产生。病苗茎叶扭曲、矮缩不长,叶鞘和心叶破裂紊乱,严重的会造成早枯。叶片或叶鞘受害,一般形成豆粒或花生粒大小的菌瘿;若侵染在茎或气生根上,则形成拳头大小的菌瘿,若玉米顶部受害,可引起玉米弯曲;若雌穗受害,多在果穗上中部或少数籽粒上形成菌瘿(图1-4-5),严重的全穗受害形成大而畸形的菌瘤(图1-4-6)。

图 1-4-3　玉米瘤黑粉病黑灰色菌瘿

图 1-4-4　成熟菌瘿散发黑粉

图 1-4-5　为害雌穗籽粒

图 1-4-6　为害整个雌穗成大菌瘿

发生规律

玉米瘤黑粉病病菌主要以冬孢子在田间土壤中、病残株上、混杂在粪肥中或黏附在种子表面越冬，成为翌年的初侵染源。种子表面带菌，有利于病害的远距离传播。第二年春天在适宜条件下，越冬的冬孢子萌发，产生担孢子和次生担孢子，经风雨传播到玉米的幼嫩组织上，在有水滴的情况下，萌发产生侵染丝直接穿透寄主表皮组织或从伤口侵入。菌丝在寄主组织中生长发育，并产生一种类似于生长素的物质，刺激寄主局部组织的细胞肿大成菌瘿，菌瘿内产生大量的冬孢子，从而进行再侵染。在玉米抽穗前后 1 个月内为该病的盛发期。

玉米瘤黑粉病病菌的冬孢子没有明显的休眠现象，成熟后遇到适宜的温、湿度条件就能萌发。发病条件与菌源数量、品种抗病性和环境条件有关：品种间抗病性有明显差异，一般杂交种抗病性强于其亲本自交系或一般品种，一般硬粒型、雌穗苞叶长厚而紧裹和马齿型品种的玉米较抗病，耐旱的品种也较为抗病，早熟玉米比晚熟品种发病轻，甜玉米较感病；连作地和距村庄较近的地块菌源量较大，一般发生较重；低温、干旱、少雨的地区，以及缺乏有机质的沙性土壤中发病较重；施用未腐熟农家肥或偏施氮肥，通风透光不良，造成玉米组织柔嫩，有利于病原菌侵染危害；螟害、冰雹、暴雨以及人工去雄造成伤口，均有利于该病发生。

防治措施

防治玉米瘤黑粉病应以种植抗病、轻病杂交种为主要措施，配合采用减少菌源的栽培措施，坚持早期摘除病瘤。

1. 农业防治

（1）选用抗病品种。

（2）加强田间管理：彻底清除田间病株，翻地沤浸；在田间发病后及早割除菌瘿，带出田外进行深埋销毁，减少菌源。

（3）加强栽培管理：适时播种，合理密植；均衡施肥，控制氮肥用量；在抽穗前后的易感病阶段及时灌溉，防止干旱；及时防治玉米螟等虫害，减少伤口。

（4）合理轮作：重病田可与高粱、谷子、大豆等作物实行 2~3 年轮作。

2. 化学防治

（1）种子处理：播种前，可用 20%福美双 · 克百威悬浮种衣剂按药种比 1：50 进行种子包衣，或按种子重量的 0.2%~0.3%用 50%福美双可湿性粉剂拌种，或按种子重量 0.3%用 25%三唑酮可湿性粉剂拌种。

（2）喷雾处理：在玉米抽雄前，喷 50%多菌灵可湿性粉剂 500~1 000 倍液，或 50%福美双可湿性粉剂 500 倍液，视情况防治 1~2 次，可有效减轻病害。在病因未出现前，可用 25%三唑酮可湿性粉剂 750~1 000 倍液，或 12.5%烯唑醇可湿性粉剂 2 000 倍液，或 25%丙环唑乳油 1 500 倍液，或 50%福美双可湿性粉剂 1 500 倍液，对植株喷施，以降低发病率。

05 玉米青枯病

分布与危害

玉米青枯病又称玉米茎基腐病或茎基腐病，是由几种镰刀菌或腐霉菌单独或复合侵染产生的土传真菌病害。在个别年份局部地区危害严重，发病率可达 30%以上，病株籽粒不饱满、瘪瘦，对玉米产量和品质影响很大（图 1-5-1）。

图 1-5-1　玉米青枯病大田为害状

图 1-5-2　玉米青枯病病株青灰色干枯状

症状特征

玉米青枯病一般在玉米灌浆期开始显症,乳熟末期至蜡熟期是显症高峰。感病后最初表现青枯萎蔫,后叶片自下而上迅速失水枯萎,叶片呈青灰色或黄色逐渐干枯,表现为青枯病状或黄枯病状,似霜害(图 1-5-2)。茎基部 1~2 节表现出褐色失水皱缩,变软,髓部中空(图 1-5-3)(维管束呈丝状,可见白色或粉红色菌丝),或茎基部 2~4 节出现梭形或椭圆形水浸状病斑,绕茎秆不断扩大,变褐腐烂,且易倒伏。根系发育不良,侧根稀少,根部呈褐色腐烂,根皮易脱落,根毛稀少,病株易拔起。根部和茎部着生絮状白色或紫红色霉状物。发病植株后期果穗下垂(图 1-5-4),但穗柄柔韧,不易掰落,籽粒瘪瘦,无光泽,脱粒困难,千粒重下降。

图 1-5-3　玉米青枯病茎髓部中空

图 1-5-4　玉米青枯病株雌穗倒挂

发生规律

玉米青枯病为多种病原菌侵染的病害,镰刀菌以分生孢子或菌丝体,腐霉菌以卵孢子在病残体上及土壤内存活越冬,带病种子是翌年最主要的初侵染源。病菌可借灌溉、机械、风雨、昆虫携带传播,通过根部或根茎部的伤口或直接侵入玉米组织。种子带菌能引起苗枯。

天气炎热、阴雨连天、雨后暴晴时最易发生玉米青枯病。玉米吐丝期至成熟期,降雨多、湿度大发病重,土地瘠薄、沙土地、排灌条件差、玉米生长不良的田块发病较重,连作、早播发病重。

防治措施

1. 农业防治

(1)选用抗耐病品种。

(2)合理轮作:与水稻、大豆、甘薯、马铃薯等非寄主作物实行 2~3 年轮作,减少土壤中病原菌积累。

(3)加强田间管理:适时晚播,可有效减轻该病害发生;播种时,每亩用硫酸锌肥 1.5~2 kg 作为种肥施用,能够有效降低植株发病率;增施腐熟有机肥或每亩用钾肥 16 kg,能够显著提高植株的抗性,降低发病率;在玉米生长后期,控制土壤温度,雨后及时排水,避免田间积水。

(4)清洁田园:生长期和收获后及时清除田内外病残组织,深翻土壤,减少侵染源。

2. 生物防治

可用绿木霉菌拌种,或绿木霉菌穴施配合苏云金芽孢杆菌拌种进行生物防治。

3. 化学防治

(1)种子处理:每 10 kg 种子可用 2.5%咯菌腈悬浮种衣剂 10~20 mL,或 3.5%咯菌·精甲霜悬浮种衣剂 10~15 mL,或 20%福美双·克百威悬浮种衣剂 200~400 mL,进行种子包衣。

(2)喷淋处理:发病初期,可用 50%多菌灵可湿性粉剂 600 倍液,或 25%甲霜灵可湿性粉剂 500 倍液,或 70%甲基硫菌灵可湿性粉剂 800 倍液喷淋根基,间隔 7~10 天喷一次,连喷 2~3 次。

06 玉米锈病

分布与危害

玉米锈病在豫西玉米种植区分布广泛,有玉米南方锈病和普通锈病 2 种,以南方锈病为主,在个别年份南方锈病会造成局部暴发流行。由玉米柄锈菌引起,发病后,叶片被橘黄色的夏孢子堆和夏孢子所覆盖,造成叶片干枯死亡,影响产量,轻者减产 10%~20%,重者达 50%以上,严重地块甚至绝收(图 1-6-1)。

图 1-6-1 玉米锈病大田为害状

症状特征

玉米锈病主要为害玉米叶片,也可侵染叶鞘、茎秆和苞叶,开花结穗到采收中后期为最适感病生育期。发病初期,叶片两面散生淡黄白色小斑,四周有黄色晕圈,后病斑突起形成黄褐色乃至红褐色疱斑(病菌夏孢子堆),圆形或长圆形,散生或聚生。孢子堆表皮撑破裂开后,散出铁锈状的夏孢子。后期,病斑上或其附近又长出长椭圆形的黑色突起斑,即病菌的冬孢子堆,破裂后散出黑褐色粉状物(图 1-6-2 至图 1-6-4)。

图 1-6-2 玉米锈病正面

图 1-6-3 玉米锈病背面

图 1-6-4　玉米锈病症状

发生规律

玉米锈病病菌在南方温暖地区以夏孢子在玉米植株上越冬。翌年当环境条件适宜时，借气流传播到寄主作物，由叶面气孔直接侵入，成为初侵染源。田间少量植株发病后，在病部产生锈孢子，形成夏孢子堆并散发出夏孢子，夏孢子借气流传播进行再侵染，在植株间蔓延扩展，直到秋季，产生冬孢子堆和冬孢子。田间发病时，先从植株顶部开始向下扩展。

高温高湿或连阴雨天气有利于孢子的萌发、传播和侵染。当环境温度为 20～30℃，相对湿度 95%以上时最适宜发病。种植密度过高、通风透光差、地势低洼、氮肥过量的地块发病重。一般叶色黄、叶片少的品种易感病。

防治措施

1. 农业防治

（1）选用抗耐病品种。

（2）清洁田园：清除田间病残体，集中深埋销毁，深翻土壤，减少侵染源。

（3）加强田间管理：深沟高畦栽培、适当早播，合理密植；适量浇水，雨后及时排水降湿；增施有机肥和磷钾肥，避免过量施用氮肥，提高寄主抗病力。

2. 生物防治

据研究，黄粉虫体内提取的抗菌物质可开发为生物杀菌剂代替化学杀菌剂，对玉米锈病有较好的防治效果。

3. 化学防治

发病初期，可喷洒 12.5%烯唑醇可湿性粉剂 1 000～1 500 倍液，或 25%三唑酮可湿性粉剂 800～1 000 倍液，或 80%戊唑醇可湿性粉剂 6 000 倍液，或 25%丙环唑乳油 1 500 倍液，隔 10 天左右防治 1 次，连续防治 2～3 次。

07 玉米穗腐病

分布与危害

玉米穗腐病又名赤霉病、果穗干腐病,被称为玉米的癌症,也是一个与人类健康关系密切的玉米病害。豫西各玉米种植区均有发生,通常为多种病原菌侵染引起的病害。该病不仅导致玉米产量、品质下降,而且一些病原菌如黄曲霉菌会产生有毒代谢产物黄曲霉素,严重为害人和家畜、家禽的健康(图 1-7-1)。

图 1-7-1　玉米穗腐病大田为害状

症状特征

玉米穗腐病主要发生在玉米生长中后期,可为害雌穗及籽粒,被害雌穗顶部或中部变色,并出现粉红色(图 1-7-2)、蓝绿色(图 1-7-3)、黑灰色或暗褐色、黄褐色霉层,即病原菌的菌体、分生孢子梗和分生孢子,一般可扩展到雌穗的 1/3~ 1/2 处, 当多雨或潮湿时可扩展到整个雌穗。玉米病粒无光泽、不饱满、内部空虚、质脆,常被交织的菌丝所充塞。雌穗病部苞叶常被密集的菌丝贯穿,黏结在一起贴于雌穗上不易剥离。仓储玉米受害后,会在粮堆内外长出颜色各异、疏密不等的菌丝和分生孢子(图 1-7-4),并散出发霉的气味。

图 1-7-2　玉米穗腐病粉红色病穗菌丝和分生孢子

图 1-7-3　玉米穗腐病蓝绿色病穗菌丝和分生孢子

图 1-7-4　玉米穗腐病疏密不等的菌丝和分生孢子

发生规律

玉米穗腐病病菌可在种子、病残体或土壤中越冬，是翌年初侵染病源。病菌主要由籽粒伤口和花丝侵入，分生孢子可借风雨传播。当环境温度在 15~28℃，相对湿度在 75%以上时，有利于该病的侵染和流行。玉米灌浆成熟期间遇连阴雨天，高温多雨以及玉米虫害发生偏重的年份，该病发生较重。收获期连续降雨或收获后，玉米粒未及时晒干，入库时含水量偏高，抑或贮藏期仓库密封不严，库内温度过高，也利于各种霉菌扩散蔓延，引起玉米穗腐、粒腐或发霉。品种间抗病性差异很大，花丝多、苞叶长而厚、穗轴含水量高、籽粒排列紧密、水分散失慢的玉米品种易感病；花丝少、苞叶薄、雌穗顶部籽粒外露、收获前果穗已成熟下垂，雨水不易淋入的品种抗病性较强。此外，秸秆还田技术的不成熟也有利于病害的发生和加重。

防治措施

1. 农业防治

（1）选用抗病品种。

（2）合理轮作：可与非寄主作物实行 2~3 年轮作。

（3）精选种子：剔除秕小病粒，可将种子放在强光下晒 2~3 天，进行杀菌消毒。

（4）加强田间管理：适期早播，合理密植；地膜覆盖种植；注意虫害防治，减少伤口侵染的机会。

（5）科学施肥：增施钾肥可显著提高玉米抗病、抗旱、抗倒伏能力，有利于优质高产；有条件的，可在玉米大喇叭口期追施尿素、氯化钾，可减轻发病。

（6）清洁田园：及时清除并销毁病残体；玉米收获后，可采用粉碎做饲料、氨化、沤制农家肥等措施尽早处理玉米秆、玉米穗轴、根茬，并对土地进行深翻处理，把一些落叶、根茬、倒伏在地的茎秆一同深翻到地下，减少翌年田间侵染源。

（7）加强贮存管理：玉米成熟后要及时采收，剥去苞叶，折断病雌穗霉烂顶端，防止穗腐病再新扩展；不要堆集过厚，同时防雨淋湿受潮，可将玉米打结成串挂在通风向阳处晾晒，防止受热而发病；及时充分晒干或脱粒烘干后入仓贮存。

2. 生物防治

在玉米大喇叭口期,每亩可用20%井冈霉素水溶性粉剂200 g制成药土点心叶,或配制药液喷施于果穗。

3. 化学防治

(1)种子处理:每10 kg种子用2.5%咯菌腈悬浮种衣剂20 mL+3%苯醚甲环唑悬浮种衣剂40 mL进行包衣或拌种。

(2)药剂喷雾:在玉米抽雄期或收获前15天左右,可用25%苯菌灵乳油800倍液,或50%多菌灵可湿性粉剂1 000倍液,或50%甲基硫菌灵可湿性粉剂500~1 000倍液对果穗、花丝和下部茎叶进行喷雾防治。

08 玉米细菌性茎腐病

分布与危害

玉米细菌性茎腐病在豫西地区偶有发生。该病是由菊欧文氏菌玉米致病变种引起的病害,具有发病迅速、传播快、为害严重等特点,对玉米产量影响较大。发病后,玉米茎节腐烂,严重时可造成整株死亡(图1-8-1)。

图1-8-1　玉米细菌性茎腐病大田为害状

图1-8-2　玉米细菌性茎腐病病斑呈水渍状

症状特征

玉米细菌性茎腐病主要为害中部茎秆和叶鞘,玉米 5~6 片叶时开始发病,发病初期,玉米茎秆和叶鞘上出现水渍状腐烂,病组织开始软化,散发出臭味,病斑呈不规则形,边缘浅红褐色,病健组织交界处水渍状尤为明显,严重时有菌脓溢出(图 1-8-2)。条件适宜时,病斑向上下迅速扩展,容易造成生长点腐烂、坏死,叶片呈现青枯萎蔫,且易拔出;病菌可通过叶鞘侵染雌穗,严重时病部以上植株倒折。

发生规律

玉米细菌性茎腐病菌可在土壤中病残体上越冬,翌年从玉米植株的气孔、叶鞘间隙或伤口处侵入。玉米高 60 cm 时,组织柔嫩易发病,害虫为害造成的伤口利于被田间残留的病菌侵入。此外,当玉米螟、棉铃虫等害虫携带病菌时,也可起到传播和接种的作用,虫口数量大则发病重。高温高湿条件有利于发病,当日均气温 30℃左右,相对湿度高于 70%时即可发病;当日均气温 34℃,相对湿度 80%时扩展迅速。玉米田连作、通风不良、密度过大、地势低洼或排水不良、施用氮肥过多、伤口多则发病重。

防治措施

1. 农业防治

(1)种植玉米过程中实行轮作,尽可能避免连作。

(2)及时清除田园病株,深翻土壤,减少菌源。

(3)采用高畦栽培,严禁大水漫灌;雨后及时排水,防止湿气滞留。

2. 化学防治

(1)种子处理:可用 25%三唑酮可湿性粉剂按种子量的 0.2%进行药剂拌种。

(2)喷雾防治:苗期开始注意防治玉米螟、棉铃虫等害虫,及时治虫防病;发病初期,可用 20%噻菌铜悬浮剂加 0.01%芸苔素内酯 800 倍液,或 77%氢氧化铜可湿性粉剂 1 000 倍液,或 50%甲霜灵锰锌可湿性粉剂 600 倍液,或 20%噻菌铜悬浮剂 500 倍液,或 12%松脂酸铜悬浮剂 600~800 倍液进行喷雾,以控制病害的发展。

09 玉米粗缩病

分布与危害

玉米粗缩病俗称“座坡”、“小矮子玉米”,近年来在豫西局部地区发生日益加重,已成为玉米产区的主要病害。其由一种具双层衣壳的双链 RNA 球形病毒引起,以灰飞虱为媒介进行传播,整个生育期都可感染发病。由于严重发病植株不结穗,严重时可造成 60%以上减产,甚至绝收。

症状特征

玉米粗缩病以苗期受害最重，症状一般出现在5~6叶期，初在心叶基部及中脉两侧的细脉上出现褪绿虚线状条纹即明脉，逐渐扩及整个叶片。随着病情发展，病株的叶背、叶鞘及苞叶的叶脉上出现粗细不一的蜡白色条状突起条纹，用手触摸有明显的粗糙不平感，成为脉突。病苗浓绿，叶片宽短且厚硬僵直，顶叶簇生。病株生长迟缓，节间粗肿缩短，严重矮化，高度不及健株一半。根系少而短，很易从土中拔出。轻病株，雄穗发育不良、散粉少，雌穗短、花丝少、结实少；重病株，雄穗不能抽出或虽能抽出但分枝稀少、无花粉，雌穗畸形，不能结实或籽粒很少(图1-9-1)。

图1-9-1　玉米粗缩病为害症状

发生规律

玉米粗缩病在玉米整个生育期均可侵染发病，主要以带毒灰飞虱在多年生禾本科杂草、玉米、小麦、水稻、高粱、谷子等作物及传毒介体内越冬。玉米出苗后，小麦或杂草上的灰飞虱即带毒迁至玉米上取食传毒，引起玉米发病。在玉米生长中后期，病毒再由灰飞虱携带向高粱、谷子等晚秋禾本科作物及马唐等禾本科杂草传播，秋后再传向小麦或直接在杂草上越冬，辗转传播为害，形成周年侵染循环。一般早播玉米发病重，管理粗放、杂草丛生的田块发病重；不同品种间的发病程度也各不相同。

防治措施

坚持以农业防治为主、化学防治为辅的综合防治方针。

1. 农业防治

(1)选用抗耐病品种。

(2)合理布局，避开单一抗源品种大面积种植。

(3)适期播种，调整播期，使玉米对病害最为敏感的生育时期避开灰飞虱成虫盛发期，降低发病率。

(4)清除田间和地头杂草，减少害虫孳生地；及时拔除病株，带出田外深埋销毁，减少侵染源。

(5)合理施肥浇水，加强田间管理，促进玉米健壮生长，缩短感病期。

2. 生物防治

可用1.8%宁南霉素水剂250倍液喷施叶面进行防治。

3. 化学防治

(1)种子处理：每10 kg种子用70%噻虫嗪可分散粉剂10~30 g进行种子包衣，防治苗期灰飞虱，减轻病害传播。

（2）喷雾处理：苗期喷药防治灰飞虱，可亩用10%吡虫啉可湿性粉剂30~50 g，或5%啶虫脒可湿性粉剂50 g，兑水喷雾，每7~10天喷1次，连喷2~3次；发病初期，亩用5%氨基寡糖素水剂75~100 mL，或6%低聚糖素水剂62~83 mL，或20%盐酸吗啉胍·乙酸铜可湿性粉剂80~100 g，兑水50 kg进行喷雾防治。

10 玉米大斑病

分布与危害

玉米大斑病又名玉米煤纹病、玉米条斑病、玉米枯叶病等，是玉米的重要病害之一，在豫西分布广泛。该病由大斑病凸脐蠕孢引起，属于气流传播病害，发病严重的玉米叶片上产生大量病斑，影响光合作用，造成籽粒灌浆不足，导致产量损失。一般年份可造成减产5%左右，严重发生年份，感病品种可造成20%以上的减产（图1-10-1）。

图1-10-1　玉米大斑病大田为害状

图1-10-2　玉米大斑病为害叶片

症状特征

玉米大斑病主要为害叶片（图1-10-2）、叶鞘和苞叶。自植株下部叶片开始发病，逐渐向上扩展。该病最明显的特征是在叶片上形成大型灰褐色或黄褐色的梭状病斑，长5~10 cm，宽1 cm左右，有的病斑更大，或几个病斑连接成大型不规则枯斑（图1-10-3），严重时叶片呈枯焦状。在感病品种上，先出现水渍状斑，迅速发展为灰绿色的小斑点；病斑沿叶脉快速扩展，很快形成中央灰褐色、边缘没有典型变色区域的长梭形大型病斑。多雨潮湿天气，病斑上密生灰黑色霉层（病原孢子）（图1-10-4）。此外，发生在抗病品种上的病斑，表现为与叶脉平行的褐色坏死条纹，周围具黄色或淡褐色褪绿圈，不产生或极少产生孢子。

图 1-10-3　玉米大斑病病斑连成大型不规则枯斑

图 1-10-4　玉米大斑病病斑上灰黑色霉层

发生规律

玉米大斑病的病原菌以休眠菌丝或分生孢子在田间地表的病残体内越冬，成为翌年发病的初侵染源，种子也能带少量病菌。玉米生长季节，越冬菌源产生孢子，随气流或雨水飞溅传播到玉米叶片上，温、湿度适宜时萌发入侵。经 10~14 天，便可在病斑上产生大量分生孢子，造成局部枯萎。以后分生孢子随气流传播，进行多次再侵染，导致病害流行。夏玉米田 7 月中旬始见病斑。

当温度 20~25 ℃，相对湿度 90%以上时，有利于病害发展。气温高于 25 ℃或低于 15 ℃，相对湿度小于 60%，持续几天，可抑制病害发展。在春玉米种植区，由于玉米从拔节期到出穗期，基本可以满足大斑病菌对温度的要求，所以降雨量是发病轻重的决定因素。玉米播种过晚、出穗后氮肥不足、玉米连作、密度过大、低洼地、多雨多雾或连续阴雨天气均有利于该病的发展流行，造成产量损失。

防治措施

1. 农业防治

(1)选用抗耐病品种。

(2)合理轮作、倒茬：可与花生、甘薯等其他矮秆作物实行轮作、间作。

(3)加强田间管理：宽窄行种植，改善田间的通风条件；施足底肥，增施磷钾肥，生长中期追施氮肥，保证后期不脱肥，提高玉米植株抗病能力；合理灌溉，注意田间排水；摘除底部 2~3 片叶，降低田间相对湿度。

(4)清洁田园：玉米收获后及时清除病残株，集中处理秸秆，避免形成翌年的发病侵染源，同时深翻土壤，减少菌源。

2. 生物防治

发病初期，每亩喷洒 200 亿芽孢/mL 枯草芽孢杆菌可分散油悬浮剂 70~80 mL，或用农用抗生素 120 水剂 200 倍液，隔 10 天喷洒 1 次，连续防治 2~3 次。

3. 化学防治

玉米抽雄前后或发病初期，亩用70%丙森锌可湿性粉剂100~150 g，或18.7%丙环·嘧菌酯悬乳剂50~75 mL，或45%代森铵水剂75~100 mL，兑水50~75 kg喷雾；或用50%多菌灵可湿性粉剂500倍液，或25%苯菌灵乳油800~1 000倍液，或50%甲基硫菌灵可湿性粉剂600倍液，或75%百菌清可湿性粉剂800倍液喷雾。隔7~10天喷药1次，共防治2~3次。

11 玉米小斑病

分布与危害

玉米小斑病又名玉米斑点病，常和大斑病同时出现或混合侵染，是由长蠕孢菌侵染引起的，是玉米生产中重要病害之一。该病是气流传播、多次侵染的病害，广泛分布在豫西各玉米产区，以夏玉米种植区发生较重，感病品种在一般发生年份减产10%以上，大流行年份减产可达20%~30%（图1-11-1）。

图1-11-1　玉米小斑病大田为害状

图1-11-2　玉米小斑病为害叶片

症状特征

玉米小斑病在玉米整个生育期内都可发生，以玉米抽雄后发病重。其主要为害叶片（图1-11-2），也为害叶鞘、苞叶和果穗。叶片上病斑小于大斑病，但病斑数量较多，多从植株下部叶片先发病，随后向上蔓延、扩展。病斑初为水浸状，逐渐变为边缘颜色较深的黄褐色或红褐色，椭圆形、圆形或长圆形，大小为(5~10) mm×(3~4) mm，病斑密集时常连接成片，形成大型枯斑。因品种抗性不同，叶片上的病斑形状呈现三种类型：一是不规则的椭圆形病斑，或受叶脉限制形成近长方形病斑，具明显的紫褐色或深褐色边缘；二是椭圆形或纺锤形的病斑，因不受叶脉限制，病斑较大，呈灰褐色或黄褐色，无明显的深色边缘，病斑上有时会出现轮纹；三是黄褐色的坏死小斑点，基本不扩大，周围具明显的黄绿色晕圈，此为抗性病斑。叶鞘和苞叶上的病斑较大，呈纺锤形、黄褐色，边缘紫色或不明显，表面密生灰黑色霉层。果穗受害，病部呈不规则的灰黑色霉区，严重时，引起果穗腐烂，下垂掉落，种子发黑腐烂。

发生规律

玉米小斑病病原菌主要以菌丝体或分生孢子在病残株上越冬，在地面上能存活 1~2 年，其次是带菌种子。玉米生长季节，条件适宜时，越冬菌源产生分生孢子，借风雨、气流等传播到玉米植株上，在叶面有水膜的条件下萌发侵入寄主，遇到适宜发病的温度、湿度条件，经 5~7 天即可再次产生新的分生孢子进行再侵染，这样经过多次反复再侵染造成病害流行。在田间，先在植株下部叶片发病，随后呈水平方向向周围植株传播扩散，当病株率达一定量后，向植株上部叶片垂直扩展。自然条件下，还可侵染高粱。

玉米小斑病菌发生为害的适温比大斑病菌要高，产生分生孢子的最适温度为 23~25 ℃，适于田间发病的日平均温度为 25.7~28.3 ℃。在适温的条件下，如遇充足的水分，则病势迅速扩展，极易导致大流行。豫西地区 7~8 月份的温度适宜玉米小斑病的发生流行，此时玉米正处在拔节出穗阶段，如果连续降水，或结雾时间长，田间相对湿度高，可引起玉米小斑病的严重发生。玉米连茬种植、播种过迟、种植过深、施肥不足，尤其是拔节期肥力不足、抽雄后脱肥、地势低洼、排水不良、土质黏重等均利于该病的发生流行。

防治措施

1. 农业防治

（1）选种抗病品种：在玉米大斑病、玉米小斑病和玉米丝黑穗病混合发生区，应选用能兼抗几种病害的多抗玉米杂交种。

（2）合理轮作、倒茬：避免玉米连作，提倡与花生、甘薯等作物实行 3~5 年轮作、倒茬，减少田间菌量。

（3）加强田间管理：适期早播；施足底肥，增施磷钾肥，重施喇叭口肥；及时中耕灌水，增强植株抗病力；及时收获后深耕土壤。

（4）清洁田园：玉米生长期，摘除玉米植株下部老叶、病叶，减轻发病程度；玉米收获后，彻底清除田间病残株，可对秸秆进行高温沤肥，杀灭病菌。

2. 生物防治

发病初期，每亩喷洒 200 亿芽孢/mL 枯草芽孢杆菌可分散油悬浮剂 70~80 mL，或用农用抗生素 120 水剂 200 倍液，隔 10 天喷洒 1 次，连续防治 2~3 次。

3. 化学防治

在玉米抽穗前后，病情扩展前开始喷药，喷药时先摘除基部病叶。可选用 18.7%丙环·嘧菌酯悬乳剂 50~75 mL，或 30%苯甲·丙环唑乳油 15~20 mL，或 70%丙森锌可湿性粉剂 100~150 g，或 45%代森铵水剂 75~100 mL，兑水稀释，每亩用药液 50~75 kg 喷雾；或用 50%多菌灵可湿性粉剂 500 倍液，或 70%甲基硫菌灵可湿性粉剂 600 倍液，或 50%苯菌灵可湿性粉剂 800 倍液，75%百菌清可湿性粉剂 600~800 倍液喷雾。隔 7~10 天喷药 1 次，共防治 2~3 次。

12 玉米顶腐病

分布与危害

玉米顶腐病可细分为镰刀菌顶腐病、细菌性顶腐病两种，近年来在豫西各玉米产区渐有发生。苗期严重发病可引起死苗，成株期影响植株正常生长，导致雄穗无法正常抽出和散粉，对产量造成损失(图1-12-1)。

图1-12-1 玉米顶腐病大田为害状

症状特征

玉米顶腐病在玉米苗期到成株期都可发生，成株期病株生长缓慢，多呈矮小状，但也有矮化不明显的，其他症状更是复杂多样。多数症状表现为新生叶片上部失绿，典型症状有：(1)病株叶片畸形或扭曲，叶片边缘产生黄化条纹，或叶片顶部腐烂并形成刀切状缺刻或顶部4~5叶的叶尖或全叶褐色腐烂枯死(图1-12-2)；(2)叶片基部边缘褐色腐烂，叶片有时呈“撕裂状”或“断叶状”，严重时全叶枯死；(3)顶部叶片短小，残缺不全，扭曲卷缩成直立“长鞭状”，抑或在形成鞭状时被其他叶片包裹无法伸展，形成“弓状”，有的顶部几个叶片扭曲缠结在一起不能伸展，呈皱缩状；(4)感病叶片边缘出现“刀切状”缺刻，有的品种感病后顶端叶片丛生、直立；(5)个别植株出现雄穗受害(图1-12-3)，呈现褐色腐烂状。病株的根系通常不发达，主根短小，根毛细而多，呈绒状，根冠变褐腐烂。茎秆髓部呈现腐烂，剖开可见内部维管束及茎节出现褐色短条状变色，高湿条件下，病部出现粉白色至粉红色霉状物，刮风时容易折倒。

图1-12-2 玉米顶腐病为害叶片呈褐色腐烂枯死

图1-12-3 玉米顶腐病为害雄穗

发生规律

该病为土壤传播病害，但也可通过种子带菌进行远距离传播，不断扩大侵染。顶腐病具有某些系统侵染的特征，病株产生的病原菌分生孢子还可以随风雨传播，进行再侵染。蓟马、蚜虫等虫害会加重该病害发生；高温高湿、强光照气候，有利于病菌大量繁殖；地势低洼、排水不畅、土壤黏重地块发病重。

防治措施

1. 农业防治

(1)选用抗耐病品种。

(2)加强田间管理：适时早播；铲除田间杂草，雨后及时排湿，改善田间环境，增强植株抗病能力；对玉米心叶已扭曲腐烂的重症病株，可剪去包裹雄穗以上的叶片，以利于雄穗的正常吐穗，剪下的病叶要带出田外集中深埋处理。

(3)科学施肥：玉米大喇叭口期，要及时追肥，并追施叶面营养剂，促苗早发，补充营养，提高抗逆能力；控制或减少硝酸铵的使用量。

2. 化学防治

(1)种子处理：可按种子重量 0.4%的 2%戊唑醇悬浮种衣剂、或 75%百菌清可湿性粉剂、或 50%多菌灵可湿性粉剂、或 80%代森锰锌可湿性粉剂拌种，也可用 40%萎锈・福美双悬浮剂进行包衣处理。

(2)药剂喷雾：发病初期可选用 70%甲基硫菌灵可湿性粉剂 700 倍液，或 80%代森锰锌可湿性粉剂 600 倍液，或 58%甲霜灵・锰锌可湿性粉剂 600 倍液，或 10%苯醚甲环唑水分散剂 800 倍液喷雾防治，间隔 10～15 天防治一次，连续防治 2 次。也可结合后期玉米螟等害虫的防治，混合 50%多菌灵可湿性粉剂、75%百菌清可湿性粉剂、80%代森锰锌可湿性粉剂加中生菌素对心叶进行喷施，每亩不少于 40 kg 药液。

13 玉米疯顶病

分布与危害

玉米疯顶病又称丛顶病，是一种土传病害，可为害玉米、高粱、谷子、小麦、水稻和狗尾巴草等多种禾本科植物。豫西地区局部发生，是影响玉米生产的潜在危险性病害。玉米疯顶病是玉米的全株性病害，病株雌、雄穗增生畸形。植株感病后，95%以上的病株不结实，对玉米生产影响很大(图 1-13-1)。

图 1-13-1　玉米疯顶病田间为害状

症状特征

玉米整个生育期都可受害。苗期侵染，可随植株生长点的生长而扩展到雌穗与雄穗。病株从 6～8 叶开始显症，病田苗期病株呈淡绿色，株高 20～30 cm 时部分病苗分蘖增加，每株分蘖多者可达 6～10 个以上，叶片变窄，质地坚韧;也有部分病苗不分蘖,但叶片宽大黄化,或叶脉黄绿相间,叶片皱缩凸凹不平(图1-13-2);部分病苗叶片畸形,上部叶片扭曲成不规则团状或呈牛尾巴状。

图1-13-2　玉米疯顶病叶片黄化皱缩

图1-13-3　玉米疯顶病雄穗畸形

玉米抽雄后症状明显,类型复杂多样,最常见的症状是全部雄穗增生畸形,小花叶化,即雄穗小花都变为叶柄较长的变态小叶,大量小叶簇生,使雄穗变为刺猬状即"疯顶";有的病株雄穗上部正常,下部增生畸形,呈圆形绣球状,不能产生正常雄花;有的雄穗变为团状花序:各个小花密集簇生,花色鲜黄,但无花粉(图1-13-3)。

玉米雌穗变态也较常见,有的果穗受侵染后发育不良,不抽花丝,苞叶尖变态为小叶,且呈45°簇生;严重发病的雌穗内部全部为苞叶;部分雌穗内部出现雄穗;有的雌穗分化为多个小果穗,但均不能结实;穗轴呈多节茎状,不结实或结实极少且籽粒瘪小。

另一种症状类型表现为叶片畸形,成株期上部叶片和心叶共同扭曲成不规则团状或牛尾巴状,部分呈环状,植株不抽雄,亦不能形成雄穗;有的植株上部叶片呈现对生状,密集生长,似君子兰叶片;有的植株轻度或严重矮化,上部叶片簇生,叶片发窄,叶鞘呈柄状;有的病株疯长,植株高度超过正常高度的1/5,头重脚轻,易折断;有的病株中部或雌穗发育成多个分枝,并有雄穗从顶部苞叶露出。另外,部分感病株与瘤黑粉病混合发生,簇状雄穗、雌穗和茎秆上生有瘤黑粉,病株既表现疯顶病的畸形特征,又出现瘤黑粉病的肿瘤。

发生规律

玉米疯顶病是系统侵染病害,少数轻病株(5%左右)也能正常结实形成种子,但病田中被感染未表现症状的"健株"所产生的种子,有很高的带菌率,所以带病种子是该病远距离传播的一个重要途径。病残体是已发病田翌年发病的重要侵染源。病原菌主要以卵孢子在病残体或土壤中越冬。玉米播种后,在饱和湿度的土壤中,卵孢子萌发,相继产生孢子囊和游动孢子,游动孢子萌发后侵入寄主。高温高湿时,孢子囊萌发直接产生芽管而侵入。

侵染适宜时期在玉米幼芽期,病原菌通过玉米幼芽鞘侵入,在植株体内系统扩展而发病。玉米苗期是主要感病期。播种后短期内或4~5片叶前,土壤湿度饱和,疯顶病就可能发生。土壤湿度饱和状态持续24~48小时,病原就能完成侵染。适于侵染的土壤温度范围比较宽,在叶面上形成孢子的适温为24~28 ℃,孢子萌发适温为12~16 ℃。多雨年份,密度过大,低洼、积水田极易发病。

防治措施

1. **农业防治**

(1)选用抗耐病品种：推荐选用马齿种。

(2)合理轮作、倒茬：与豆类、棉花等非禾本科作物实行2~3年轮作。

(3)加强田间管理：适期播种；播种后严格控制土壤湿度，5叶期前避免大水漫灌和降雨造成田间积水；作物收获后深翻土壤，消灭越冬菌源。

(4)清洁田园：及时拔除田间病株，清除病株残体和杂草，集中销毁或高温堆肥，防止传染健康植株。

2. **化学防治**

(1)种子处理：可按种子量0.4%的58%甲霜灵·锰锌可湿性粉剂拌种；或种子量0.3%的35%甲霜灵可湿性粉剂拌种。

(2)药剂喷雾：发病初期，可用1∶1∶150的波尔多液喷雾，或用58%甲霜灵·锰锌可湿性粉剂300倍液与50%多菌灵可湿性粉剂500倍液或75%百菌清可湿性粉剂1 500倍液等杀菌剂混合用药，或用72%霜脲·锰锌可湿性粉剂500~700倍液喷雾防治，每隔7天喷1次，连续喷2~3次。

14 玉米丝黑穗病

分布与危害

玉米丝黑穗病又称乌米病、灰包、哑玉米病，是由黍轴黑粉菌引起的一种系统性侵染病害。由于该病会直接导致玉米果穗全部受害，发病率几乎等同于产量损失率，一旦发生，对生产影响巨大，是玉米生产上的主要病害之一(图1-14-1)。

图1-14-1　玉米丝黑穗病大田为害状

症状特征

种子萌发后，玉米丝黑穗病病菌侵入胚芽顶端分生组织，后随生长点生长，直到穗期才能在雄穗和雌穗上表现出典型症状。病株果穗短粗，外观近球形，一般无花丝，苞叶正常(图1-14-2)，剥开可见果穗内部组织已全部变为黑粉，黑粉内有少许丝状的植物维管束组织，因此被称为丝黑穗病。后期，果穗苞叶较早枯死，自行裂开，散出大量黑粉。苗期症状通常在6~7叶后才能显现出来，也有的品种或自交系苗期症状不明显，需到抽雄成穗后才可辨认。一般雄穗受害后果穗均表现为黑穗，有的整个花序被破坏，形成类似于高粱丝黑穗病一样的菌瘿；有的花器变形增生，颖片延长且增多，整个雄穗呈刺猬状(图1-14-3)，或只有部分花序被害，雄花变成黑粉。雌穗被害时，病穗较健穗短，基部膨大呈锥体，穗轴和籽粒异常，整个果穗变成一团黑褐色粉末(病菌的厚垣孢子)和很多散乱的黑色丝状物(寄主的维管束残余物);有的过度生长,但无花丝,不结实,顶部为刺状;有的病穗则有部分子房增生,变异成绿色丛枝状物,果穗内黑粉少,也有的果穗苞叶变狭小,在果穗上簇生畸形,黑粉极少。偶尔可侵染叶片,形成褪绿斑点、褶皱或长梭形斑,破溃的孔洞或瘤状突起,裂开散出黑粉,或沿病斑裂口长出一圈黑色丝状物。病株大多矮化,生长停滞,有的分蘖增多,簇生。由于病原菌的侵染,一些植株在苗期产生分蘖,植株呈灌丛状。

图 1-14-2　玉米丝黑穗病菌侵染雌穗

图 1-14-3　玉米丝黑穗病为害雄穗呈刺猬状

发生规律

玉米丝黑穗病病菌以厚垣孢子在种子表面、土壤、病残体及粪肥中越冬,成为次年的初侵染来源,其中土壤带菌是最重要的侵染来源。冬孢子在土壤中能存活 2~3 年,结块的冬孢子比分散的存活时间更长。种子带菌是远距离传播的重要途径,但田间传播主要途径是土壤和粪肥。春季玉米播种发芽后,越冬的厚垣孢子也随之萌发,从玉米白尖期至 4 叶期均可侵入生长点,随玉米植株的生长发育而系统扩展,并进入花芽和穗部,最后在雌、雄穗上表现症状,产生大量黑粉。

该病发生程度主要取决于菌源数量、品种抗病性及土壤环境。连作地发病重,轮作地发病轻。玉米播种至出苗期间的温、湿度与发病关系密切,此间土壤温度在 15~30 ℃利于病菌侵入,以 25 ℃最为适宜,当湿度 20%时发病率最高。另外,玉米不同品种对丝黑穗病菌的抗性有明显差异,早播和播种过深、种植感病品种、种子生活力弱、春季低温干旱年份发病重。

防治措施

1. 农业防治

(1)种植抗病品种。

(2)合理轮作:重病地块可与豆类、瓜类等非寄主作物实行 3 年轮作。

(3)加强田间管理:播前精细整地;适期播种,合理密植,播种深浅一致,覆土厚浅适宜;幼苗扒土晒根;注意蓄水保墒,提高地温;根据病苗典型症状,及时铲除病苗和可疑苗;结合农事操作,玉米抽穗后在黑粉瘤未破裂时,及时摘除瘤体并带出田外深埋,减少病菌在田间的扩散和在土壤中的存留。

2. 化学防治

(1)种子处理:可按种子重量0.1%~0.2%的15%三唑酮可湿性粉剂,或种子重量0.7%的50%萎锈灵可湿性粉剂,或种子重量0.4%的6%戊唑醇悬浮种衣剂,或种子重量0.4%~0.5%的40%萎锈·福美双悬浮剂,或种子重量0.2%的12.5%烯唑醇可湿性粉剂,或种子量0.3~0.7%的50%多菌灵可湿性粉剂进行拌种。

(2)药剂喷雾:病害常发区域,可在发病前用烯唑醇、三唑酮、福美双等杀菌剂对植株喷施,降低发病率。

15 玉米红叶病

分布与危害

玉米红叶病在豫西玉米种植区局部发生,由大麦黄矮病毒引起,可造成玉米叶片失绿变红,影响玉米的光合能力,导致玉米产量损失(图1-15-1)。

图1-15-1　玉米红叶病大田为害状

图1-15-2　叶尖或叶缘出现暗红色

症状特征

图1-15-3　蚜虫传播

图1-15-4　变红区域扩展

图 1-15-5　玉米红叶病正面

图 1-15-6　玉米红叶病背面

玉米叶片出现红叶主要有三种情况：一是由于气温低，土壤养分释放慢，土壤中的有效磷供应不足，叶尖或叶缘出现暗红色（图 1-15-2）；二是玉米蜡熟期，玉米螟为害所致；三是由媒介昆虫蚜虫传播的病毒病为害所致（图 1-15-3）。病害初发生于玉米叶片尖端，在顶部出现红色条纹，然后由叶尖沿叶缘向叶片基部扩展变紫红色，变红区域通常能够扩展至全叶的 1/3～1/2，病叶光亮，质地略硬，有的在叶脉间仅留少部分绿色组织，发病严重时引起叶片干枯死亡（图 1-15-4）。发病早的植株矮小，茎秆细瘦，叶片狭小（图 1-15-5，图 1-15-6）。

发生规律

玉米红叶病病毒由蚜虫以循回型持久性方式传播，主要有禾谷缢管蚜、麦二叉蚜、麦长管蚜和玉米蚜等，传毒蚜虫不能通过卵或胎生若蚜传至后代。麦类收获后，传毒蚜虫潜藏在夏玉米、自生麦苗或禾本科杂草上为害越夏，秋季迁回麦田为害。传毒蚜虫以若虫、成虫或卵在麦苗和杂草基部或根际越冬，次年春季又继续为害和传毒。秋、春两季是玉米红叶病传播侵染的主要时期，春季更是主要流行时期。麦田发病重，传毒蚜虫密度高，玉米发病也加重。玉米品种间发病有差异。

防治措施

1. 农业防治

（1）因地制宜选种抗耐病品种。

（2）加强田间管理：适期播种，合理密植；严重发生地区，避免在黏湿地块种植；加强肥水管理，适当增施磷、钾肥；注意防止田间低温。

（3）清洁田园：前茬作物收获后，及时深耕灭茬，清除杂草，以控制玉米红叶病的蔓延。

2. 生物防治

可在发病初期亩用 1%香菇多糖水剂 100～150 mL，或 8%宁南霉素水剂 80～100 mL，或 0.1%大黄素甲醚水剂 60～100 mL 等，兑水 40～50 kg，均匀喷雾。

3. 化学防治

（1）防治玉米红叶病毒病：亩用80%盐酸吗啉胍水分散粒剂40～60 g，或50%氯溴异氰尿酸可溶粉剂60～80 g，兑水50 kg，喷雾防治；也可叶面喷施25%甲噻诱胺悬浮剂1 000倍液，或30%毒氟磷可湿性粉剂500倍液，或24%混酯·硫酸铜水乳剂400～500倍液等。

（2）防治传毒蚜虫：蚜虫发生期，可亩用2.5%溴氰菊酯乳油20～25 mL，或50%抗蚜威可湿性粉剂10～30 g，或48%毒死蜱乳油20～30 mL，或3%甲维·啶虫脒微乳剂40～50 mL等，兑水40～50 kg，喷雾防治。也可喷施25%辛·氰乳油1 000～1 500倍液，或25%噻嗪酮可湿性粉剂1 000～2 000倍液，或1%阿维·氯氟微乳剂800～1 000倍液，或10%吡虫啉可湿性粉剂2 000～3 000倍液等，间隔7～10天防治一次，连续防治2～3次。注意药剂应交替使用，以免产生抗药性。

16 玉米螟

分布与为害

玉米螟又称玉米钻心虫、箭杆虫，属鳞翅目螟蛾科，是玉米的主要虫害，豫西地区以亚洲玉米螟为主，主要为害作物有玉米、高粱、谷子、棉、麻、豆类等。该虫可为害玉米植株的各个部位，常引起或加重穗腐病的发生，使受害部分丧失功能，降低籽粒产量。

图1-16-1　玉米螟成虫

形态特征

成虫：体土黄色或黄褐色，长12～15 mm，前后翅均横贯2条明显的浅褐色波状纹，其间有大小两块暗褐色斑（图1-16-1）。

幼虫：共5龄，初龄幼虫蛀食嫩叶（图1-16-2），形成排孔花叶（图1-16-3）；抽出后的雄穗，呈现小花被毁状（图1-16-4），3龄后幼虫钻蛀茎秆、雄穗、雌穗和籽粒（图1-16-5）为害，在茎秆上可见蛀孔（图1-16-6），外有幼虫排泄物，茎秆易折。老熟幼虫体长20～30 mm，体背颜色有浅褐、深褐、灰黄等多种，中央有1条明显的背线，腹部1～8节背面各有两列横排的毛瘤，前4个较大（图1-16-7）。

图 1-16-2　玉米螟初龄幼虫

图 1-16-3　玉米螟低龄幼虫取食心叶形成排孔花叶

图 1-16-4　玉米螟毁坏新叶及雄穗小花

图 1-16-5　玉米螟取食籽粒

图 1-16-6　玉米螟为害茎秆形成蛀孔

图 1-16-7　玉米螟老熟幼虫

卵：产在叶背，呈扁椭圆形，初产乳白色，孵化前黑褐色，多粒排成块状（图 1-16-8）。

图 1-16-8　玉米螟卵块

图 1-16-9　玉米螟蛹

蛹：长纺锤形，红褐色，长 15~18 mm，腹部末端有刺钩 5~8 根（图 1-16-9）。

发生规律

玉米螟在豫西 1 年发生 3 代，以老熟幼虫在寄主被害部位及根茬内越冬（图 1-16-10）。成虫昼伏夜出，有趋光性。卵多产在玉米叶背中脉附近，每块卵 20~60 粒，单雌产卵 400~500 粒，卵期 3~5 天。幼虫 5 龄，历期 17~24 天。幼虫孵出后，先聚集在一起，然后开始在植株幼嫩部分爬行为害。初孵幼虫有吐丝下垂习性，1~3 龄幼虫群集在心叶喇叭口内蚕食叶肉，仅留表皮，部分幼虫钻入雄穗中为害。4~5 龄幼虫可蛀入雌穗，影响雌穗发育和籽粒灌浆。幼虫老熟后，即在玉米茎秆、苞叶、雌穗和叶鞘内化蛹，蛹期 6~10 天。温度为 16~30℃，相对湿度在 80%以上对产卵、孵化极为有利。长期干旱、大风大雨能使卵量减少，卵及初孵幼虫死亡率增加。玉米不同品种对玉米螟发生数量有明显差异。

图 1-16-10　玉米螟越冬幼虫

防治措施

1. 农业防治

（1）处理秸秆：在冬季或早春，越冬幼虫化蛹羽化前，采用销毁、沤肥、作饲料等办法处理玉米秸秆、穗轴等，降低越冬幼虫数量。

（2）人工除卵：结合农事操作，发现玉米螟卵块及时人工摘除田外销毁。

（3）冬季深耕：结合冬耕，深翻出玉米等寄主作物的根茬，集中处理。

2. **理化诱控**

（1）灯光诱杀：在成虫盛发期集中连片，利用 20 W 黑光灯、频振式杀虫灯（图 1-16-11）或 450 W 高压汞灯诱杀玉米螟成虫，降低虫口密度，减轻为害。一般每 30~50 亩安装 1 盏灯，悬挂高度 1.2~2 m。

图 1-16-11　频振式杀虫灯

（2）性诱剂诱杀：每亩地挂插 1 个诱捕器，诱捕器间距约 30 m，放置高度以高出玉米植株 10~20 cm 为宜。

（3）糖醋液诱杀：糖醋液配制为白酒、食醋、糖、水、90%敌百虫晶体按 1∶3∶6∶10∶1 的比例在盆内拌匀，放置在玉米田边或腐烂有机质较多的地方，高度与玉米穗高度大致相同，每亩地放 5 盆，诱杀成虫。

3. **生物防治**

（1）利用天敌：在玉米螟产卵始期至产卵盛末期，选择晴天大面积连片释放赤眼蜂，放蜂量和次数根据螟蛾卵量确定，一般每亩设置 3~6 个释放点，放蜂 1 万~2 万只。

（2）生物制剂防治：每亩可用 100 亿活芽孢/mL 的苏云金杆菌制剂 200 mL，按药、水、干细沙比例为 0.4∶1∶10 配成颗粒剂撒施；在玉米螟卵孵化期，每亩喷施每克含 50 000 个单位的苏云金杆菌可湿性粉剂 700~800 倍液，或 5%阿维菌素水乳剂 15~20 mL，能有效控制虫害。还可利用白僵菌封垛，每立方米秸秆垛用菌粉（每克含孢子 500 亿~100 亿个）100 g，在玉米螟化蛹前喷洒在玉米秸秆垛上。

4. **化学防治**

在玉米心叶期，可选用 2.5%溴氰菊酯乳油 20~30 mL，或 1.5%辛硫磷颗粒剂 1.5~2 kg 加适量水与 5 kg 细沙拌匀后撒入喇叭口内，或每亩用 40%辛硫磷乳油 75~100 mL，或 2.5%溴氰菊酯乳油 20~30 mL，或 20%氯虫苯甲酰胺悬浮剂 5 mL，兑水 50 kg，喷心叶。在玉米穗期，花丝蔫须后，剪掉花丝，用 90%晶体敌百虫 0.5 kg、水 150 kg、黏土 250 kg 配制成泥浆涂于剪口，或用 90%晶体敌百虫 800~1 000 倍液，或 75%的辛硫磷乳油 1 000 倍液，滴于雌穗顶部，防治效果也很明显。

17 棉铃虫

分布与为害

棉铃虫俗称钻心虫、棉桃虫，属鳞翅目夜蛾科，豫西玉米种植区普遍发生。棉铃虫食性杂，除为害玉米（图 1-17-1）外，也为害棉花（图 1-17-2）、花生（图 1-17-3，图 1-17-4）、大豆（图 1-17-5，图 1-17-6）、芝麻（图 1-17-7）、谷子（图 1-17-8）、烟草等作物，为钻蛀性害虫，可食叶、蛀蕾、蛀花、蛀果。

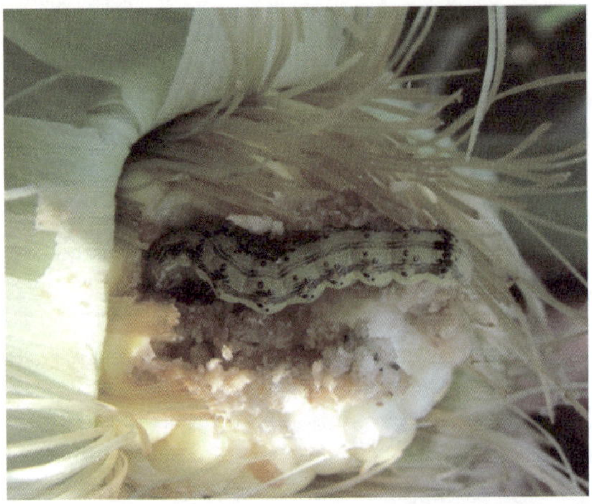
图 1-17-1　棉铃虫为害玉米

图 1-17-2　棉铃虫幼虫为害棉叶

图 1-17-3　棉铃虫为害花生

图 1-17-4　棉铃虫花生田为害状

图 1-17-5　棉铃虫幼虫为害大豆

图 1-17-6　棉铃虫蛀食豆荚

图 1-17-7　棉铃虫为害芝麻

图 1-17-8　棉铃虫为害谷子

形态特征

成虫：体长 15~20 mm，翅展 31~40 mm，雌蛾赤褐色至灰褐色，雄蛾青灰色，其前翅外横线外有深灰色宽带，带上有 7 个小白点，肾纹、环纹暗褐色；后翅灰白，沿外缘有黑褐色宽带，宽带中央有 2 个相连的白斑，后翅前缘有 1 个月牙形褐色斑（图 1-17-9，图 1-17-10）。

图 1-17-9　棉铃虫成虫

图 1-17-10　棉铃虫成虫（雄）

卵：为半球形，顶部微隆起，直径 0.5~0.8 mm，表面布满纵横纹，初产为乳白色，后期为紫褐色（图 1-17-11）。

幼虫：一般共有 6 龄，老熟 6 龄虫长 40~50 mm，头黄褐色有不明显的斑纹，幼虫体色多变，大致分为黄白色型、黄色红斑型、灰褐色型、土黄色型、淡红色型、绿色型、黑色型、咖啡色型、绿褐色型，幼虫腹部第 1，2，5 节各有 2 个特别明显的毛突（图 1-17-12）。

图 1-17-11　棉铃虫卵粒

图 1-17-12　不同体色棉铃虫幼虫

图 1-17-13　棉铃虫蛹

蛹：长 17~20 mm，纺锤形，赤褐至黑褐色，腹末有一对臀刺，5~7 腹节前缘密布比体色略深的刻点，入土 5~15 cm 化蛹，外被土茧（图 1-17-13）。

发生规律

棉铃虫在豫西地区 1 年发生 3~4 代，以滞育蛹在土中越冬。第 1 代主要为害小麦和春玉米等作物，第 2~4 代主要为害棉花、玉米、花生、豆类等作物，对作物产量影响很大。

成虫有趋光性，对半枯萎的杨树枝把有很强的趋性。1 代成虫多产卵于嫩叶和生长点上，2~4 代成虫多产卵于幼蕾的苞叶和果枝嫩尖上，少数产于叶背或花上。幼虫孵化后先食破卵壳，然后为害未展开的小叶，1~2 天后转向幼蕾、幼嫩的花丝和雄花。1、2 龄幼虫有吐丝下垂习性，3 龄后转移为害，4 龄后食量大增，取食作物嫩头（图 1-17-14）、大蕾（图 1-17-15）、花

(图 1-17-16)、花丝(图 1-17-17)、青铃(图 1-17-18)或果穗(图 1-17-19),幼虫有自残习性。幼虫 3 龄前多在叶面活动为害,是施药防治的最佳时机,3 龄后多钻蛀到玉米苞叶内,或棉花蕾铃内部,不易防治。末龄幼虫入土化蛹,土室具保护作用,羽化时成虫顺原道爬出土面后展翅。各虫态发育最适温度为 25~28 ℃,相对湿度为 70%~90%。

图 1-17-14 棉铃虫幼虫为害棉花嫩头

图 1-17-15 棉铃虫幼虫为害棉蕾

图 1-17-16 棉铃虫幼虫为害花

图 1-17-17 棉铃虫幼虫为害玉米花丝

图 1-17-18 棉铃虫为害棉花青铃

图 1-17-19 棉铃虫为害玉米雌穗

防治措施

1. 农业防治

(1)加强田间管理:麦收后及时浅耕灭茬,破坏土壤中蛹的生存环境;棉铃虫在棉田为害时,生长期及时整枝打杈,并带出田外深埋,可明显减轻田间虫、卵量。

(2)科学施肥:控制氮肥用量,防止徒长,可降低棉铃虫为害。

(3)清洁田园:玉米、棉花收获后清除田间茎秆、烂果、僵瓣,及时深翻耙地,秋耕冬灌,可消灭大量越冬蛹,压低越冬虫口基数。

2. 理化诱控

利用棉铃虫成虫的趋光性,在成虫发生期,可用频振式杀虫灯诱杀,连片规模设置效果更好(图 1-17-20)。也可用棉铃虫性诱剂诱杀成虫。第 2、3 代棉铃虫成虫羽化期,有条件的地区可在作物田内插萎蔫的杨树枝把诱集成虫,每亩 10~15 把。

图 1-17-20　频振式杀虫灯

3. 生态调控

在棉田边或插花种植春玉米、高粱、胡萝卜等作物诱集带,可诱集棉铃虫产卵,集中杀灭。

4. 生物防治

(1)保护利用天敌:棉铃虫寄生性天敌主要有姬蜂、茧蜂、蚜茧蜂、赤眼蜂等,昆虫病原菌有真菌和病毒等,捕食性天敌主要有瓢虫、草蛉、捕食蝽、胡蜂、蜘蛛等,对棉铃虫有显著的控制作用。

(2)人工释放赤眼蜂:从第 2 代开始,每代棉铃虫卵始盛期人工释放赤眼蜂 3 次,每次间隔 5~7 天,放蜂量为每次每亩 1.2 万~1.4 万头,每亩均匀放置 5~8 个点。具体方法为赤眼蜂开始羽化时(约 5%的蚕卵上出现羽化孔),把蜂卡撕成小块,用中部叶反卷包住蜂卡,附着在其他叶片背面,避免阳光直射,早晨或傍晚释放,棉铃虫田间虫量可减少 60%左右。

(3)生物药剂防治:棉铃虫卵始盛期,每亩用 2 000 IU/mL 苏云金杆菌悬浮剂(转 Bt 基因抗虫棉田禁用)400~500 mL,或 10 亿 PIB/g 棉铃虫核型多角体病毒可湿性粉剂(NPV)80~100 g,或 0.5%甲氨基阿维菌素苯甲酸盐微乳剂 20 mL,兑水 40 kg 喷雾。

5. 化学防治

可选用 20%灭多威乳油 1 500 倍液,或 25%联苯菊酯乳油 2 000~4 000 倍液,或 50%辛硫磷乳油 1 000 倍液喷雾防治,也可亩用 48%毒死蜱乳油 50~60 mL,或 4.5%高效氯氰菊酯乳油 60~100 mL,兑水 50~60 kg 喷雾。喷药应掌握在卵孵化盛期至低龄幼虫期,叶正反面、顶尖、花、蕾、铃均匀着药才能保证药效。

18 草地贪夜蛾

分布与为害

草地贪夜蛾属鳞翅目夜蛾科灰翅夜蛾属，又称行军虫、秋黏虫等，具有寄主范围广、迁徙能力强、繁殖扩散快、防控难度大、易产生抗药性等特点，是联合国粮农组织全球预警的重大迁飞性害虫。其幼虫可大量啃食玉米、水稻、高粱、棉花、菊科、十字花科等多种农作物，严重时可啃食玉米成光秆造成巨大的农业损失(图 1-18-1)。

图 1-18-1　草地贪夜蛾大田为害状

形态特征

成虫：体长 15~20 mm，翅展 32~40 mm，前翅为棕灰色，后翅为白色，边缘具窄褐色带。雄虫前翅通常呈灰色和棕色阴影，有明显的环形纹和肾形纹，肾形纹内侧有白色楔形纹，翅顶角处分别有两个大白斑。雌虫的前翅没有明显的标记，从均匀的灰褐色到灰色和棕色的细微斑点；后翅是具有彩虹的银白色(图 1-18-2)。

卵：呈圆顶状半球形，直径约为 4 mm，高约 3 mm，通常 100~300 粒堆积成块，卵块聚产在叶片表面，上覆盖有鳞毛(图 1-18-3)。初产呈绿灰色，12 小时后转为棕色，孵化前则接近黑色，环境适宜时 4 天即可孵化。

图 1-18-2　草地贪夜蛾成虫

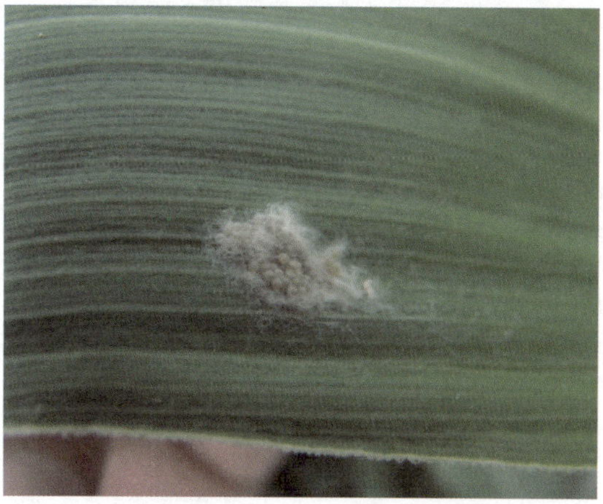

图 1-18-3　草地贪夜蛾卵块

幼虫：通常有 6 个龄期，体长 1~45 mm，初孵幼虫头部黑色，体绿色(图 1-18-4，图 1-18-5)，2 龄幼虫头部变为橙色，体背变成褐色，且开始形成侧白线(图 1-18-6)。4 龄后，头部变为红棕色，斑驳为白色，褐色的身体具有白色或黄色的背侧和侧面线(图 1-18-7)。其典型特征是末端腹节背面有 4 个呈正方形排列的黑色毛瘤，3 龄后头部可见倒 Y 字形纹，俗称“头顶八万，尾挂四饼”。

图 1-18-4　草地贪夜蛾初孵幼虫

图 1-18-5　草地贪夜蛾幼虫

图 1-18-6　草地贪夜蛾 2 龄幼虫

图 1-18-7　草地贪夜蛾老熟幼虫

蛹：初为淡绿色，渐变为红棕色、黑褐色，有光泽，长度为 14~18 mm，宽度约为 4.5 mm。

发生规律

草地贪夜蛾一年中可繁衍的世代数受气候影响，在夏季可在 30 天内完成一代，春季与秋季则需要 60 天。成虫寿命 7~21 天，具有很强的飞行能力和远距离迁飞的习性。成虫具有夜行性，在下午开始活跃，进行取食、求偶、交配和产卵。雌虫一生中可产下约 1 500 粒卵，卵块通常产在下部叶片上，种群密度高时会产在全株上。成虫和幼虫都具有趋嫩特性，产卵时喜欢选择相对幼嫩的植株和部位。

幼虫期长短受温度影响，可为 14~30 天。幼虫在田间分布为聚集分布，有自残性，取食玉米叶时，留有大量孔。低龄幼虫取食后，叶脉呈窗纱状，并且有吐丝借助风力转株为害的特点。2、3 龄幼虫取食叶片边缘，可蛀洞为害生长点，钻蛀穗尖取食籽粒。高龄幼虫食量大，对玉米为害更重，取食叶片后形成不规则的长型孔洞，高龄幼虫虫粪呈锯末状。幼虫有假死性，遇惊扰会卷缩成 C 字形。

幼虫于土壤深处化蛹，深度为 2~8 cm。其深度会受土壤质地、温度与湿度影响，蛹期为 7~37 天。

防治措施

1. 农业防治

(1)种植抗虫品种、早熟品种。

(2)合理轮作:将玉米与马铃薯、向日葵等其他植物进行间作或轮作。

(3)加强田间管理:提前播期,避免玉米播期不一致造成不断给草地贪夜蛾提供食物来源。

2. 理化诱控

(1)灯光诱杀:在成虫盛发期,利用高空诱虫灯(图 1-18-8,图 1-18-9)、频振式杀虫灯诱杀草地贪夜蛾成虫,减轻为害。

图 1-18-8　高空诱虫灯

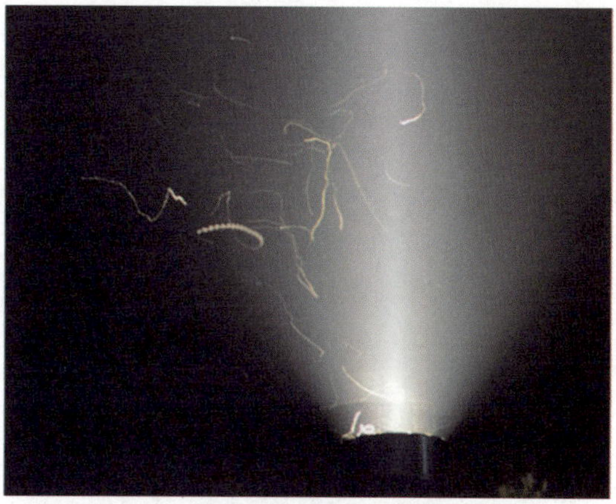

图 1-18-9　高空诱虫灯夜间诱杀成虫

图 1-18-10　草地贪夜蛾性诱捕器

图 1-18-11　草地贪夜蛾性诱芯

(2)性诱剂诱杀:田间连片使用面积 50 亩以上,每亩悬挂 1~2 个草地贪夜蛾成虫性诱捕器(图 1-18-10);连片使用面积 100 亩以上,每亩地 1 枚性诱芯(图 1-18-11)。

3. 生物防治

(1)保护利用天敌:保护利用草蛉、瓢虫、蝼步甲等草地贪夜蛾的天敌,抑制草地贪夜蛾种群。在玉米田大规模释放赤眼蜂、夜蛾黑卵蜂、黄带齿唇姬蜂、岛甲腹茧蜂等。

(2)生物制剂防治:在卵孵化初期喷施苏云金杆菌、多杀菌素、苦参碱、印楝素、甲氨基阿维菌素苯甲酸盐等生物药剂。

4. 化学防治

(1)种子处理：选用含溴酰、噻虫嗪等成分的种衣剂对种子进行包衣。

(2)喷雾防治：幼虫3龄前是化学防治的最佳时期，可选用四氯虫酰胺、溴氰菊酯、高效氯氟氰菊酯、甲氰菊酯、甲氨基阿维菌素苯甲酸盐·茚虫威、甲氨基阿维菌素苯甲酸盐·氟铃脲、甲氨基阿维菌素苯甲酸盐·高效氯氟氰菊酯、甲氨基阿维菌素苯甲酸盐·虫螨腈、甲氨基阿维菌素苯甲酸盐·虱螨脲、甲氨基阿维菌素苯甲酸盐·虫酰肼、氯虫苯甲酰胺·高效氯氟氰菊酯、除虫脲·高效氯氟氰菊酯等高效低毒杀虫剂，注意喷洒在玉米心叶、雄穗和雌穗等部分，轮换交替使用药剂，延缓草地贪夜蛾产生抗药性。

19 玉米蚜虫

分布与为害

玉米蚜虫又称腻虫、蚁虫、蜜虫，在豫西各地均有分布，为害玉米、谷子、高粱、小麦等多种禾本科作物和杂草(图1-19-1)。其以成、若蚜群聚在玉米幼叶(图1-19-2)、叶鞘(图1-19-3)、茎秆(图1-19-4)、雄穗和果穗上刺吸植物组织汁液，轻则导致叶片变黄或发红，植株生长发育不良，重则使植株养分供应失调、生长停滞；同时其分泌蜜露污染叶片，产生黑色霉状物易引起煤污病(图1-19-5)，影响光合作用和授粉，导致减产，同时玉米蚜虫可传播病毒，引起病毒病造成减产(图1-19-6)。

图1-19-1 玉米蚜虫大田为害状

图1-19-2 玉米蚜虫为害叶片

图1-19-3 玉米蚜虫为害叶鞘

图1-19-4 玉米蚜虫为害茎秆

图 1-19-5 玉米蚜虫为害分泌蜜露，产生黑色霉状物

图 1-19-6 玉米蚜虫传播病毒病

形态特征

蚜虫为多态昆虫，同种有无翅蚜和有翅蚜，有翅个体有单眼，无翅个体无单眼。有翅胎生蚜体长 1.6~1.8 mm，触角通常 6 节，前翅中脉通常分为 3 支，少数分为 2 支，头胸黑色，腹部黄绿色或墨绿色，腹管黑色。无翅胎生蚜体长 1.8~2.2 mm，触角 4~6 节，末节端部常长于基部，淡绿色或墨绿色，被薄白粉，腹管暗褐色。

发生规律

玉米蚜虫为孤雌生殖，繁殖力很强，一年能繁殖 10~30 个世代。冬季以成、若蚜在小麦、早熟禾等禾本科植物的心叶里越冬，翌年 3~4 月开始活动，4 月底至 5 月上旬，小麦进入灌浆期，大量有翅蚜迁往春玉米、高粱、水稻田繁殖为害。6 月下旬~7 月初迁往夏玉米田，玉米大喇叭口末期蚜量迅速增加，扬花期蚜量猛增，在玉米上部叶片和雄花上群集为害(图 1-19-7)，条件适宜可持续为害到 9 月中到下旬玉米成熟前。一般 8、9 月玉米生长中后期，日均气温低于 28 ℃，利于其繁殖，此间如遇干旱或旬降水量低于 20 mm，易猖獗为害，玉米收获前产生有翅蚜飞往其他寄主。

图 1-19-7 玉米蚜虫群集为害

防治措施

1. 农业防治

(1)加强田间管理:适期早播,避开蚜虫繁殖盛期;勤中耕除草,有效截断虫源。

(2)合理间作:有条件的地区可实行玉米和棉花面积比 1∶3 的间作模式,对玉米蚜虫和棉蚜均有明显控制作用。

(3)清洁田园:及时清除田间地头的杂草,消灭蚜虫孳生地。

2. 理化诱控

利用玉米蚜虫的趋黄性,每亩均匀插挂 15~30 块黄色黏虫板,高度高出玉米顶部 20~30 cm。当黄板上蚜虫覆盖超过 60%以上时,更换新的黄板。

3. 生物防治

保护天敌如异色瓢虫、七星瓢虫、龟纹瓢虫、食蚜蝇、草蛉和寄生蜂等。

4. 化学防治

(1)种子处理:每 10 kg 种子可选用 70%吡虫啉可分散粉剂 50~70 g,或 70%噻虫嗪悬浮种衣剂 50~100 mL 拌种。

(2)药剂喷雾:玉米苗期,发现中心蚜株可喷施 40%乐果乳油 1 500 倍液,或 50%抗蚜威可湿性粉剂 1 500 倍液。当有蚜株率达 30%~40%,出现"起油珠"(指蜜露)时,可选用 10%吡虫啉可湿性粉剂 1 000 倍液,或 10%高效氯氰菊酯乳油 2 000 倍液,或 2.5%三氟氯氰菊酯乳油 2 500 倍液等药剂进行全田普治;还可每亩用 40%乐果乳油 50 mL,兑水 500 mL 稀释后,拌细沙土 15 kg,均匀地撒在植株心叶上,每株 1 g;或亩用 3%辛硫磷颗粒剂 1.5~2 kg 撒于心叶内,可兼治蓟马、玉米螟、黏虫等。

20 玉米蓟马

分布与为害

玉米蓟马在豫西地区主要以黄呆蓟马为主,是典型的食叶种类害虫。除为害玉米外,还为害小麦、水稻、高粱、谷子等多种禾本科作物和杂草。玉米幼苗期和幼穗期受害最重,以苗期最为敏感。成虫以锉吸式口器插入植物组织吸取汁液,受害玉米叶片背面呈现大量白色小点和断续的银白色条斑,受害严重时,叶片背面如涂一层银粉。该虫喜在玉米心叶内活动为害,分泌的黏液导致心叶粘连扭曲,不能展开呈"鞭状"(图 1-20-1),部分叶片变黄干枯或畸形破裂,严重影响玉米正常生长。

图 1-20-1　受害玉米畸形生长

图 1-20-2　玉米蓟马成虫

形态特征

成虫：玉米黄呆蓟马成虫有长翅型、半长翅型和短翅型之分，长翅型雌成虫体长 1.0~1.2 mm，体黄色略暗，胸、腹背（端部数节除外）有暗黑色区域；半长翅型的前翅长达腹部第五节；短翅型的前翅短小，退化成三角形芽状，具翅胸几乎不宽于前胸（图 1-20-2）。

卵：肾形，乳白至乳黄色。

若虫：乳青或乳黄色，体表皱褶不平，有横排隆起颗粒（图 1-20-3）。

蛹：淡黄色，羽化时呈褐色。

发生规律

玉米黄呆蓟马成虫在禾本科杂草根基部和枯叶内越冬，翌年春季 5 月中下旬从禾本科植物上迁向玉米，在玉米上繁殖 2 代，第 1 代若虫于翌年 5 月下旬至 6 月初在春玉米或麦类作物上发生为害，6 月中旬进入成虫盛发期，也是为害高峰期。6 月下旬是第 2 代若虫盛发期，7 月上旬成虫在夏玉米上发生为害。初孵若虫为乳白色，若虫在取食后逐渐变为乳青或乳黄色。以成虫和 1、2 龄若虫为害，3、4 龄若虫停止取食，掉落在土壤或隐藏于植株基部叶鞘、枯叶内。干旱有利于其大发生，降雨能抑制其发生和为害。

图 1-20-3　玉米蓟马若虫

图 1-20-4　蓟马天敌——龟纹瓢虫

防治措施

1. 农业防治

(1)加强田间管理:合理密植,适时浇水施肥,促进玉米苗生长的同时改变田间小气候,能有效减轻玉米蓟马为害。

(2)人工除虫:结合农事操作,拔除有虫苗,能够减少玉米蓟马蔓延为害。

(3)人工助长:对于已形成"鞭状"的玉米苗,可用锥子将鞭状叶基部豁开,促进心叶展开,恢复正常生长。

(4)清洁田园:及时清除杂草和枯枝残叶,集中深埋,减少越冬虫源。

2. 理化诱控

在玉米蓟马发生盛期,采用黄色或蓝色粘板诱杀。每亩放置25 cm×40 cm粘板20~40块,悬挂高度以高于植株顶梢20~30 cm为宜。每隔5~7天检查1次,如发现粘板黏度下降或粘满虫子,及时更换。

3. 生物防治

利用小花蝽、龟纹瓢虫(图1-20-4)、蜘蛛、赤眼蜂、草蛉等玉米蓟马的自然天敌,对其进行种群控制。

4. 化学防治

(1)种子处理:每10 kg种子用40%溴酰·噻虫嗪种子处理悬浮剂30~45 mL拌种,或用20%福·克悬浮种衣剂按药种比1∶40进行种子包衣处理。

(2)喷雾处理:可选用10%吡虫啉可湿性粉剂2 000倍液,或40%毒死蜱乳油1 500倍液,或25%噻虫嗪水分散粒剂2 000倍液,于早晨或傍晚喷雾防治。此外,应注意喷施烟嘧磺隆除草剂的地块,禁止喷施含有机磷成分的杀虫剂,以免产生药害。

21 黏虫

分布与为害

粘虫又称东方黏虫、行军虫、五色虫、剃枝虫、麦蚕等,属鳞翅目夜蛾科。在豫西各地均有分布,是豫西地区玉米虫害中常见的主要害虫之一。其主要以幼虫咬食叶片,1~2龄幼虫仅食叶肉形成小孔,3龄后啃食叶片形成缺刻,5~6龄进入暴食期,发生严重时将叶片吃光,植株成为光秆,造成严重减产,甚至绝收(图1-21-1)。当一块田被吃光后,幼虫常成群迁到另一块田为害,故又名"行军虫"(图2)。黏虫除为害玉米(图1-21-3,图1-21-4)外,还为害小麦、水稻、高粱、谷子等多种禾本科作物和杂草

图1-21-1　黏虫重发生时大田为害状

（图 1-21-5）。

图 1-21-2　黏虫大发生年份迁移为害

图 1-21-3　黏虫幼虫为害玉米幼苗

图 1-21-4　黏虫幼虫为害玉米果穗

图 1-21-5　黏虫幼虫为害禾本科杂草

形态特征

成虫：体长 16～20 mm，翅展 36～40 mm，体色为淡褐色或黄褐色，雄蛾颜色较深，前翅近前缘中部有 2 块土黄色圆斑，外侧圆斑下面有 1 个小白点，白点两侧各有 1 个小黑点，自顶角至后缘有 1 条黑色斜纹（图 1-21-6）。

图 1-21-6　黏虫成虫

图 1-21-7　黏虫低龄幼虫

图 1-21-8　黏虫老熟幼虫

卵：长约 0.5 mm，半球形，初产白色渐变黄色，有光泽，孵化时黑色，卵粒单层排列成行成块，每个卵块一般有几十粒至百余粒。

幼虫：共6龄，老熟幼虫体长35～40 mm，体色随龄期和虫口密度变化，由淡绿至浓黑，头部有八字形黑纹，体背上有5条不同颜色的纵线，腹部气门孔为黑色，气门上有明显的白线(图1-21-7，图1-21-8)。

蛹：长约19 mm，红褐色，腹部5～7节背面前缘各有一列齿状点刻，尾端有刺6根，两侧的细短刺略弯，中间2根粗大较长(图1-21-9)。

图1-21-9　黏虫蛹

发生规律

黏虫属迁飞性害虫，豫西地区一年发生3～4代。第1代幼虫发生于4月下旬至5月中下旬，主要为害小麦、春玉米和早播夏玉米苗；第2代幼虫发生于6月下旬至7月初，主要为害玉米；第3代幼虫发生于7月底至8月上旬，主要为害玉米和谷子；第4代幼虫很少发生，发生期在9月中下旬，主要取食杂草，个别年份发生于10月中下旬，主要为害小麦幼苗。幼虫共6龄，初孵幼虫有群集性，1、2龄幼虫多在喇叭口内、植株基部叶背或分蘖叶背光处为害，3龄后食量大增，5～6龄进入暴食期，其食量占整个幼虫期的90%左右。3龄后的幼虫有假死性和自残现象，受惊动迅速蜷缩坠地，晴天白昼潜伏在根处土缝中，傍晚后或阴天爬到植株上为害，老熟幼虫入土化蛹(图1-21-10)。成虫在叶尖或嫩叶、心叶皱缝间产卵，引起叶片呈纵卷状。黏虫各虫态的适宜温度为10～25 ℃、相对湿度为85%。气温低于15 ℃或高于25 ℃，产卵明显减少，气温高于35 ℃即不能产卵。成虫喜取食花蜜补充营养。生长茂密、杂草多的玉米田发生重。

图1-21-10　老熟幼虫入土化蛹

防治措施

1. 农业防治

（1）合理轮作：与非寄主作物轮作，不宜连作，能够减少害虫的孳生繁殖，降低为害。

（2）加强田间管理：待玉米出苗后要将秸秆清出田外，浅耕灭茬，及时除草，使田间环境不利于黏虫发生。

（3）人工灭杀：在黏虫产卵期间，根据成虫产卵特点，结合农事操作摘除卵块，可有效减少卵量及幼虫数量；在清晨或傍晚，人工捏杀黏虫幼虫。

（4）设置隔离带：在黏虫幼虫迁移为害时，可在其转移的路边上挖深沟，对掉入沟内的幼虫集中灭杀，阻止其迁移到未受害田或田间虫量未达到防治指标的田块继续为害。

2. 理化诱控

（1）灯光诱杀：利用黏虫成虫的趋光性，可安装黑光灯、高空灯、频振式杀虫灯诱杀成虫。

（2）糖醋液诱杀：利用成虫趋化性，用90%敌百虫晶体、红糖、黄酒、米醋、水按1：9：10：10：20的比例配制糖醋液诱杀成虫，盛于盆内，置于与玉米穗一致高度的田间，500 m左右设一个点，每5天更换一次药液，毒杀成虫。

（3）性诱剂诱杀：每亩田间悬挂一台黏虫性诱捕器，诱杀雄成虫。

（4）谷草把诱卵：利用成虫多在禾谷类作物叶片上产卵的习性，在每亩玉米田插谷草把或稻草把60~100个，每5天更换新草把，换下来的草把运出田外，集中销毁。

（5）食饵诱杀：在黏虫羽化始盛期，将650 g/L夜蛾利它素饵剂等食诱剂与水按一定比例及适量胃毒杀虫剂混匀，倒入盘形容器内，放入田间或周边，及时检查补充水分；或喷淋到植株叶片上，可诱杀取食补充营养的黏虫、棉铃虫、玉米螟、斜纹夜蛾及甜菜夜蛾等害虫成虫。

3. 生物防治

（1）保护利用天敌：释放赤眼蜂或田埂种植或间作套种芝麻、大豆、辣椒等显花植物，保护利用蜘蛛、寄生蜂、青蛙等天敌防治。

（2）生物药剂防治：在黏虫卵孵化盛期喷施苏云金杆菌（Bt）制剂，低龄幼虫期可用灭幼脲防治。每亩可用20%灭幼脲1号悬浮剂500~1 000倍液，或25%灭幼脲3号悬浮剂500~1 000倍液，均匀喷雾。

4. 化学防治

在幼虫3龄前及时控制其为害，可选用20%氰戊菊酯乳油2 000~4 000倍液，或20%氯虫苯甲酰胺悬浮剂4 000倍液，或90%敌百虫晶体1 000~1 500倍液，或50%辛硫磷乳油1 000~1 500倍液，或4.5%高效氯氰菊酯乳油2 500~3 000倍液，或3%溴氰菊酯乳油2 500~3 000倍液，或40%氯虫噻虫嗪水分散粒剂8~12 g，兑水30~45 kg，均匀喷雾，轮换交替使用药剂，以延缓抗药性的产生。

22 二点委夜蛾

分布与为害

二点委夜蛾是豫西夏玉米区近几年新发生的害虫。该虫食性杂、寄主范围广，主要为害夏玉米苗，也为害小麦、花生、大豆幼苗等。幼虫主要从玉米幼苗茎基部钻蛀到茎心后向上取食，形成圆形或椭圆形孔洞，钻蛀较深时可切断生长点，造成心叶失水萎蔫，形成枯心苗；严重时可将幼苗直接蛀断，整株死亡；或咬食玉米气生根系，造成玉米苗倾斜或倒伏，严重时枯死。由于其侵害部位以及形态上的相近，许多农民经常把二点委夜蛾误称为“地老虎”(图 1-22-1)。

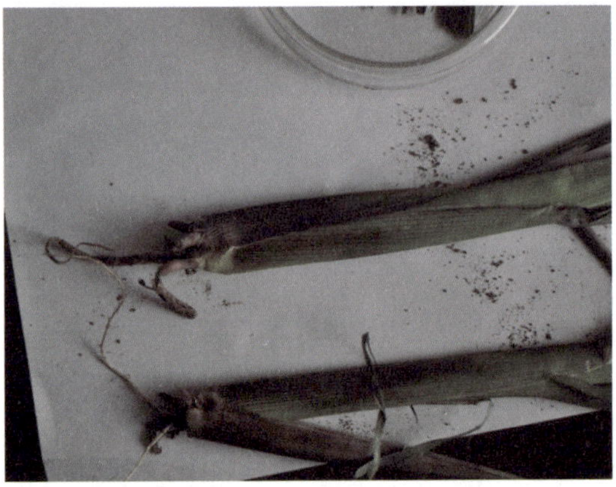

图 1-22-1　二点委夜蛾为害状

图 1-22-2　二点委夜蛾成虫

形态特征

成虫：体长 10~12 mm，翅展 20 mm，体灰褐色，前翅黑灰色，内、外线暗褐色，环纹黑色；肾纹较小，边缘由一圈黑点组成，中间白色；翅外缘有一列黑点，后翅银灰色，有光泽(图 1-22-2)。雄蛾体小于雌蛾，外生殖器抱器瓣端半部宽，背缘略凹，中部有一钩状突起。

卵：呈馒头状，单产，上有纵脊，初产黄绿色，后土黄色，直径不到 1 mm。

幼虫：老熟幼虫体长 14~20 mm，体黄黑色至黑褐色，头部褐色；腹部背面有两条褐色背侧线，到胸节消失，各体节背面前缘均具有一个倒三角形的深褐色斑纹(图 1-22-3)；体表光滑，老熟幼虫入土做一丝质土茧，包被于内化蛹。

蛹：长 10 mm 左右，初为淡黄褐色，逐渐变为褐色(图 1-22-4)。

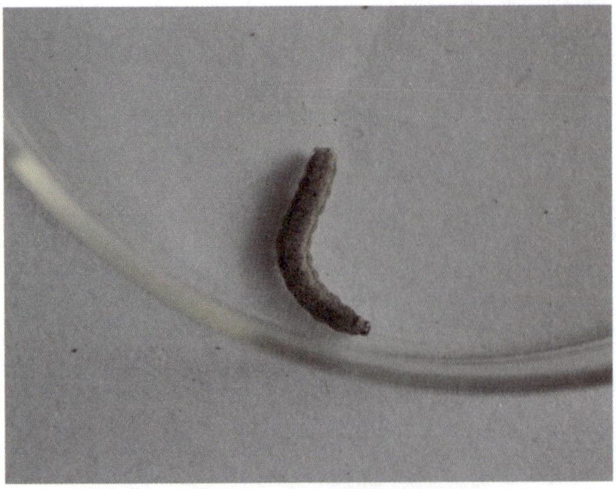

图 1-22-3　二点委夜蛾幼虫

图 1-22-4　二点委夜蛾蛹及幼虫

发生规律

二点委夜蛾一年发生多代,有严重的世代重叠现象。幼虫于6月下旬至7月上旬为害夏玉米苗。幼虫畏惧强光,有假死性,受惊后蜷缩成C字形。常顺垄为害,田间分布不均,有转株为害习性;有群居性,常8~10头幼虫聚集在一株下为害;白天喜欢躲在玉米幼苗周围的碎麦秸下或在2 cm左右的土缝内为害玉米苗茎基部;麦秆、麦糠较厚的玉米田发生较重,田间湿度大发生重,晚播玉米发生重。成虫有一定趋光性,昼伏夜出,白天隐藏在玉米下部叶背、土缝中或麦秸秆下。

防治措施

1. 农业防治

(1)灭茬浅耕:麦收时粉碎小麦秸秆,清除播种沟的麦茬和麦秆残留物,也可施用腐熟剂促使其腐烂;在玉米播种前,对麦田进行灭茬、清茬或浅旋耕,破坏二点委夜蛾孳生环境条件。

(2)加强田间管理:及时人工除草和化学除草,减少二点委夜蛾孳生环境条件;提高玉米的播种质量,齐苗壮苗,提高抗虫能力。

2. 理化诱控

利用二点委夜蛾成虫有较强的趋化趋光性特点,在成虫发生期利用黑光灯、杀虫灯和糖醋液诱集成虫,集中消灭,压低成虫基数,降低落卵量,减轻其后代为害。

3. 生物防治

利用侧沟茧蜂、黄斑青步甲、铺道蚁、蜘蛛等二点委夜蛾自然天敌进行生态控制,在卵孵化初期可喷施苏云金杆菌、球孢白僵菌、绿僵菌等生物农药。

4. 化学防治

采取"治早治小"原则,尽早开展防治。

(1)撒毒饵:亩用4~5 kg炒香的麦麸或粉碎后炒香的棉籽饼,与对少量水的90%敌百虫晶体、或50%辛硫磷乳油、或40%毒死蜱乳油500 mL拌成毒饵,也可用甲维盐·氯虫苯甲酰胺配制毒饵,在傍晚顺垄撒在玉米根部周围。

(2)撒毒土:亩用40%毒死蜱乳油、或50%辛硫磷乳油300~500 mL拌细土25 kg,或用氯虫苯甲酰胺等制成毒土,于清晨顺垄撒于经过清垄的玉米根部周围,围棵保苗,注意毒土要与玉米苗保持一定距离,以免产生药害。

(3)喷灌保苗:随水灌药,亩用50%辛硫磷乳油、或40%毒死蜱乳油1 L,在浇地时灌入田中。或选用40%毒死蜱乳油1 500倍液,或4.5%高效氯氰菊酯乳油1 000倍液,或30%乙酰甲胺磷乳油1 000倍液等喷淋,喷淋时将喷雾器喷头拧下,逐株喷淋玉米根茎部,药液量要大,保证药液能渗到玉米根周围30 cm左右的害虫藏匿的地方。

23 玉米叶螨

分布与为害

玉米叶螨又称玉米红蜘蛛，寄主植物有玉米、高粱、向日葵、豆类、棉花、蔬菜等多种作物。玉米叶螨以成、若螨群聚叶背刺吸汁液（图 1-23-1），使叶片呈灰白色或枯黄色斑点，同化作用受到阻碍，严重时叶片干枯（图 1-23-2）脱落，植株大量枯死，造成大面积减产。

图 1-23-1　玉米叶螨群聚叶背为害

图 1-23-2　玉米叶螨造成叶片干枯

形态特征

玉米叶螨主要有截形叶螨、二斑叶螨和朱砂叶螨 3 种。

截形叶螨：成螨体色深红或锈红色。雌成螨体长 0.5 mm，体宽 0.3 mm，雄成螨体长 0.35 mm，体宽 0.2 mm。

二斑叶螨：成螨体色浅黄或黄绿色。雌成螨体长 0.42~0.59 mm，雄成螨体长 0.26 mm。

朱砂叶螨：成螨体色锈红色至深红色。雌成螨体长 0.48~0.55 mm，体宽 0.3~0.32 mm，雄成螨体长 0.35 mm，体宽 0.2 mm。

发生规律

玉米叶螨在豫西地区 1 年发生 10~20 代，以雌螨在杂草根部、土缝或枯枝落叶上越冬，翌年春季气温达 10℃以上时，即开始取食和大量繁殖。一般于 5 月中、下旬玉米出苗后陆续迁入玉米田，先为害玉米下部叶片，后向上部叶片转移，7~8 月达到顶峰，8 月底至 9 月初，开始向杂草转移。高温低湿的 6~7 月为害重，尤其干旱年份有利其大发生。相对湿度超过 70%时，不利其繁殖，暴雨对其有抑制作用。

防治措施

1. 农业防治

（1）选种抗耐品种。

（2）调整作物布局：玉米田周边避免种植豆类、蔬菜、高粱、向日葵等叶螨传染源的作物，防止相互交叉为害。

(3)加强田间管理:深翻土地,早春或秋后灌水,使螨虫在淤泥中窒息死亡;在高温干旱时,及时浇水,加大田间湿度以减缓红蜘蛛蔓延速度;施用有机肥、磷钾肥能有效促进玉米植株健壮生长,提高对虫害的抗耐性。

(4)清洁田园:及时中耕除草,清除田间、田埂、沟渠旁的杂草,减少害螨食料和繁殖场所。

(5)人工除虫:虫害发生初期可人工剪除带螨叶片,带出田外集中销毁。

2. 理化诱控

利用玉米红蜘蛛对蓝色黏虫板的趋性,可在春季红蜘蛛从四周向玉米田转移时,悬挂蓝板在迁移途中诱杀,减少虫源。

3. 生物防治

(1)保护利用天敌:玉米叶螨的天敌主要有七星瓢虫、食螨瓢虫、草蛉、花蝽类等,可在玉米田埂旁种植晚熟油菜,以利于多种天敌栖息繁殖。在夏季作物收获前,可按 1∶150 的比例人工释放食螨瓢虫等天敌,能有效减轻该虫的发生和为害。

(2)生物药剂防治:可用 1.8%阿维菌素乳油 3 000 倍液喷雾防治。

4. 化学防治

田间点片发生时,及时喷药进行控制,可选用 2.5%高效氯氰菊酯乳油 2 000~4 000 倍液,或 15%哒螨灵乳油 2 500 倍液,或 5%噻螨酮乳油 2 000 倍液进行喷雾防治。

24 玉米耕葵粉蚧

分布与为害

玉米耕葵粉蚧主要为害玉米、小麦、高粱等禾本科作物及杂草。若虫群集于玉米的幼苗根节或叶鞘基部外侧周围吸食汁液。玉米受害后茎基部发黑,根尖肿大变黑腐烂,受害植株细弱矮小,叶片自下而上,自叶缘向里逐渐变黄,生长发育迟缓,严重的不能孕穗抽雄,甚至造成植株瘦弱枯死,严重影响玉米的品质和产量(图 1-24-1)。

图 1-24-1 玉米耕葵粉蚧田间为害状

图 1-24-2 玉米耕葵粉蚧成虫

形态特征

成虫：雌成虫为红褐色，全身覆一层白色蜡粉，体长3~4.2 mm，体宽1.4~2.1 mm，长椭圆形扁平，两侧缘近似平行；触角8节，眼大而突出，足发达。雄成虫全体深黄褐色，体长1.42 mm，体宽0.27 mm，身体纤弱；触角10节，口器退化，前翅白色透明，后翅退化为平衡棒（图1-24-2）。

卵：长椭圆形，长0.49 mm，初产橘黄色，孵化前浅褐色，卵囊白色，棉絮状。

若虫：共有2龄，1龄若虫活泼，体长0.61 mm，未分泌蜡粉；2龄若虫体长0.89 mm，开始分泌蜡粉，在地下或进入植株下部的叶鞘中为害。

蛹：长1.15 mm，长扁圆形，黄褐色，触角、足、翅明显。所结的茧长椭圆形，白色柔密，两侧近平行。

发生规律

玉米耕葵粉蚧在豫西地区1年发生3代，第1代发生在4月中旬至6月中旬，主要为害小麦及田间禾本杂草；第2代发生在6月中旬至8月上旬，发生时间长，为害夏玉米幼苗最重；第3代于8月上旬至9月上旬为害玉米或高粱，此时植株已进入成熟期，对其产量影响不大。每年9~10月雌成虫开始产卵在田间残留的玉米根茬或土壤中残存的秸秆上越冬，翌年4月中下旬气温达到17 ℃左右时开始孵化为害。1龄若虫尚未分泌蜡粉保护层，是药剂防治的最佳时期，2龄后开始分泌蜡粉，在地下或黏附在植株下部的叶鞘中为害。雌若虫老熟后羽化为雌成虫，雌成虫产卵于玉米茎基部土中或叶鞘里。

防治措施

1. 农业防治

（1）种植抗虫品种。

（2）合理轮作、倒茬：对发生严重的地块，不宜采用小麦—玉米种植结构，可改种大豆、花生、棉花、甘薯等双子叶植物，破坏玉米耕葵粉蚧的适生环境。

（3）加强栽培管理：适期播种，不宜过早或过晚；增施腐熟的有机肥、磷钾肥、生物肥料及微肥，促进玉米根系发育，提高作物抗虫能力。

（4）及时灌水：玉米生长期遇旱及时浇水，保持土壤墒情适宜；麦田适时冬灌，使部分越冬卵发霉腐烂，减轻其发生和为害。

（5）清洁田园：小麦、玉米等作物收获后，及时翻耕灭茬，并将根茬带出田外集中处理，消灭虫源；及时中耕除草，尤其是禾本科杂草。

2. 化学防治

（1）种子处理：在播种前，用40%辛硫磷乳油，或48%毒死蜱乳油拌种。

（2）灌药防治：防治适期在2龄若虫之前，一般在6月下旬至7月上中旬，玉米3~5叶期。可选用48%毒死蜱乳油，或50%辛硫磷乳油800~1 000倍液，或40%氧乐果乳油500~1 000倍液灌根或喷施玉米下部叶鞘及茎基部，每株用药液量以100~150 mL为宜。

25 桃蛀螟

分布与为害

桃蛀螟，又名桃斑蛀螟、桃蠹，俗称蛀心虫、食心虫，属鳞翅目螟蛾科。其为杂食性害虫，寄主广泛，除为害桃、苹果、梨等多种果树的果实外，还可为害玉米、高粱、向日葵等农作物。为害玉米果穗，以幼虫啃食或蛀食籽粒为主（图 1-25-1），也可钻蛀穗轴、穗柄及茎秆，常产卵于雄穗、雌穗、叶鞘合缝处或叶耳正反面，百株卵量高达 1729 粒。其有群居性，蛀孔口堆积颗粒状的粪屑。其常与玉米螟、棉铃虫混合为害，严重时整个果穗颗粒无收。被害果穗较易感染穗腐，茎秆、果穗柄被蛀后遇风易折断。

图 1-25-1　桃蛀螟幼虫为害蛀食玉米籽粒

图 1-25-2　桃蛀螟成虫

形态特征

成虫：体长 12 mm，翅展 22~25 mm；体黄色至橙黄色，翅上散生多个黑斑，类似豹纹（图 1-25-2）。

卵：椭圆形，宽 0.4 mm，长 0.6 mm，表面粗糙，有细微圆点，初产时乳白色，后渐变为橘黄至红褐色。

幼虫：体长 22~25 mm，体色多变，大多呈暗红色，也有淡褐、浅灰、浅灰蓝等色，头、前胸盾片、臀板暗褐色或灰褐色，各体节毛片明显，第 1~8 腹节各有 6 个灰褐色斑点，呈 2 横排列，前 4 后 2（图 1-25-3）。

图 1-25-3　桃蛀螟幼虫

蛹：长 14 mm，初为淡黄绿后变褐色，臀棘末端有曲刺 6 根；外被灰白色椭圆形茧。

发生规律

桃蛀螟在豫西地区1年发生4代,世代重叠严重。以老熟幼虫在玉米、向日葵等残株、果穗内结厚茧越冬。1代幼虫于5月下旬至6月下旬先在桃树上为害,2~3代幼虫在桃树和高粱上都能为害;第4代则在夏播玉米和向日葵上为害,以4代幼虫越冬,翌年越冬幼虫于4月初化蛹,4月下旬进入化蛹盛期,4月底至5月下旬羽化。成虫有趋光性和趋糖蜜性。卵多散产在穗上部叶片、花丝及其周围的苞叶上,初孵幼虫多从雄蕊小花、花梗及叶鞘、苞叶部蛀入为害,3龄后吐丝网缀合小穗,为害籽粒。桃蛀螟喜湿,多雨高湿年份发生重,少雨干旱年份发生轻。第1代卵盛期在6月上旬,幼虫盛期6月上中旬;第2代卵盛期在7月上中旬,幼虫盛期7月中下旬;第3代卵盛期在8月上旬,幼虫盛期在8月上中旬;9月中旬至10月上旬进入4代幼虫发生为害期,10月中下旬气温下降则转移至越冬场所越冬。

防治措施

1. 农业防治

(1)加强田间管理:深翻土地,冻、晒垡,减少越冬幼虫基数。

(2)处理秸秆:玉米收获时将秸秆粉碎还田,及时消灭秸秆、穗轴中的越冬幼虫。

2. 生态调控

利用成虫对向日葵花盘的嗜食性,在玉米田周围种植小面积的向日葵诱集带,诱集成虫产卵,集中处理,可有效减轻桃蛀螟的虫口密度。

3. 理化诱控

(1)灯光诱杀:在成虫盛发期,利用黑光灯、频振式杀虫灯诱杀桃蛀螟成虫,减轻为害。

(2)性诱剂诱杀:每亩均匀悬挂5~6个桃蛀螟性诱芯诱捕器诱杀雄蛾,放置高度高出玉米植株10~20 cm,14~21天更换一次性诱芯。

(3)糖醋液诱杀:每亩放置5盆糖醋液诱集盆,诱杀成虫。

4. 生物防治

发生盛期可用苏云金杆菌75~150倍液,或青虫菌液100~200倍液,或25%灭幼脲悬浮剂1 500~2 500倍液喷雾防治。同时保护和利用好绒茧蜂、广大腿小蜂、抱缘姬蜂、蜘蛛等天敌,可在桃蛀螟产卵期,每亩释放赤眼蜂1万~2万只。

5. 化学防治

产卵盛期可选用50%辛硫磷乳油1 000倍液喷施,也可在玉米果穗顶部或花丝上滴50%辛硫磷乳油300倍液1~2滴,对蛀穗害虫防治效果好。

26 稻赤斑黑沫蝉

分布与为害

稻赤斑黑沫蝉别名稻赤斑沫蝉、赤斑沫蝉，俗称雷火虫、吹泡虫，广泛分布于豫西地区。其主要为害玉米、水稻，也为害高粱、粟、油菜等。若虫、成虫刺吸玉米叶片汁液，在刺口周围形成黄白色或青黄色放射状梭形大斑（图 1-26-1），并不断扩大，受害叶叶绿素被破坏，出现一片片枯白，甚至整个叶片干枯（图 1-26-2），植株枯死（图 1-26-3），对产量影响很大。

图 1-26-1　为害玉米叶片形成黄白色放射状梭形大斑

图 1-26-2　稻赤斑黑沫蝉为害叶片干枯状

图 1-26-3　稻赤斑黑沫蝉为害植株枯死状

形态特征

成虫：体长 11～13.5 mm，黑色狭长，有光泽（图 1-26-4）。头冠稍凸，复眼黑褐色，单眼黄红色。颜面凸出，密被黑色细毛，中脊明显。触角基部 2 节粗短，黑色。小盾片三角形，顶具一大的梭形凹陷。两对翅膀呈梯形排列，前翅黑色，前翅合拢时两侧近平行。近基部具大白斑 2 个，雄性近端部具肾状大红斑 1 个，雌性具 2 个一大一小的红斑（图 1-26-5）。雌体腹部短而圆，尾部末端尖。

图 1-26-4　稻赤斑黑沫蝉成虫

图 1-26-5　稻赤斑黑沫蝉雌成虫

卵：长椭圆形，略弯曲，乳白色。

若虫：共 5 龄，形似成虫，初产乳白色，后变为浅黑色，体表四周具白色泡沫状液。

发生规律

稻赤斑黑沫蝉在豫西地区 1 年发生 1 代，以卵在田埂杂草根际或土壤裂缝的 3~10 cm 处越冬。翌年 5 月中旬至下旬孵化出若虫，在土中吸食植物根部汁液，2 龄后渐向上移，若虫常从肛门处排出体液，吹成泡沫以贮存汁液和遮住身体进行自我保护，羽化前爬至土表。6 月中旬羽化为成虫，羽化后 3~4 小时即可为害，7 月受害重，8 月以后成虫数量减少，陆续死亡，11 月下旬基本见不到成虫。每头雌虫一生可产卵 164~228 粒。卵期 10~11 个月，若虫期 21~35 天，成虫寿命 11~41 天。稻赤斑黑沫蝉一般分散活动，夜伏昼出，早、晚取食，遇有高温强光则藏在杂草丛等阴凉背光的地方，大发生时傍晚在田间成群飞翔。成虫十分活跃，飞行速度快，弹跳力强，防治难度大。

防治措施

1. 农业防治

冬前和春后分别深耕细翻田埂 1 次；对田间周边出现大量泡沫的杂草丛撒石灰或草木灰，消灭部分稻赤斑黑沫蝉初孵若虫；及时防除田间及田埂杂草，破坏成虫的生存环境；为害重的地区，冬春结合铲草积肥或春耕沤田时，用泥封田埂，能杀灭部分越冬卵。

2. 理化诱控

可用麦秆或青草扎成 30~50 cm 长的草把，洒上少许甜酒液或糖醋液，于傍晚时均匀插在玉米田或稻田四周，每亩插 20 把左右，引诱成虫飞到草把上吸食，次日早上露水未干之前进行集中捕杀。

3. 生物防治

稻赤斑黑沫蝉的天敌主要有蚂蚁、蜘蛛、青蛙、螳螂等。加强对天敌的保护和增加天敌数量，可有效控制虫口密度。

4. 化学防治

防治若虫时，由于其生活在土壤中，此时可用3%辛硫磷颗粒剂，或3%克百威颗粒剂拌细土撒施在田埂上进行防治。防治成虫时，初见成虫时开始施药，可每亩用48%的毒死蜱乳油800～1 000倍液，或45%马拉硫磷乳油1 000倍液进行喷雾，每隔7～10天防治1次，连续2～3次。施药时间以清晨、傍晚或阴天为宜。施药范围应覆盖距田埂4～6 m玉米田或稻田四周的杂草，施药时做到统一组织、统一时间、统一喷药，同一田块采取从外到内的施药办法。

27 高粱条螟

分布与为害

高粱条螟又称甘蔗条螟、高粱钻心虫、蛀心虫等。其主要为害玉米和高粱，也为害粟、薏米、麻等作物。豫西地区分布广泛，常与玉米螟混合发生。初龄幼虫蛀食嫩叶，形成排孔花叶，排孔较长(图1-27-1)；低龄幼虫在心叶内群集为害，蛀食叶肉，残留透明表皮；龄期增大则将叶片咬成不规则小孔或蛀入茎内叶鞘取食为害，部位多在节间中部，蛀茎处可见较多的排泄物和虫孔，受害茎秆养分输送受阻，遇风易折断，断口处呈刀割状。

图1-27-1　为害玉米叶片形成长排孔花叶

图1-27-2　高粱条螟幼虫

形态特征

成虫：黄灰色，体长10～14 mm，翅展24～34 mm，前翅灰黄色，中央有1个小黑点，外缘有7个小黑点，翅正面有20多条黑褐色纵皱纹，后翅色较淡。

卵：呈银白色，扁椭圆形，长1.3～1.5 mm，宽0.7～0.9 mm，表面有龟状纹，卵块由双行卵粒相叠排成“人”字形，每块有卵10余粒，初产时乳白色，后变为深黄色。

幼虫：初孵幼虫为乳白色，上有许多连成条纹的红褐色斑，老熟幼虫淡黄色，体长20～30 mm，幼虫分夏、冬两型。夏型幼虫腹部各节背面有4个呈正方形排列的黑色斑点，上生刚毛，卵圆形，后两个近长方形。冬型幼虫越冬前蜕一次皮，蜕皮后体背出现4条淡紫色纵纹，黑褐斑点消失，腹足趾钩双序缺环(图1-27-2)。

蛹：红褐或暗褐色，长12～16 mm，腹部第5～7节背面前缘有深色不规则网纹，腹末有2对尖锐小突起。

发生规律

高粱条螟一年发生2代。以老熟幼虫在玉米和高粱秸秆中越冬。成虫昼伏夜出，有趋光性和集群性。越冬幼虫在翌年5月中下旬化蛹，5月下旬至6月上旬羽化。1代幼虫于6月中下旬出现，为害春玉米和春高粱。1代成虫盛发期在7月下旬至8月上旬，产卵盛期8月中旬，2代幼虫8月中下旬出现，为害夏高粱、夏玉米。老熟幼虫在越冬前蜕一次皮，变为冬型幼虫越冬。一般田间湿度较高对其发生有利。高粱条螟在越冬基数较大、自然死亡率低、春季降水较多、田间湿度大的年份，1代发生严重。

防治措施

1. 农业防治

(1)处理秸秆：在化蛹前，采用粉碎、销毁、沤肥等方法及时处理秸秆，消灭越冬虫源。

(2)人工捕杀：定苗前，人工对高粱条螟幼虫进行捕杀。

2. 理化诱控

在成虫发生期，采用频振式杀虫灯、黑光灯、性引诱剂或糖醋液诱杀成虫，减轻下代为害。

3. 生物防治

在产卵盛期释放赤眼蜂，每亩1万头左右，隔7~10天放1次，连续放2~3次。也可喷施苏云金杆菌、球孢白僵菌、绿僵菌等生物农药，降低为害程度。

4. 化学防治

在幼虫蛀茎之前防治，在玉米心叶期，可选用3%辛硫磷颗粒剂300~400 g以1∶15比例与细沙拌匀后撒入喇叭口内，或每亩用40%辛硫磷乳油75~100 mL，或5%阿维菌素水乳剂15~20 mL，或2.5%溴氰菊酯乳油20~30 mL，或20%氯虫苯甲酰胺悬浮剂5 mL，兑水50 kg喷心叶。在玉米穗期，花丝蔫须后，剪掉花丝，用90%的晶体敌百虫0.5 kg、水150 kg、黏土250 kg配制成泥浆涂于剪口，或用90%的晶体敌百虫800~1 000倍液，或75%辛硫磷乳剂1 000倍液，滴于雌穗顶部，效果亦佳。

28 甘薯跳盲蝽

分布与为害

图1-28-1 甘薯跳盲蝽为害状

图1-28-2 甘薯跳盲蝽成虫

甘薯跳盲蝽又称小黑跳盲蝽、花生跳盲蝽，俗称甘薯蛋，属半翅目盲蝽科，豫西局部地区发生。寄主为甘薯、玉米、花生、大豆、豇豆、萝卜、白菜、菜豆、黄瓜、丝瓜、茄子等。以成、若虫吸食老叶汁液，被害处呈现灰绿色小点（图 1-28-1），严重时叶片呈黄白色枯死。

形态特征

成虫：体长 2.1 mm，体宽 1.1 mm，椭圆形，黑色，具褐色短毛。头黑色，光滑，闪光；眼突，与前胸相接，颊高，等于或稍大于眼宽；喙黄褐色，基部红色，末端黑色，伸达后足基节；触角细长，黄褐色；前胸背板短宽，前缘和侧缘直，后缘后突成弧形。小盾片为等边三角形。前翅革片短宽，黑褐色，前缘成弧形弯曲；楔片小，长三角形；膜片烟色，长于腹部末端。足黄褐至黑褐色。后足腿节特别粗，内弯，胫节黄褐，近基褐色。腹部黑褐，具褐色毛（图 1-28-2）。

卵：香蕉形，初产浅绿色，后变为桃红色。

若虫：初孵化时桃红色，渐变为灰褐色，具紫色斑点。

发生规律

甘薯跳盲蝽在豫西地区 1 年发生数代，以卵在寄主组织里越冬，卵多斜向产在叶脉两侧组织内，部分外露，卵盖上常覆盖粪便，世代重叠，翌年 5 月中旬孵化，先为害玉米、豇豆、茄子、小白菜等，5 月下旬为害甘薯，1 代 5 月下旬至 7 月下旬，2 代 6 月下旬至 8 月下旬，3 代 7 月下旬至 9 月下旬，4 代 8 月中旬至 10 月下旬。甘薯跳盲蝽趋光性弱，活泼善跳，喜在阴凉环境中生活，不耐高温，8 月高温季节不取食。初孵若虫喜群居在植株下部叶片上取食，随虫龄增长逐渐分散。成、若虫多在叶面取食，雨天藏于叶背，受惊后迅速逃至叶背或弹跳 1 m 左右。

防治措施

1. 农业防治

（1）清洁田园：越冬期清除枯枝落叶和杂草，集中销毁，消灭越冬卵。

（2）加强田间管理：合理布局，连片种植，切断桥梁寄主；玉米收获后，立即进行深翻、秋冬灌水，破坏甘薯跳盲蝽的自然越冬环境，杀灭害虫。

2. 理化诱控

（1）灯光诱杀：利用频振式杀虫灯诱杀甘薯跳盲蝽成虫，一般每 50 亩安装 1 盏灯。

（2）糖醋液诱杀：90%晶体敌百虫、红糖、黄酒、米醋、水按 1∶9∶10∶10∶20 的比例配制糖醋液诱杀成虫，每盆 1 kg 左右，每亩地放 5 盆。

3. 生物防治

保护和利用好甘薯跳盲蝽卵寄生蜂：蔗虱缨小蜂、盲熔黑卵蜂等天敌。

4. 化学防治

可用 50%辛硫磷乳油 1 000 倍液，或 48%毒死蜱乳油 1 500 倍液喷雾，隔 7~10 天左右喷施 1 次，连喷 2 次即可。

第二部分　水稻病虫害

01 稻瘟病

分布与危害

稻瘟病又称稻颈瘟、火烧瘟、稻热病、叩头瘟等，是水稻主要病害之一，豫西各水稻产区都有发生。稻瘟病在水稻整个生育期中均可发生，为害秧苗、叶片、穗、节等，分别称为苗瘟、叶瘟、穗瘟和节瘟，尤其以穗瘟对产量影响最大，遇条件适宜，易流行成灾。流行年份一般减产10%～20%，重的减产40%～50%，重发田块甚至颗粒无收。

症状特征

稻瘟病根据水稻生育期发病部位不同可分为：

苗瘟：一般在水稻三叶期以前的幼苗期发生，病菌侵染幼苗基部，出现灰黑色水渍状病斑，秧苗变褐卷缩枯死。

图 2-1-1　稻瘟病早期病斑

叶瘟：发生在三叶期以后秧苗和成株叶片上，一般在水稻分蘖盛期盛发。病菌侵染叶片初期，叶上只能看到针头大小的褐色斑点（图 2-1-1），随后斑点迅速扩大（图 2-1-2），最后形成不同类型的病斑，主要有慢性型、急性型、白点型和褐点型4种：典型的慢性型病斑呈纺锤形或菱形，红褐色至灰白色，伴有黄色晕圈沿叶脉向两端延伸有褐色坏死线，在气候潮湿时，病斑背面产生灰绿色霉层；后期多个病斑融合形成不规则形大斑，使全叶枯死。急性型病斑呈椭圆形、近圆形、菱形或不规则形，暗绿色，病斑两面密生灰绿色霉层，遇适温、高湿条件或氮肥施用过多可迅速蔓延，田间急性型病斑的出现是叶瘟大发生的预兆。白斑型多在嫩叶上发生，病斑呈白色或灰白色斑点，圆形或不规则圆形，表面不产生孢子，如气候潮湿则迅速转化为急性型病斑。褐点型病斑为针头状褐点或稍大褐点，局限于两条叶脉之间，多在抗病品种及稻株下部老叶上产生，很少产生孢子，传病的危险性小。田间以慢性型、急性型病斑最为常见（图 2-1-3）。

图 2-1-2　稻瘟病后期病斑

图 2-1-3　水稻叶瘟为害症状

图 2-1-4　水稻穗瘟为害症状

图 2-1-5　水稻粒瘟为害症状

穗瘟：发生在穗颈、穗轴、枝梗及谷粒上，发生早时形成穗颈瘟，一般多在出穗后或稻穗尚未完全露出时受侵，病斑长 3~4 cm，初为暗褐色，后形成水渍状褪绿病斑，最后变黑褐色，也有的后期呈枯白色，发病部位成段变褐坏死，穗颈、穗轴易折断，导致小穗不实或秕谷，重者形成全白穗（图 2-1-4），与螟虫为害相似。穗轴和枝梗上症状与穗颈相似，严重者分枝变白。谷粒病斑发生于内外颖和护颖上，病斑椭圆形，灰白色，随着稻粒的黄熟，至后期不明显，发病较迟的为椭圆形或不规则的褐色斑点（图 2-1-5）。

节瘟：发生在水稻茎节上，初为黑褐色小点，后呈环状扩大至全节，变成黑色或黑褐色，有的也可在节间产生长条状黑褐色病斑，后期病节收缩凹陷，易折断倒伏。

发生规律

稻瘟病菌主要以菌丝体、分生孢子在病谷、病稻草上越冬，翌年春天，病菌初侵染秧苗造成苗瘟，随着气流或移栽等途径传播，侵染大田造成叶瘟和穗瘟。在条件适宜情况下，病菌可以多次再侵染，以致病害迅速扩展流行。稻瘟病的发生与水稻品种、气候条件和肥水管理密切相关。品种之间抗性差异较大，同一品种不同生育期抗病性亦有差异，苗期（四叶期）、分蘖盛期、抽穗初期为易感期，成株期抗性高于苗期。病原菌孢子传播主要借助于气流，其次为雨滴、水流和昆虫等。在育秧期间，天气转暖，如遇雨淋，病部可持续不断产生孢子 20 余天。当气温在 20~30 ℃，相对湿度达 90%以上时，有利于稻瘟病发生。感病品种的大面积种植、破口到齐穗期连续阴雨 3 天以上、偏施或迟施氮肥均有利于稻瘟病的发生与流行。

防治措施

1. 农业防治

(1)选用抗病品种：因地制宜选用适合当地种植的抗病、优质、高产水稻品种，不宜大面积连年种植单一品种，适时更替。

(2)清洁田园：水稻播种前，集中处理散落在稻田和堆放在户外的稻草，不用病稻草捆秧、沤肥。

(3)科学施肥：施足基肥，多施有机肥，合理搭配磷、钾肥，适时适量追施氮肥，防止过多、偏迟，有条件的地方可施硅肥。

(4)合理灌水：要做到浅水勤灌，适时晒田，抽穗后干干湿湿直到成熟。

2. 生物防治

每亩可用 2%春雷霉素水剂 100~120 mL，或 20 亿孢子/g 蜡质芽孢杆菌 150~200g，或 1 000 亿活芽孢/g 枯草芽孢杆菌 20~30 g，或 10%多抗霉素可湿性粉剂 1 000 倍液等生物药剂喷施。

3. 化学防治

(1)种子处理：可选用 25%咪鲜胺乳油 3 000~4 000 倍液，或 20%三环唑悬浮剂 1 000 倍液，或 2.5%咯菌腈悬浮种衣剂 20~30 mL 等药剂浸 10 kg 稻种，浸后催芽、播种。

(2)药剂喷雾：在秧苗移栽前 3~5 天，每亩用 75%三环唑可湿性粉剂 40~50 g 喷施 1 次送嫁药可有效控制叶瘟。已经出现病叶或发病中心的稻田，每亩用 40%稻瘟灵乳油 100 mL，或 75%三环唑可湿性粉剂 30 g，或 40%异稻瘟净乳油 170~200 mL，或 40%三乙膦酸铝可湿性粉剂 250 g，或 50%咪鲜胺锰盐可湿性粉剂 40~60 g，或 75%肟菌・戊唑醇水分散粒剂 15~20 g，或 20%多菌灵・井冈霉素・三环唑悬浮剂 50~100 mL，兑水 50~60 kg 均匀喷雾，也可用 50%甲基硫菌灵可湿性粉剂 1 000 倍液喷雾，以上农药交替使用，重病田 5~7 天后再防治一次。喷药后 8 小时内若有雨，应及时补喷。

02 水稻纹枯病

分布与危害

水稻纹枯病又称“云纹病”、“花脚秆”，是由立枯丝核菌侵染引起的，稻田常发病害。稻株受害后，一般会导致秕谷率增加，千粒重降低，严重时可导致冒穿、倒伏、枯孕穗。一般发病田减产 10%~20%，严重时可减产 50%以上(图 2-2-1)。

图 2-2-1　水稻纹枯病田间为害状

图 2-2-2　水稻纹枯病为害形成“云纹状”斑

症状特征

水稻纹枯病自苗期至穗期均可发病，一般在分蘖盛期开始发生，拔节期病情发展加快，孕穗期前后是发病高峰，乳熟期病情下降。该病主要危害水稻叶鞘，叶片次之。典型症状是在叶鞘和叶片上形成“云纹状”病斑（图 2-2-2），后期病部产生鼠粪状菌核。病害发生初期，先在靠近水面的叶鞘上出现灰绿色、水渍状、边缘不清楚的小斑；病斑逐渐扩大呈椭圆形或相互连接成不规则的云纹状大斑，似开水烫伤状；发病严重时，病斑向病株上部叶鞘、叶片发展，可导致叶鞘干枯，上部叶片也随之发黄、枯死；严重时可达剑叶、稻穗和谷粒，导致穗小粒少，有时形成单株白穗，甚至全株枯死。湿度低时，病斑边缘暗褐色，中央草黄色至灰白色。在阴雨多湿条件下，病斑处会长出白色蛛丝状的菌丝体，匍匐于病斑表面或攀缘于邻近稻株之间，菌丝体集结成白色绒球状菌丝团，最后形成鼠粪状菌核；菌核深褐色，易脱落。高温条件下病斑上产生一层白色粉霉层，即病菌的担子和担孢子。

发生规律

水稻纹枯病病菌主要以菌核在土壤里越冬，也能以菌丝体和菌核在病稻草和其他寄主残体上越冬。春季，漂浮在水面的菌核萌发形成菌丝，侵入叶鞘形成病斑，从病斑上再长出菌丝向附近和上部蔓延，再侵入形成新病斑，水稻一生中可进行多次再侵染。落入水中的菌核，可借水流传播。

该病属高温高湿型病害。适宜范围内，湿度越大，发病越重，田间小气候湿度为 80%时，病害受到抑制，71%以下时病害停止发展；气温 18～34℃均可发病，以 22～28 ℃最适，因此，夏秋气温偏高，雨水偏多，有利于病害发生发展。田间菌源量与发病初期轻重有密切关系，历年重病区、老稻区、田间越冬菌核大时，易导致初期发病较多。水稻田偏施、迟施氮肥，连续灌深水、连年重茬种植、栽插密度过大有利于病害发生。

防治措施

1. 农业防治

（1）选种抗耐病品种：选用对水稻纹枯病抗病或耐病强的品种，如籼型杂交稻。

（2）清洁田园：整地时打捞菌核，并带出田外深埋，减少田间菌源量。

(3)加强田间管理:培育壮苗,推广宽窄行栽插,合理密植,改善田间通风透光条件;浅水勤灌,适时晒田;灌水要做到“前浅、中晒、后湿润”,降低田间相对湿度;施足基肥,早施追肥,多施有机肥,不可偏施氮肥,增施磷、钾肥,增强植株抗病能力。

2. 生物防治

每亩可选用5%井冈霉素水剂150~200 mL,或12%井冈·蜡芽菌水剂200~250 mL,或2.5%井冈霉素+枯草芽孢杆菌水剂250 mL,或1%申嗪霉素悬浮剂70 mL,兑水均匀喷施;也可用10%多抗霉素可湿性粉剂1 000倍液喷雾防治。

3. 化学防治

在水稻分蘖到拔节期病丛率达15%时,每亩可选用50%多菌灵可湿性粉剂75~100 g,或43%戊唑醇悬浮剂10~15 mL,或30%苯醚甲环唑·丙环唑乳油20 mL,或20%嘧菌酯水分散粒剂50~80 g,或25%三唑酮可湿性粉剂50 g,或12.5%烯唑醇可湿性粉剂20~25 g,或24%噻呋酰胺悬浮剂20 mL,兑水均匀喷雾,施药时应注意对准植株基部喷施。发病严重时,5~7天后再用药1次。

03 水稻条纹叶枯病

分布与危害

水稻条纹叶枯病俗称水稻上的癌症,具有暴发性、间歇性、迁移性等特点,是由灰飞虱传播的一种病毒病。早期发病,常导致植株死亡。病株常枯孕穗或穗小畸形不实。个别重发区域病丛率高,引起减产(图2-3-1)。

图2-3-1　水稻条纹叶枯病田间为害状

图2-3-2　水稻条纹叶枯病褪绿条斑

症状特征

水稻从苗期至孕穗期都可感病,其中以苗期至分蘖期最宜感病。苗期的发病株先在心叶或下一叶基部出现与叶脉平行的不规则褪绿条斑或黄白色条纹(图2-3-2)。不同品种表现不一,糯、粳稻和高秆籼稻心叶黄白、柔软、卷曲下垂、呈枯心状。矮秆籼稻出现黄绿相间条纹,分蘖减少，不呈枯心状，病株提早枯死。病毒病引起的枯心苗与三化螟为害造成的枯心苗相似，但无蛀孔和虫粪，不易拔起，有别于蝼蛄为害造成的枯心苗。感病品种心叶死亡呈枯心，形成枯心苗。苗期发病，常常导致枯死。分蘖期发病，病株分蘖减少，先在心叶下一叶基部出现褪绿黄斑，后扩展形成不规则黄白色条斑，老叶不显症。拔节后发病在剑叶下部出现黄绿色条纹，各类型稻均不枯心，但抽穗畸形，所以结实很少。重病株多数整株死亡，病穗畸形或不实。

发生规律

水稻条纹叶枯病主要由灰飞虱传播，灰飞虱一旦获毒可终身并经卵传毒。最短吸毒时间10分钟，循回期4～23天，一般10～15天。病毒在带毒灰飞虱体内越冬，成为主要初侵染源。在小麦田越冬的若虫，羽化后在原麦田繁殖，迁入早稻秧田或本田传毒为害，再迁入晚稻田为害，水稻收获后，迁回麦田越冬。水稻条纹叶枯病的流行主要与传毒媒介灰飞虱虫量、带毒率、品种抗性及水稻感病生育期与灰飞虱传毒高峰期的吻合程度等因素密切相关，灰飞虱带毒率高，虫量大，感病品种种植面积大，发病重。

田间病害规律一般表现为早播田重于迟播田，孤立秧田重于连片秧田，麦套稻重于其他类型栽培方式，稻田周围杂草丛生病害发生重，春季气温偏高、降雨少、虫口多发病重。

防治措施

1. 农业防治

（1）选用抗耐病品种：推广种植抗耐病品种，一般籼型品种发病轻于粳型品种。

（2）清洁田园：在水稻播种和移栽前，要清理菌源，及时清铲除农田、沟渠和路边的杂草，消除灰飞虱越冬孳生地。

（3）加强栽培管理：推广小苗抛栽、机插秧等类型栽培措施；适当推迟播栽期、移栽期避开灰飞虱迁飞期；采取集中连片育秧，科学施肥，避免偏施氮肥，增强植株抗逆性和抗病性，防止过嫩过绿，诱发灰飞虱为害。

2. 物理防治

利用防虫网、无纺布覆盖育秧，在秧田周围设置诱虫板，防止灰飞虱迁入传毒为害。

3. 生物防治

可保护和利用灰飞虱天敌如寄生蜂、黑肩绿盲蝽、瓢虫等，对控制灰飞虱的发生和为害能起到明显效果。

4. 化学防治

（1）种子处理：可按种子重量0.1%的48%毒死蜱长效缓释剂，或20%毒・辛乳油拌种，防效可达到50%以上。

（2）喷雾防治：每亩可选用10%吡虫啉可湿性粉剂20～30 g，或25%噻嗪酮可湿性粉剂20～30 g，或5%烯啶虫胺可溶性粉剂15～20 g，或50%吡蚜酮可湿性粉剂15～20 g，或25%噻虫嗪水分散粒剂2～5 g，或20%异丙威乳油150～200 mL等药剂对水喷施稻株基部，发病严重时，5～7天后再用药1次。要注意交替使用药剂，延缓灰飞虱产生抗药性。

04 稻曲病

分布与危害

图 2-4-1　稻曲病田间为害状

稻曲病俗称黑穗病、青粉病、谷花病，由稻绿核菌引起，是水稻穗期的重要病害。豫西稻区一般病穗率 1%~5%，严重者可达 50% 以上。稻穗发病后，不仅增加了秕谷率、青米粒和碎米率，降低结实率和千粒重，影响水稻产量，而且，因病原菌附着在稻米上污染谷粒，含有毒素，会严重影响品质和人畜健康（图 2-4-1）。

症状特征

稻曲病仅发生在水稻穗部，为害单个谷粒，少则 1~2 粒，多则十余粒。病菌主要在水稻抽穗扬花期侵入，灌浆后显症，为害穗部谷粒。初见颖合缝处露出淡黄绿色块状物，逐渐膨大，最后包裹全颖，形成比正常谷粒大 3~4 倍的近球形菌球（图 2-4-2）；菌球最初外围有一层灰色膜，表面平滑，颜色逐渐变为黄绿色或墨绿色后龟裂，散发出墨绿色或深墨色粉末，即病菌的厚垣孢子（图 2-4-3）。

图 2-4-2　稻曲病菌球

发生规律

稻曲病病原菌以厚垣孢子或菌核在土壤中或病粒上越冬,翌年 7~8 月,产生分生孢子与子囊孢子借气流传播,侵害花器和幼颖。该病是一种典型的气候性病害,水稻抽穗前后,适温、多雨天气会诱发并加重病害发生。偏施氮肥、植株生长嫩绿、长期深灌也会加重发病。水稻不同品种间的抗病性存在明显差异,矮秆、宽叶、枝梗数多、角度小的密穗型品种较易感病,反之则较抗病;一般早熟品种重于中熟、晚熟品种,糯稻重于籼稻、粳稻;杂交稻重于常规稻,两系杂交组合重于三系杂交组合。淹水、串灌、漫灌是导致稻曲病传播的重要原因。

图 2-4-3　稻曲病孢子

防治措施

1. 农业防治

(1)选用抗耐病品种。

(2)种子消毒:根据稻曲病菌易附着在稻种表面的特性,播种前对稻种进行适度紫外线高温或太阳紫外线杀菌处理。

(3)清洁田园:播种前注意清除病残体及田间菌源;发病时摘除并销毁病粒;收割后深耕翻埋菌核。

(4)加强田间管理:合理密植,保持通风透光,可降低稻曲病发病率;施足底肥,增施有机肥,配施磷、钾肥,防止迟施、偏施氮肥、适量施用硅肥微肥;浅水勤灌,适时调整稻田干湿度。

2. 生物防治

每亩可选用 5%井冈霉素水剂 300~350 mL,或 2. 5%井冈 · 枯芽菌 300 mL,或 12. 5%井岗 · 蜡芽菌水剂 300 mL 等药剂兑水均匀喷施。

3. 化学防治

(1)种子处理:可选用 50%甲基硫菌灵可湿性粉剂 500 倍液浸种 24 小时,捞出后催芽、播种。

(2)药剂喷雾:对感病品种田块,特别是长势嫩绿且气象预报孕穗扬花期阴雨天多,或在孕穗后期(距水稻破口期 5~7 天),每亩用 43%戊唑醇悬浮剂 10~15 mL,或 12.5%氟环唑悬浮剂 40~60 mL,或 50%琥胶肥酸铜可湿性粉剂 150~200 g,或 30%苯醚甲环唑 · 丙环唑乳油 20 mL,或 75%肟菌 · 戊唑醇水分散粒剂 10 g 等药剂,兑水喷雾防治,如需防治第 2 次,则在水稻破口期施药,也可结合预防穗颈瘟混合用药。

05 水稻恶苗病

分布与危害

水稻恶苗病又称公稻子、徒长病，在豫西稻区是一种常见病害。病谷粒播后常不发芽或不能出土。苗床上如果恶苗病株率超过10%时，则导致整块秧田不能使用。

症状特征

水稻恶苗病从秧苗期至抽穗期均可发生，一般分蘖期发生最多。苗期发病，病苗比健苗纤细、瘦弱、叶鞘狭长，比健苗高1/3左右，叶色淡黄、较窄，根系发育不良，即典型的徒长型。部分病苗在移栽前死亡。在枯死苗上有淡红或白色霉粉状物，即病原菌的分生孢子。

图 2-5-1　水稻恶苗病为害状

本田发病有徒长型、普通型和早穗型三种类型，以徒长型最为常见。徒长型典型症状为节间明显伸长，明显高于正常植株1/3左右，节部常有弯曲露于叶鞘外，使叶鞘夹角增大，下部茎节倒生（向上），多数有不定须根，分蘖少或不分蘖。剥开叶鞘，茎秆上有暗褐条斑，剖开病茎可见白色蛛丝状菌丝，以后植株逐渐枯死（图2-5-1）。湿度大时，枯死病株表面长满淡褐色或白色粉霉状物，后期生黑色小点即病菌子囊壳。

稻株发病轻时提早抽穗，但穗小、粒少、籽粒不实。抽穗期谷粒也可受害，严重的变褐，不能结实，颖壳夹缝处生淡红色霉，感病轻的仅在谷粒基部或尖端变为褐色，或不表现症状，但谷粒内部有菌丝潜伏。

发生规律

水稻恶苗病以带病种子传播为主，带菌种子和病稻草是水稻恶苗病发生的初侵染源，在秧田、本田可多次再侵染。病菌主要以分生孢子附在种子表面或以菌丝体潜伏于种子内部越冬，潜伏在稻草内的菌丝体和稻草上生长的子囊壳也可越冬。

浸种时带菌种子上的分生孢子可污染无病种子。发病严重的引起苗枯，死苗上产生分生孢子，传播到健苗，引起再侵染。带菌稻秧定植后，菌丝体遇适宜条件可扩展到整株，刺激茎叶徒长。花期病菌传播到花器上，侵入颖片和胚乳内，造成秕谷或畸形，在颖片合缝处产生淡红色粉霉。病菌侵入晚，谷粒虽不显症状，但菌丝已侵入内部使种子带菌，脱粒时与病种子混收，会使健种子带菌。

伤口有利于病菌侵入；旱育秧较水育秧发病重；施用未腐熟有机肥、氮肥过多过迟田块发病重；晚播发病相对较重。

防治措施

1. 农业防治

(1)选用抗病品种或无病种子留种。

(2)种苗处理:选择晴天晒种1~3天,可以提高种子发芽率和发芽整齐度,催芽时间不宜过长;搞好苗床土壤处理,采用秧盘育苗技术;拔秧要尽可能避免损根,做到"五不插"——不插隔夜秧、不插老龄秧、不插深泥秧、不插烈日秧、不插冷水浸的秧。

(3)消灭病株残体:做好田间观察,及时拔除病株,集中清除病残体,不得随意乱扔或堆放在田边,可作燃料或高温沤制堆肥。

2. 化学防治

(1)种子处理:浸种、拌种等种子处理是预防该病最关键的措施。浸种药剂可选用25%咪鲜胺乳油3 000~4 000倍液,或15%噁霉灵可湿性粉剂1 000~1 600倍液,或20%多·森胺悬浮剂200~300倍液,或16%咪鲜·杀螟丹可湿性粉剂400~600倍液,或2.5%咯菌腈悬浮种衣剂20~30 mL,兑水浸10kg稻种,浸种3~5天;或用50%多菌灵可湿性粉剂250~500倍液、3%的生石灰水浸种24~48小时。种子包衣药剂可选用2.5%咯菌腈悬浮种衣剂、0.5%咪鲜胺悬浮种衣剂、18%多·咪·福悬浮种衣剂等。

(2)药剂喷雾:在秧苗针叶期和大田发病初期,可用25%咪鲜胺乳油1 500倍液喷雾。

06 水稻胡麻斑病

分布与危害

水稻胡麻斑病又称胡麻叶枯病,是豫西水稻上一种常发病害,在因缺肥、缺水等原因造成水稻生长不良时发生较重,叶片受害造成叶枯,穗部受害,导致千粒重下降及空秕粒增多,影响产量和米质(图2-6-1)。

图2-6-1 水稻胡麻斑病大田为害状

症状特征

水稻胡麻斑病从秧苗期至收获期均可发病,稻株地上各部分均可受害,以叶片发病最为普遍。叶片受害后初为小褐点,后扩大为椭圆形褐色病斑,因大小似胡麻籽,故称之为胡麻斑病。病斑边缘明显,外围常有黄色晕圈,无沿叶缘延伸的坏死线(区别于稻瘟病),后期病斑中央呈灰黄或灰白色。严重时病斑密生,互相联合,形成不规则形大斑(图2-6-2)。穗颈和枝梗受害,症状与稻瘟病相似,但病部位呈深褐色,变色部位较长,造成穗枯。叶鞘上染病,病斑初为椭圆形,暗褐色,边缘淡褐色,水渍状,后变为中心灰褐色的不规则大斑。谷粒染病,早期受害的谷粒全粒灰黑色，湿度大时内外颖合缝处及谷粒表面产生大量黑色绒毛状霉层，造成米粒松脆或秕谷。后期受害病斑小，与叶片上病斑相似，边缘不明显。

图 2-6-2　水稻胡麻斑病为害叶片

发生规律

水稻胡麻斑病病菌以分生孢子或菌丝体附着在稻种或稻草上越冬，成为翌年初侵染源。播种后谷粒上的病菌可直接侵染幼苗。稻草上越冬的分生孢子，或由越冬菌丝产生的分生孢子，都可随气流扩散，引起秧田和本田的侵染。在当年病组织上产生的分生孢子可再次侵染，不断扩大危害。

该病的发生与土质、肥水管理和品种抗性密切相关。酸性土壤、沙质土、薄地、缺磷少钾时发病重，长期积水、根部受伤等都可诱发该病害。高温高湿、日照不足、有雾露存在时发病重。

防治措施

1. 农业防治

(1)选种无病稻种。

(2)清洁田园：深耕灭茬，摘除病叶，及时处理销毁病稻草，压低菌源。

(3)加强肥水管理：增施腐熟堆肥做基肥，及时追肥，合理使用微量元素肥，增加磷、钾肥，特别是钾肥的施用可提高植株抗病力；酸性土注意排水，适当施用生石灰；防止脱水受旱，要浅灌勤灌，避免长期水淹造成通气不良。

2. 生物防治

每亩可用2%春雷霉素水剂100~120 mL，或20亿孢子/g蜡质芽孢杆菌150~200 g，或1 000亿活芽孢/g枯草芽孢杆菌20~30 g，或10%多抗霉素可湿性粉剂1 000倍液等生物药剂喷施。

3. 化学防治

(1)种子处理：可选用25%咪鲜胺乳油3 000~4 000倍液，或20%三环唑悬浮剂1 000倍液浸种，也可选用2.5%咯菌腈悬浮种衣剂20~30 mL等兑水适量浸10 kg稻种，浸后催芽、播种。

(2)药剂喷雾：每亩用75%三环唑可湿性粉剂30 g，或50%咪鲜胺锰盐可湿性粉剂40~60 g，或40%三乙膦酸铝可湿性粉剂250 g，或75%肟菌·戊唑醇水分散粒剂15~20 g，兑水50~60 kg喷雾，或用50%甲基硫菌灵可湿性粉剂1 000倍液喷雾，注意农药交替使用，重病田5~7天后再防治一次。

07 水稻白叶枯病

分布与危害

水稻白叶枯病俗称白叶瘟、过火风、着风等，是一种细菌性病害。该病暴发性强，传播速度快，危害重，产量损失大。水稻受害后叶片干枯，瘪谷增多，米质松脆，千粒重降低，一般减产20%~30%，严重者达50%以上，甚至绝收（图2-7-1）。

图2-7-1　水稻白叶枯病大田为害状

症状特征

水稻整个生育期及各个器官均可染病，苗期、分蘖期受害最重，主要危害叶片，受害叶片呈枯白色。成株期发病常见的典型症状有叶缘型，还有青枯型、中脉型、黄化型和凋萎型等。

叶缘型是一种常见的典型病斑，属慢性症状，叶缘或叶尖先开始发病，初呈暗绿色水浸状短线病斑沿叶缘坏死，后期粳稻品种的病斑变为灰白色，籼稻变为橙黄色或黄褐色。病健部界线明显，湿度大时，发病部位有黄色菌脓溢出，干燥时形成菌胶。

青枯型是一种急性症状。植株感病后，叶片呈失水青枯暗绿色状，扩展迅速，后期病部变成青灰色或灰绿色，叶片迅速失水，致叶片边缘皱缩、卷曲青枯，病健界线不明显，往往是全叶青枯。

发生规律

水稻白叶枯病的主要侵染源是未腐烂的带病稻草和杂草，老病区以病稻草为主；带病种子可远距离传播，是新病区的主要初侵染源。病菌主要在带菌谷种、病株残体上越冬，随流水传播，可从叶片的水孔、伤口或根茎部的伤口侵入，在维管束中大量繁殖后，可从叶面的水孔溢出菌脓，遇水溶散，借助流水、风雨、露滴传播，形成再侵染，致使病害传播蔓延、流行。

串灌、漫灌田发病重，稻田生长过旺、长期积水、氮肥过多，有利于病害发生。风雨交加时，病菌可依风速强度和风向传播，持续适温（20~30 ℃）、阴雨、寡照天气适宜病害流行。

防治措施

1. 农业防治

（1）选用抗耐病品种：选用对白叶枯病抗病或耐病强的品种，或选用无病种子，培育无病壮秧。

（2）加强田间管理：选择上年未发病的田块作秧田，整平秧田，湿润育秧；不用病草催芽、盖秧、扎秧把；施足基肥，早施追肥，避免过迟、过量施用氮肥；适时晒田、浅水勤灌、排灌分开，严防漫灌、串灌、深灌，避免低洼积水，及时排涝。

(3)清洁田园:水稻收获后,及时清除病稻草、病稻桩和田边杂草,不能直接还田。

2. 化学防治

对有零星发病中心的稻田,坚持发现一点防治一片,发现一片防治全田的原则,把病害控制在为害之前。每亩可选用20%噻菌铜悬浮剂100~125 mL,或50%氯溴异氰尿酸可溶性粉剂40~60 g,或20%叶枯唑可湿性粉剂100~150 g,或20%噻森铜悬浮剂120~130 mL,兑水喷雾防治,一般间隔7~10天后再施药1次。

08 水稻黑条矮缩病

分布与危害

水稻黑条矮缩病俗称矮稻,是由水稻黑条矮缩病毒引起的,主要为害叶片、叶鞘和茎秆。病田率可达3%~40%,一般病丛率为5%~30%,严重田块病丛率可达90%以上,发生严重时,导致个别稻田绝收(图2-8-1)。

图2-8-1 水稻黑条矮缩病大田为害状

症状特征

水稻黑条矮缩病主要症状表现为病株矮缩(图2-8-2)、分蘖增加、叶片短阔、僵直,叶色深绿;由于韧皮部细胞增生,发病部位出现短条瘤状不规则隆起,早期蜡白色,后期变为黑褐色(图2-8-3),病株根系发育较差,结穗小、结实不良,甚至不能抽穗。

图2-8-2 病株矮缩

图2-8-3 病叶上黑褐色瘤状突起

不同生育期染病后的症状略有差异,苗期发病,叶片短宽、僵直、深绿、生长缓慢,叶脉有不规则蜡白色瘤状突起,植株矮小,不抽穗,常提早枯死;分蘖期发病,新生分蘖先显症状,主茎和早期分蘖虽能抽出短小病穗，但病穗缩藏于叶鞘内；拔节期发病，剑叶短阔，穗颈短缩，结实率低，叶背和茎秆上有短条状瘤突。团状成丛矮缩的病株易见，分散病株不易发现。病窝有两种类型，即底面为水平状的扁圆柱形和中心明显、四周逐渐由矮到高的圆锥形。

发生规律

水稻黑条矮缩病是一种病毒病，传毒介体主要以灰飞虱传毒为主，还有白背飞虱，传毒介体一旦染毒，终身带毒，但不经卵传毒。病毒主要在小麦、大麦病株上越冬，也可在灰飞虱体内越冬。田间病毒通过麦—早稻—晚稻的途径完成侵染循环。第一代灰飞虱在病麦上接毒后传到早稻、单季稻、晚稻和青玉米上。稻田中繁殖的二、三代灰飞虱，在病株上吸毒后，迁入晚稻和秋玉米田为害，晚稻上繁殖的灰飞虱成虫和越冬代若虫又传给小麦、大麦。大、小麦发病轻重及毒源多少，决定水稻发病程度。晚稻早播发病重，稻苗幼嫩发病重。

防治措施

1. 农业防治

（1）选用抗耐病良种。

（2）清洁田园：应在播种前及时清除秧田及四周的禾本科杂草，压低虫源、毒源。

（3）加强栽培管理：适当增加用种量，增加单位面积上的秧苗数；采用机械插秧等轻型栽培技术连片种植，并同时移栽，降低感病几率。

（4）及时排涝：在水稻分蘖期间，田间保持 3~5 cm 的浅水层，切忌淹没心叶；大雨过后注意排水，切忌田间长期积水。

2. 理化诱控

利用防虫网、无纺布覆盖育秧，在秧田周围设置诱虫板，防治灰飞虱迁入传毒为害。

3. 生物防治

可保护和利用灰飞虱天敌如寄生蜂、黑肩绿盲蝽、瓢虫等，对控制灰飞虱的发生和为害能起到明显效果。

4. 化学防治

（1）种子处理：可用 25%咪鲜胺乳油消毒种子，或用 2.5%咪鲜·吡虫啉悬浮种衣剂按药种比 1∶(40~50)比例种子包衣，或每 1 kg 干种子拌 10%吡虫啉可湿性粉剂 15~20 g，直接与种子拌匀，待药液充分吸收再播种，也可在浸种时加入吡虫啉等内吸性药剂。

（2）药剂喷雾：可每亩选用 10%吡虫啉可湿性粉剂 20~30 g，或 25%噻嗪酮可湿性粉剂 20~30 g，或 50%吡蚜酮可湿性粉剂 15~20 g，或 5%烯啶虫胺可溶性粉剂 15~20 g，或 25%噻虫嗪水分散粒剂 2~5 g，或 20%异丙威乳油 150~200 mL 等兑水喷施均匀，将药液喷施到稻株基部，药剂交替使用，延缓灰飞虱产生抗药性。发病严重时，5~7 天后再用药 1 次。

09 稻飞虱

分布与为害

稻飞虱又名厌虫、火蠓虫,属同翅目飞虱科,主要有灰飞虱、白背飞虱和褐飞虱 3 种。豫西地区稻飞虱由南方稻区迁飞而至,为害较重的是白背飞虱和褐飞虱,水稻前中期以白背飞虱为主,后期以褐飞虱为主。灰飞虱很少直接成灾,但能传播稻、麦、玉米等禾本科作物的病毒。该虫以成、若虫群集于稻株下部刺吸汁液(图 2-9-1),消耗稻株水分和营养,并在受害茎秆上留下斑点、伤痕,分泌的有毒物质会导致烟霉孳生,严重时导致稻丛基部变黑影响光合作用和呼吸作用。稻株受害后,生长低矮,叶片发黄干枯,严重的不能抽穗。为害盛期在拔节期至乳熟末期,受害稻田常先在田块中间出现"黄塘",造成典型症状"虱烧" 或"穿顶"。乳熟期受害,瘪谷增加,千粒重减轻,严重时常致水稻大片倒伏死秆。一般减产 5%~10%,严重田块减产 50%以上,甚至颗粒无收(图 2-9-2)。

图 2-9-1　稻飞虱群聚为害

图 2-9-2　稻飞虱大田为害状

形态特征

稻飞虱体形小,触角短锥状,有长翅型和短翅型两种。

1. 褐飞虱长翅型成虫:体长 3.6~5 mm,前翅端部超出腹部;短翅型 2.2~4 mm,短翅型成虫翅长短于腹部,雌虫体肥大。深色型头顶至前胸、中胸背板均为暗褐色,有 3 条纵隆起线;浅色型体黄褐色,胸部腹面、腹部背面较暗。

卵:呈香蕉状,产在叶鞘和叶片组织内,长 0.6~1 mm,常数粒至数十粒排列成卵条。

若虫:分 5 龄,初孵时淡黄白色,后变为褐色,近椭圆形。

2. 白背飞虱长翅型成虫:体长 3.8~4.6 mm,短翅型 2.5~3.5 mm,雄虫浅黄色,具黑褐斑,雌虫大多为黄白色。

卵:长约 0.8 mm,长椭圆形,微弯,产于叶鞘或叶片组织内,一般 7~8 粒单行排列。

若虫:末龄若虫体长 2.9 mm,初孵时乳白色,有灰色斑,3 龄后淡灰褐色。

3. 灰飞虱长翅型成虫：体长 3.5~4.0 mm，短翅型 2.3~2.5 mm，均较褐飞虱略小。雌虫黄褐色，雄虫黑色。头顶与前胸背板黄色，中胸背板雄虫黑色，雌虫中部淡黄色，两侧暗褐色，前翅透明，具翅斑，足淡褐色。

卵：长椭圆形稍弯曲，香蕉形，长约 1 mm，初产时乳白色半透明，后期淡黄色。双行成块，产在叶鞘、叶片和茎秆组织内。

若虫：老龄若虫体长 2.7~3.0 mm，深灰褐色，腹节间有白色细环圈。

发生规律

稻飞虱喜趋嫩绿，具有迁飞性和趋光性，暴发性和突发性强。稻飞虱在各地每年发生的世代数差异很大，在豫西地区一般发生 4 代，世代间均有重叠现象。褐飞虱和白背飞虱属远距离迁飞性害虫，灰飞虱属本地越冬害虫，以卵在各发生区杂草组织中或以若虫在田边杂草丛中越冬。稻飞虱初次虫源都是从南方迁入，一般 6 月中旬开始迁入，8 月下旬至 10 月上旬开始往南回迁，7 月中旬至 9 月上旬是稻飞虱的发生盛期，一旦条件适宜，往往暴发成灾，通常造成水稻倒秆、“穿顶”、“黄塘”。稻飞虱成虫和若虫都可以取食为害，以高龄若虫取食为害最重。成虫有短翅型和长翅型两种，长翅型成虫适合迁飞，短翅型成虫适宜定居繁殖；其产卵量显著多于长翅型成虫，短翅型成虫大量出现时是大发生的预兆。

褐飞虱是喜温型昆虫，在北纬 25°以北的广大稻区不能越冬，生长发育的适宜温度为 20~30℃，最适温度为 26~28℃，相对湿度 80%以上。1 只褐飞虱雌成虫能产卵 300~400 粒，主害代卵一般 7~13 天孵化为若虫，成虫寿命 15~25 天。褐飞虱发生为害的轻重，主要与迁入的迟早、迁入量、气候条件、品种布局和品种抗耐虫性、栽培技术和天敌因素有关。盛夏不热、晚秋不凉、夏秋多雨等易发生，高肥密植稻田的小气候有利于其生存。

白背飞虱安全越冬的地域、温度等习性与褐飞虱相近似，迁飞规律与褐飞虱大致相同。但食性和适应性较褐飞虱宽，在稻株上取食部位比褐飞虱稍高，可在水稻茎秆和叶片背面活动，能在 15~30 ℃下正常生存，要求相对湿度 80%~90%，初夏多雨、盛夏长期干旱，易引起大发生。白背飞虱一只雌成虫可产卵 200~600 粒。7~11 天孵化为若虫，成虫寿命 16~23 天。其习性与褐飞虱相似。

灰飞虱一般先集中田边为害，后蔓延田中。越冬代以短翅型居多，其余各代长翅型居多，每雌产卵量 100 余粒。灰飞虱耐低温能力较强，但对高温适应性差，适温为 25 ℃左右，超过 30 ℃发育速率延缓，死亡率高，成虫寿命缩短。7~8 月降雨少的年份有利于其发生。

防治措施

1. 农业防治

(1)推广抗耐虫高产优质品种。

(2)加强田间管理：健苗栽培，采用宽窄行种植，保障种植密度合理性；注意氮、磷、钾肥合理施用，重施基肥、早施追肥，实行科学的水肥管理，防止禾苗贪青徒长。

2. 生态调控

有条件地区可采用稻田养鸭技术，鸭子的活动不仅能吃虫控草，同时还能壮苗、增加通风透光、踩踏枯黄病叶等，达到灭害保益的作用。

3. 理化诱控

利用稻飞虱的趋光性，每30~50亩安装1盏太阳能杀虫灯诱杀成虫，连片使用效果更好。

4. 生物防治

稻田前期尽量少用杀虫剂，保护稻田黑肩绿盲蝽、蜘蛛等自然天敌能有效控制褐飞虱的种群数量，当蜘蛛与飞虱数量比为1：(8~9)，飞虱密度(1 000~1 500)头/百丛以内时，控制效果较好，一般可不防治。

5. 化学防治

抓准2龄前若虫盛发期用药防治。每亩可用25%吡蚜·噻嗪酮可湿性粉剂20~24 g，或50%稻丰散乳油100~120 mL，或40%毒死蜱乳油80~120 mL，或选用10%吡虫啉可湿性粉剂20 g，或25%噻虫嗪水分散粒剂2~4 g，或25%噻嗪酮可湿性粉剂40~50 g等药剂，兑水50~70 kg喷雾防治。为提高防治效果，施药期间保持3~5 cm浅水层3~5天。

10 稻纵卷叶螟

分布与为害

稻纵卷叶螟又名纵卷螟、刮青虫，属鳞翅目螟蛾科，是豫西稻区主要害虫之一。在水稻分蘖期至抽穗期易遭受稻纵卷叶螟为害，主要以低龄幼虫在水稻嫩叶尖纵卷结成圆筒状小虫苞或称束叶苞，幼虫匿居其中仅取食叶肉，留下表皮呈白条斑，叶苞下端有丝状相连，当发生严重时“虫苞累累，白叶满田”。苗期受害水稻不能正常生长，严重田块植株枯死；分蘖期至拔节期受害，分蘖减少，植株矮小，生育期推迟；孕穗后特别是抽穗期到齐穗期剑叶被害，损失最大，影响开花结实，秕粒增加，千粒重下降，造成减产。一头幼虫一生可食叶5~7片，多者达9~12片。1~3龄幼虫食叶量仅为10%，4龄后取食量大。受害田块一般可损失10%~20%，严重的可超过50%(图2-10-1)。

图2-10-1　稻纵卷叶螟幼虫及田间为害状

图2-10-2　稻纵卷叶螟幼虫

形态特征

成虫:体长约为 7~9 mm,体淡黄褐色。前翅近三角形,前缘暗褐色,翅面上有内、中、外三条暗褐色横线,内、外横线从翅的前缘延至后缘,中横线短而略粗,外缘有一条暗褐色宽带,外缘线黑褐色。

卵:扁平为椭圆形,中部稍凸,一般单产于叶片背面,粒小,长约 1 mm,宽约 0.5 mm,初产白色透明,孵化前淡黄色。

幼虫:通常有 5 个龄期。一般稻田间出现大量蛾子约 1 周后,便出现幼虫,刚孵化出的幼虫很小,肉眼不易看见。幼虫头部淡褐色,腹部淡黄色至绿色,老熟幼虫体长 14~19 mm,深绿色至橘红色(图 2-10-2)。

蛹:长 7~10 mm,圆筒形,初淡黄色,渐变黄褐色,后转为红棕色至褐色,背部色较深,腹面色较淡,外常包有白色薄茧。

发生规律

稻纵卷叶螟是一种远距离迁飞性害虫,在北纬 30°以北稻区不能越冬,故豫西稻区初次虫源均自南方迁入。豫西稻区 1 年一般发生 4 代,常年 6 月上旬至 7 月中旬从南方稻区迁来,7 月上旬至 8 月上旬为主害期。成虫能长距离迁飞,有趋光性、产卵趋嫩性和栖息趋荫蔽性。成虫羽化后 2 天常选择生长茂密的稻田产卵, 产卵位置因水稻生育期而异,卵多产在水稻中上部叶片中脉附近。适温高湿产卵量大,一般每雌产卵 40~70 粒,最多 150 粒以上;卵一般单粒散产,也有 2~5 粒产于一起。气温 22~28℃、相对湿度 80%以上,卵孵化率可达 80%~90%以上。1 龄幼虫在分蘖期爬入心叶或嫩叶鞘内侧啃食。在孕穗抽穗期,则爬至老虫苞或嫩叶鞘内侧啃食。2 龄幼虫可将叶尖卷成小虫苞,然后吐丝纵卷稻叶形成新的虫苞,幼虫潜藏虫苞内啃食。幼虫蜕皮前,常转移至新叶重新作苞。4 龄后取食量大,占总取食量的 90%左右,为害最大。老熟幼虫多在稻丛基部的黄叶或无效分蘖的嫩叶苞中结茧化蛹,有的在稻丛间,少数在老虫苞中。

该虫喜欢生长嫩绿、湿度大的稻田,多雨日及多露水的高湿天气,稻纵卷叶螟发生重。偏施、迟施氮肥的稻田虫量多,为害重;水稻叶片宽、生长披垂、叶面少毛的品种有利于稻纵卷叶螟发生。

防治措施

1. 农业防治

(1)选用抗耐虫品种。

(2)清洁田园:收集整理沟渠、田边的杂草,沤制成肥,减少或清除稻纵卷叶螟栖息地。

(3)加强肥水管理:改良栽培制度,基肥施足,巧施追肥,水稻后期不贪青;灌水灭蛹,降低下代虫口基数。

2. 理化诱控

(1)灯光诱杀:利用稻纵卷叶螟的趋光性,用黑光灯诱杀。

(2)性诱剂诱杀:在成虫盛发期,对成虫密集的地方,每亩放置 1~2 个专用诱芯诱杀成虫,诱芯 30 天更换 1 次。

3. 生物防治

(1)保护利用天敌:利用和保护好绒茧蜂、蜘蛛、隐翅虫、青蛙、蜻蜓等稻纵卷叶螟的天敌,其中绒茧蜂是专门寄生于稻纵卷叶螟低龄幼虫的一种优势种天敌。

(2)人工释放赤眼蜂:可在稻纵卷叶螟卵始盛期至高峰期,分期分批放赤眼蜂,每亩每次放3万~4万头,间隔3天放1次,共放3次。

(3)生物制剂防治:尽量选用Bt制剂或Bt复配剂或其他对天敌杀伤力小的生物农药,发挥天敌的自然控制作用。也可每亩用杀螟杆菌或青虫菌100~150 g兑水60~75 kg,或1.8%阿维菌素乳油80~100 mL兑水50 kg喷雾防治。

4. 化学防治

卵孵化至幼虫3龄前是防治适期,如果稻纵卷叶螟成虫量大(25丛可见5~10只蛾子),防治适期就要提前到始见蛾子后1周(大约是卵开始孵化期)。可每亩选用40%毒死蜱乳油100 mL,或50%稻丰散乳油100~120 mL,或20%氯虫苯甲酰胺胶悬剂10 mL,或15%茚虫威乳油12 mL等药剂,兑水50 kg喷雾。防治时,田间保水3~5 cm,3~5天,确保防效。

11 二化螟

分布与为害

水稻二化螟俗名钻心虫、蛀心虫,属鳞翅目螟蛾科,是豫西水稻产区主要害虫之一。除为害水稻外,还为害麦类、玉米、高粱、油菜等作物以及芦苇、稗、李氏禾等杂草。水稻分蘖期受害造成枯鞘、枯心苗,穗期受害可造成虫伤株、枯孕穗、白穗等,使秕粒增多,遇风易折倒,被害株田间呈聚集分布,中心明显。一般发病田减产5%~10%,严重田块可减产50%以上。

形态特征

成虫:前翅近长方形,灰黄褐色,翅外缘有7个小黑点。雌蛾体长12~15 mm,腹部纺锤形,背有灰白色鳞毛,末端不生丛毛;雄蛾体长10~12 mm,腹部圆筒形,前翅中央有1个灰黑色斑点,下面还有3个灰黑色斑点(图2-11-1)。

图2-11-1 二化螟成虫

卵:卵块为扁平椭圆形,几十粒至百余粒呈鱼鳞状排列成块,表层覆盖透明的胶质物,初产时呈乳白色,孵化前呈黑褐色。

幼虫:一般6龄,老熟时体长20~30 mm。初孵化时淡褐色,头淡黄色,2龄以上幼虫在腹部背面有5条褐色纵线,老熟幼虫呈淡褐色,腹面灰白色(图2-11-2)。

蛹：呈圆筒形，长 10~13 mm，初化蛹时，体由乳白色到米黄色，腹部背面尚可见 5 条明显纵纹，以后随着蛹色逐渐变淡，5 条纵纹也逐渐模糊。

图 2-11-2　二化螟幼虫

图 2-11-3　稻茬内越冬的二化螟幼虫

发生规律

二化螟在豫西地区 1 年发生 2~3 代，以 1 代为害为主，属于一代多发型；二代受夏季高温干旱及稻株较老影响，不利于蚁螟侵入存活，发生程度一般较一代轻；二化螟一般二代进入滞育，但由于 8 月气温普遍偏高，近年来部分二代二化螟转化为三代，对迟熟优质稻的为害较大。

二化螟以幼虫在稻茬、稻草中及其他寄主植物茎秆、根茎中越冬（图 2-11-3），春季化蛹羽化。有世代重叠现象。不同越冬场所的幼虫化蛹、羽化期有显著差异，往往形成多个蛾高峰。冬种作物面积大，尤其免耕面积增加，水稻机械收割，有利于二化螟越冬；水稻播栽期提早，有利于水稻二化螟的侵入和成活。二化螟幼虫生活力强，食性杂，耐干旱、潮湿和低温等恶劣环境，越冬死亡率低。一般籼稻比粳稻受害重；特别是杂交水稻，秆粗叶阔，叶色嫩绿，水稻二化螟卵块密度高，为害重。气温为 22~26 ℃、相对湿度为 80%~90%时，有利于螟卵孵化；气温在 20~30 ℃、相对湿度在 70%以上时，有利于幼虫的发育。

防治措施

1. 农业防治

（1）选种抗虫品种。

（2）加强田间管理：适时插秧，使水稻生长整齐，卵孵化盛期与水稻分蘖期及孕穗期错开；避免偏施氮肥。

（3）人工除卵：结合农事操作，及时摘除卵块，拔除枯心株、白穗株。

（4）深翻灌水：水稻收割后及时翻耕灌水，淹死稻桩内幼虫，降低虫源基数。

（5）清洁田园：清除玉米、高粱等寄主茎秆；铲除田边杂草消灭越冬虫源。

2. 理化诱控

（1）灯光诱杀：二化螟成虫昼伏夜出，趋光性强，在成虫羽化高峰期，每 30~50 亩安装 1 盏太阳能杀虫灯，连片使用效果更好。

(2)性诱剂诱杀:在越冬代二化螟羽化初期,使用性信息素防治。每亩放置一套诱捕器,诱捕器放置在距离水稻叶片顶端 10 cm 左右的高度,性信息素群体诱集,应连片大面积应用,最小使用面积不少于 150 亩。

3. **生物防治**

尽量使用生物农药,保护天敌,发挥天敌的自然控制作用。卵寄生蜂有稻螟赤眼蜂、螟黄赤眼蜂等;幼虫和蛹则受多种姬蜂、茧蜂的寄生;寄生蝇和线虫对幼虫的寄生率也较高。第一次放蜂宜早,应在二化螟产卵初期,一般掌握在成虫羽化高峰期放置蜂卡。在二化螟卵孵盛期喷施苏云金杆菌、核多角体病毒、短稳杆菌等生物农药。

4. **化学防治**

可在二化螟卵孵盛期,每亩选用 1.9%甲维盐微乳剂 50 mL,或 40%毒死蜱乳油 80~120 mL,或 10%阿维·氟酰胺悬浮剂 30 mL,或 20%氯虫苯甲酰胺悬浮剂 10 mL,或 20%三唑磷乳油 100~120 mL,或 50%稻丰散乳油 100~120 mL 等药剂,兑水 50 kg 均匀喷雾。防治时田间要留 3 cm 深水,3~5 天。

12 三化螟

分布与为害

水稻三化螟食性单一,专食水稻,是豫西稻区主要害虫之一。水稻苗期和分蘖期,初孵幼虫从水稻茎部蛀入,1 周左右,造成枯心苗;孕穗末期至抽穗初期,初孵幼虫从包裹稻穗的叶鞘上或稻穗破口处侵入,蛀食稻花,发育至 2 龄后,转移到稻穗颈部咬孔侵入,并咬断茎秆造成枯孕穗和白穗,转株为害还形成虫伤株,受害稻株一般蛀入孔较小,孔外无虫粪,茎内有白色细粒状虫粪。枯心苗、白穗是三化螟为害稻株后的主要症状。一般发生田为害率在 5%~10%,发生严重年份可造成产量损失 20%以上。

形态特征

成虫:体长 9~13 mm,翅展 23~28 mm。雌蛾体长约 13 mm,前翅近三角形,淡黄白色,中央有 1 明显黑点,腹部末端有一丛黄色绒毛;雄蛾体长约 9 mm,前翅淡灰褐色,中央小黑点比较模糊,从翅尖到后缘有一黑色带纹。

卵块:为长椭圆形,略扁,每块有卵 10~100 多粒,初产时蜡白色,孵化前呈灰黑色,卵块上覆盖有棕色绒毛。

图 2-12-1　三化螟幼虫

幼虫:一般 4~5 龄。初孵时灰黑色,1~3 龄幼虫体黄白色至黄绿色;老熟幼虫体长 14~21 mm,头淡黄褐色,身体淡黄绿色或黄白色,从 3 龄起,背中线清晰可见。腹足不发达(图 2-12-1)。

蛹:为细长圆筒形,长 10~15 mm,初为乳白色,后变为黄褐色,伴有银色光泽。

发生规律

水稻三化螟的发生代数随气候不同差异很大，豫西一般1年发生3代，在部分地区第三代幼虫少量个体可继续发育出第四代。三化螟对温度的敏感性较强。暖冬越冬基数大，冷冬越冬基数低；春季4月温度变幅大，可造成化蛹期三化螟大量死亡。三化螟总体越冬基数小于二化螟，种群数量主要靠逐代累积增大，属于三代大发生型。三化螟越冬代蛾于翌年5月初始见，一般5月中下旬出现盛发期；1代蛾6月下旬始见，7月上旬盛发；2代蛾7月下旬始见，8月上旬盛发；3代蛾9月初始见，无峰期。卵多产于生长旺盛的稻叶上，距叶尖6~10 cm，1代卵5月下旬盛孵，2代卵7月中旬初孵，3代卵8月上旬盛孵。初孵幼虫称作“蚁螟”，多先爬向叶尖，吐丝下垂随风飘荡到附近稻株分散蛀孔钻入稻株。被害的稻株，多为1株1头幼虫，幼虫2龄以后有转株为害习性，每头幼虫多转株1~3次，以3、4龄幼虫为盛。幼虫一般至4~5龄在稻茎内下移至基部化蛹。

三化螟的发生为害主要受水稻耕作栽培、生育期、气候、天敌和防治等因素影响。在栽培技术上，基肥足，水稻健壮，抽穗迅速、整齐的稻田螟害轻；追肥过迟和偏施氮肥，水稻徒长，螟害重。水稻不同生育期，三化螟蚁螟的侵入率和成活率有明显的差异，一般水稻分蘖期和孕穗期蚁螟侵入率高，其次为抽穗期，圆秆期蚁螟侵入率较低。因此，分蘖期和孕穗至破口露穗期这两个生育期，是水稻受螟害的“危险生育期”。春季温度的高低直接影响第1代发生的迟早，一般旬平均温度达17℃左右即进入化蛹盛期。冬、春季湿度对水稻三化螟越冬死亡率影响极大。特别是越冬代幼虫化蛹阶段经常降水或田间积水，死亡率可达90%以上。

防治措施

1. 农业防治

（1）选种抗虫品种。

（2）加强田间管理：采取秋耕灭茬、春季灌水措施；调整水稻品种布局和栽播期，避免混栽，减少桥梁田，压低越冬及冬后残留基数和秧田一代有效虫量。

2. 理化防控

利用三化螟成虫的趋光性，可用频振式杀虫灯诱杀；同时可放置诱捕器或迷向丝，利用性诱剂诱杀成虫。

3. 生物防治

可使用白僵菌、绿僵菌、BT制剂、甘蓝核多角体病毒等生物农药。同时注意保护天敌，发挥天敌的自然控制作用。

4. 化学防治

在卵块孵化始盛期进行调查，当丛枯心率达2%~3%时进行药剂防治。在卵盛孵期，对破口抽穗的稻田用药1次，发生量大或水稻抽穗期长，需在齐穗时（80%左右抽穗）再用药1次。每亩可选用1.9%甲维盐微乳剂50 mL，或50%杀螟松乳油100 mL，或25%杀虫双水剂250 mL，或20%氯虫苯甲酰胺悬浮剂10 mL，或20%阿维·三唑磷乳油60~90 mL，或20%三唑磷乳油120 mL，或40%毒死蜱乳油100 mL，或50%杀虫环可湿性粉剂50~100 g等，兑水喷雾。田间保水3~5 cm，3~5天，以保证防治效果。

13 稻蓟马

分布与为害

稻蓟马在豫西各水稻生产区均有发生。该虫多在寄主植物的心叶内活动为害，成、若虫以口器锉破叶面表皮吸食汁液，形成微细黄白色斑，叶尖失水，两边向内卷折，逐渐造成全叶卷缩枯黄，分蘖初期受害重的稻田，苗不长、根不发、无分蘖，甚至成团枯死。晚稻秧田受害更为严重，常成片枯死，状如火烧。穗期成、若虫趋向穗苞，扬花时，转入颖壳内，为害子房，造成空瘪粒，对产量影响极大(图 2-13-1)。

图 2-13-1　稻蓟马为害叶片

形态特征

成虫：体长 1~1.3 mm，黑褐色，头近似方形，触角 8 节，翅浅黄色、羽毛状，腹末雌虫锥形，雄虫较圆钝。

卵：肾状形，长约 0.26 mm，初产白色透明，后变为黄白色。

若虫：共 4 龄，4 龄若虫又称蛹，长 0.8~1.3 mm，淡黄色至黄褐色，触角折向头与胸部背面。

发生规律

稻蓟马生活周期短，发生代数多，有世代重叠现象，田间世代很难划分。多数以成虫在麦田及禾本科杂草等处越冬。成虫常藏身心叶内或卷叶尖，早晚及阴天外出活动，能飞，能随气流扩散。卵散产于叶脉间，有明显趋嫩绿稻苗产卵习性，以 4、5 叶期秧苗着卵量最多。初孵幼虫更喜欢在幼嫩心叶上为害，也会集中在叶耳、叶舌处。秧苗期、分蘖期和幼穗分化期，是稻蓟马的为害高峰期，尤其是水稻品种混栽田、施肥过多及本田初期受害会加重。若 7、8 月份遇低温多雨，利于其发生为害；高温干旱则会减弱其产卵、繁殖能力，发生为害相对较轻。

防治措施

1. 农业防治

(1) 加强栽培管理：培育壮苗，相对集中播种期和栽秧期，尽量避免早、中、晚稻品种混栽，以减少稻蓟马的繁殖桥梁田及辗转为害的机会。

(2) 科学施肥：施足基肥，适期适量追施返青肥，促壮秧苗，提高植株耐虫能力，减轻为害。

(3) 清洁田园：适时晒田、搁田，及时清除田边、沟边杂草，消灭越冬虫源。

2. 理化诱控

在稻蓟马发生盛期，采用黄色或蓝色粘板诱杀，可购置规格为 24 cm×20 cm 黏虫板，也可以自制黏虫板,在上面涂上 10 号机油,悬挂于稻田行间,高于稻株 15~20 cm,每亩 20~30 片。每隔 5~7 天检查 1 次,如发现粘板黏度下降或粘满虫子,及时更换或刷掉虫子重新涂油。

3. 生物防治

稻蓟马的天敌主要有花蝽、稻红瓢虫、微蛛、捕食性蓟马等。要保护天敌,可在水稻周边种植芝麻、黄豆、菊科植物等,给天敌提供蜜源植物,发挥天敌的自然控制作用。

4. 化学防治

防治适期为秧苗 4、5 叶期和稻苗返青期。当秧田百株虫量 200~300 头或卷叶株率 10%~20%,水稻本田百株虫量 300~500 头或卷叶株率 20%~30%时,可用 10%吡虫啉可湿性粉剂 2 000 倍液,或 90%晶体敌百虫 1 000 倍液,或 50%混灭威乳油 1 000 倍液喷雾;或亩用 48%毒死蜱乳油 80~100 mL 等药剂,兑水 50kg,于清晨和傍晚,喷雾防治效果较好。由于受害水稻生长势弱,适当地增施速效肥可帮助恢复生长,减少损失。

14 直纹稻弄蝶

分布与为害

直纹稻弄蝶又名一字纹稻弄蝶、稻苞虫,属鳞翅目弄蝶科,是水稻上一种食叶害虫。主要以幼虫吐丝粘合数叶至 10 余叶成圆筒状纵卷虫苞,潜伏其中蚕食叶片,轻则造成缺刻,重则吃光叶片,常使稻穗不能伸出。分蘖期受害影响水稻正常生长,抽穗前受害重的可使稻穗卷曲苞内,影响抽穗开花和结实(图 2-14-1)。

图 2-14-1　直纹稻弄蝶田间为害状

图 2-14-2　直纹稻弄蝶幼虫

形态特征

成虫:体长 16~20 mm,翅展 28~40 mm,体、翅均为棕褐色,并有金黄色光泽。前翅有 7~8 个排成半环状的半透明白斑,下边一个相对较大。后翅中间具 4 个半透明白斑,呈直线或近直线排列;头胸部略宽于腹部。

卵:半球形,直径 0.8~0.9 mm,初产时淡绿色,孵化前变褐色至紫褐色,卵顶花冠具 8~12 瓣。

幼虫:共 5 龄,两端细小,中间粗大,略呈纺锤形。末龄幼虫体长 27~28 mm,体绿色,头黄褐色,中部有 W 形深褐色斑纹。背线宽而明显,深绿色(图 2-14-2)。

蛹:长 22~25 mm,近圆筒形,头平尾尖。初蛹嫩黄色,后变为淡黄褐色,老熟蛹变为灰黑褐色,第 5、6 腹节腹面中央有 1 个倒八字形纹。

发生规律

直纹稻弄蝶在豫西地区每年大约发生 4~5 代,越冬场所分散。以老熟幼虫在田边、沟边、塘边等处的芦苇、李氏禾等杂草间,以及稻桩、再生稻上结苞越冬。越冬幼虫翌年春天小满前化蛹羽化为成虫后,主要在野生寄主上产卵繁殖 1 代,后成虫飞至稻田产卵。以 6~8 月发生的 2、3 代为重害代。成虫有昼出夜伏的习性,飞行力极强,需嗜食花蜜,补充营养。有趋绿产卵的习性,喜在生长旺盛、叶色浓绿的稻叶上产卵;卵散产,多产于寄主叶的背面,一般 1 叶仅有卵 1~2 粒;少数产于叶鞘。单雌产卵量平均约 65~220 粒。初孵幼虫先咬食卵壳,爬至叶尖或叶缘,吐丝缀叶结苞取食,幼虫白天多在苞内,于清晨、傍晚或阴雨天气时常爬出苞外取食,咬食叶片,不留表皮,大龄幼虫可咬断稻穗小枝梗。3 龄后抗药力强。有咬断叶苞坠落,随苞漂流或再择主结苞的习性。田水落干时,幼虫向植株下部老叶转移,灌水后又上移。幼虫老熟后,在叶上化蛹或下移至稻丛基部化蛹。化蛹时,一般先吐丝结薄茧,将腹两侧的白色绵状腊质物堵塞于茧的两端,再蜕皮化蛹。阴雨天,尤其是时晴时雨,有利于大发生。

防治措施

1. 农业防治

(1)人工除虫:直纹稻弄蝶幼虫虫量不大或虫龄较高时,可人工剥虫苞、捏死幼虫和蛹,或用拍板、鞋底拍杀幼虫。

(2)清洁田园:结合冬季积肥,清除田边、沟边、塘边杂草及残株,减少越冬虫源。

2. 生态调控

在稻田周边种植黄豆、芝麻等显花植物,吸引天敌;幼虫小面积发生,且虫体较大时,可放鸭啄食。

3. 生物防治

保护利用寄生蜂、蓝蝽等天敌昆虫。在直纹稻弄蝶大面积发生时,选择合适时机放置寄生蜂卵卡。

4. 化学防治

当百丛水稻有卵 80 粒或幼虫 10~20 头时,在幼虫 3 龄以前,每亩可用 90%晶体敌百虫 75~100 g,或 50%杀螟松乳油 100~250 mL 等药剂,兑水喷雾。喷药时间宜选择傍晚或阴天。

15 大螟

分布与为害

大螟又名稻蛀茎夜蛾、紫螟，为鳞翅目夜蛾科蛀茎夜蛾属的一种昆虫。该虫原仅在豫西稻区零星发生，随着杂交稻的推广，发生数量逐渐上升。幼虫蛀入稻茎为害，也可造成枯梢、枯心苗、枯孕穗、白穗及虫伤株。大螟为害的孔较大(图 2-15-1)，虫粪多，大部分排出茎外，有别于二化螟，受害稻茎的叶片、叶鞘部都变为黄色。大螟造成的枯心苗田边多于田中间，有别于二化螟、三化螟为害造成的枯心苗(图 2-15-2)。

图 2-15-1　大螟蛀孔

图 2-15-2　大螟幼虫及为害状

形态特征

成虫：雌蛾体长 15 mm，翅展约 30 mm，头部、胸部浅黄褐色，腹部浅黄色至灰白色；触角丝状，前翅近长方形，浅灰褐色，中间具 4 个小黑点排成四角形；雄蛾体长约 12 mm，翅展 27 mm，触角栉齿状。

卵：扁球形，初白色后变为灰黄色，表面具细纵纹和横线，聚生或散生，常排成 2～4 行于叶鞘内侧排列成卵带。

幼虫：5～7 龄，3 龄前幼虫鲜黄色，末龄幼虫体长约 30 mm，头红褐色至暗褐色，体背面为紫红色(图 2-15-3)。

图 2-15-3　大螟幼虫

蛹：长 13～18 mm，粗壮，初为淡黄色后为红褐色，腹部具灰白色粉状物，臀棘有 3 根钩棘。

发生规律

豫西地区 1 年发生 4 代左右，以幼虫在稻茬、高粱、玉米、杂草根间等残体里越冬。翌年春气温高于 10℃时，老熟幼虫开始化蛹，15℃时羽化，水稻自分蘖期至成熟前均可受害，以破口抽穗期受害最重。越冬代成虫把卵产在春玉米或田边看麦娘、李氏禾等杂草叶鞘内侧，幼虫孵化后再转移到邻近水稻上蛀入叶鞘内取食，蛀入处可见红褐色锈斑块。3 龄前常十几头群集在一起，把叶鞘内层吃光，后钻进心部造成枯心。3 龄后分散，为害田边 2~3 墩稻苗，蛀孔距水面 10~30 cm，老熟时在叶鞘处化蛹。成虫趋光性、飞翔力都较弱，常栖息在株间，每雌成虫可产卵 240 粒，卵历期一代为 12 天，2、3 代 5~6 天；幼虫期一代约 30 天，二代 28 天，三代 32 天；蛹期 10~15 天。一般田边比田中产卵多，为害重。

防治措施

1. 农业防治

(1) 调整作物布局：尽量避免玉米、水稻等插花种植格局，变为集中连片种植。

(2) 加强栽培管理：调节水稻播、栽期，降低大螟产卵及为害高峰与适宜生育期的吻合度，同时尽量避免不同生育期的品种混栽。

(3) 秋耕冬灌：水稻收获时近地收割，减少稻桩茎基部的留虫量，同时冬前至少翻耕或者旋耕 1 次土壤，冬季休耕田灌水保湿，减少越冬虫源。

(4) 人工除卵：在 1 代大螟的卵孵盛期，选择早栽长势嫩绿的玉米地，逐株剥下玉米植株基部 3 片叶的叶鞘，带出田间集中销毁，也可有效防治 1 代螟为害春玉米。

(5) 清洁田园：及时处理稻草，消除田边杂草，清除桥梁作物，减轻为害。

2. 理化诱控

(1) 利用性诱剂诱杀大螟成虫，每亩放置一套诱捕器，应连片大面积应用，最小使用面积不少于 150 亩。

(2) 利用大螟对甜玉米、高粱、香根草、稗草等植物具有明显趋向性的特性进行成虫及卵块的诱杀。

3. 生物防治

(1) 大螟天敌有大螟瘦姬蜂、大螟黑卵蜂等寄生性天敌，也有瓢虫、青蛙、步甲、鸟类等捕食性天敌，保护天敌可有效控制大螟种群数量。

(2) 由甜菜夜蛾核型多角体病毒和苏云金杆菌复配而成的新药剂甜核 · 苏云菌对大田防治效果好，对环境和其他天敌昆虫也安全。

4. 化学防治

大螟卵孵化盛期和水稻破口期是药剂防治最佳时期。水稻破口期至破口后 4 天防治大螟效果最佳，而破口后 8 天防治，防效直线下降，破口后 12 天防治基本无效。大螟偏重发生时，需在卵孵始盛至高峰期连续用药 2 次，或在低龄幼虫高峰期或田间为害始见期，再复查补充用药 1 次。

可以每亩选用 20%氯虫苯甲酰胺悬浮剂 5~10 mL，或 50%稻丰散乳油 100~200 mL，或 2.5%高效氯氟氰菊酯乳油 30~40 mL，或 5.7%甲氨基阿维菌素苯甲酸盐乳油 14~21 mL 等兑水喷雾，对大螟进行药剂防治。药剂防治时应保证喷雾用水量，对准稻株中上部喷雾，最好做到施药时田间有 3~5 cm 的水层，并维持 5~7 天，以确保防效。

第三部分　谷子病虫害

01 谷子白发病

分布与危害

谷子白发病又称粟白发病、看谷老、刺猬头等，豫西地区均有发生，主要分布在丘陵山区。白发病一直是春谷区的主要病害，发生普遍而且严重，近年来夏谷区也普遍发生，个别地块发病率可达到30%以上，对谷子产量和品质影响很大(图3-1-1)。

图3-1-1　谷子白发病田间为害状

症状特征

谷子白发病是系统侵染的土传病害。谷子自发芽一直到成熟，各生育期发病表现出不同症状。若土壤里病菌很多，气候条件适合，谷子萌发出土较慢时，幼芽被侵，弯曲变褐腐烂，称为“烂芽”；幼苗期，病株叶片产生与叶脉平行的苍白色或黄白色条纹，潮湿时叶片背面密生粉状白色霉菌，称为“灰背”(图3-1-2)；在孕穗期，病株上部叶片变为黄白色，心叶不展开，呈白色卷筒直立于田间，形成“枪杆”或“白尖”(图3-1-3，图3-1-4)；抽穗期，病株的黄白色心叶逐渐变为红褐色，叶肉组织腐烂，叶片纵裂成细丝，散出深红褐色粉末(即病菌卵孢子)，残留黄白色植株维管束，卷曲如发状，称为“白发”；病菌侵染穗部，使穗上全部或一部分颖片伸长，全穗蓬松宛如鸡毛帚或呈刺猬状，又称“看谷老”(图3-1-5)。

图3-1-2　谷子白发病“灰背”症状

图3-1-3　谷子白发病“白尖”症状

图 3-1-4　谷子白发病“枪杆”纵裂解体

图 3-1-5　谷子白发病“看谷老”症状

发生规律

谷子白发病病原菌以卵孢子混杂在土壤中、粪肥里或粘附在种子表面越冬，卵孢子在土壤中可存活 2~3 年。用混有病株的谷草饲喂牲畜，排出的粪便中仍有多数存活的卵孢子。谷子发芽时，卵孢子萌发产生芽管，从胚芽鞘、中胚轴或幼根表皮直接侵入，产生大量菌丝蔓延到生长点，随生长点分化而系统侵染，进入各层叶片和花序，表现各种症状。谷子芽长 3 cm 以前最易被侵染。土壤温湿度和播种状况影响侵染和发病程度。幼苗在土温 11~32 ℃都能发病，最适发病温度为 18~20 ℃，最低为 10~12 ℃，最高为 31~34 ℃。土壤湿度过低或过高都不利于发病，在土壤相对湿度为 30%~60%，特别是在 40%~50%时，发病较重。“灰背”上产生的大量游动孢子囊随风雨传播，重复进行再侵染，在叶片上形成局部病斑。游动孢子囊侵染有分生组织的幼嫩器官时，也可产生系统侵染，在田间以分蘖分枝发病率最高。影响游动孢子囊再侵染的主要因素是大气温度、湿度。游动孢子囊在夜间高湿时产生，气温低于 10 ℃时不产生游动孢子囊，气温在 20~25 ℃时产生最多。游动孢子囊萌发的最适温度为 15~16 ℃，最低为 2 ℃，最高为 32 ℃。遭遇多雨高湿而温暖的天气后，再侵染发生较多，但再侵染在病害循环中不起主要作用。

白发病的发生与栽培条件和品种抗病性也有密切关系。连作田土壤或肥料中带菌数量多，病害发生严重；轮作田发病轻。土壤墒情差，播种过深，出苗慢，土壤温度低，发病也重。

防治措施

1. 农业防治

（1）种植抗病品种。

（2）合理轮作：轻病田块可与大豆、小麦、玉米、高粱、薯类等作物实行 2 年轮作，重病田块实行 3 年以上轮作。

（3）加强田间管理：适当晚播、浅播；施用净肥，忌用带病谷草喂牲畜或沤肥，避免粪肥传染;田间出现白尖及时拔除,避免让卵孢子飞落到土壤里进行再侵染。

(4)清洁田园:清除谷田内病株和植株残体,深埋或销毁,减少菌源。

2. 化学防治

(1)种子处理:可选用25%的霜霉威可湿性粉剂,按种子重量的0.07%~0.1%拌种;或25%甲霜灵可湿性粉剂,或35%甲霜灵拌种剂,按种子重量的0.2%~0.3%拌种;或用45%代森铵水剂180~360倍液浸种;或用25%甲霜灵可湿性粉剂与50%克菌丹可湿性粉剂,按1:1的配比混用,以种子重量0.5%的药量拌种,可兼治黑穗病。用甲霜灵拌种可采用干拌、湿拌或药泥拌种等方法,湿拌和药泥拌种效果更好。

(2)土壤处理:土壤带菌量大时,可沟施毒土,每亩用40%敌磺钠可湿性粉剂0.25 kg,掺细土1.5~2 kg,撒种后沟施盖种。

(3)喷雾防治:发病初期,可用45%代森铵水剂180~360倍液,或15%三唑醇可湿性粉剂600~800倍液,或58%甲霜灵·代森锰锌可湿性粉剂600倍液,或72%霜脲·锰锌可湿性粉剂600~800倍液,或69%烯酰吗啉·代森锰锌可湿性粉剂1 000倍液等,均匀喷雾。

02 谷瘟病

分布与危害

谷瘟病又称粟瘟病,是由灰梨孢菌引起的,全株都可侵染,在豫西各谷子产区均有分布,不仅为害叶片,还为害叶鞘、节、穗颈、穗粒,受害谷子一般减产20%~30%,严重时可达50%~70%,甚至颗粒无收。

症状特征

图3-2-1　苗瘟

图3-2-2　叶瘟

图 3-2-3　谷粒瘟

图 3-2-4　叶片上梭形病斑

图 3-2-5　谷瘟病病叶(中度抗病品种椭圆形小斑)

图 3-2-6　谷瘟病病叶(感病品种梭形大斑)

谷子各生育阶段都可发病,分别引起苗瘟(图 3-2-1)、叶瘟(图 3-2-2)、节瘟、穗颈瘟和谷粒瘟(图 3-2-3),以叶瘟、节瘟和穗颈瘟危害最重。苗期发病在叶片和叶鞘上形成褐色小病斑,严重时叶片枯黄。叶瘟多在 7 月上旬开始发生,叶片上产生梭形或椭圆形病斑(图 3-2-4),一般长 1~5 cm,宽 1~3 mm,在高感品种上可形成长 10 cm 左右的条斑;感病品种典型病斑中部灰白色,边缘紫褐色并伴有黄色晕环,病斑两端伸出紫褐色坏死线;高湿时病斑表面产生灰色霉状物;严重发生时,病斑密集,互相汇合,叶片枯死。茎节染病初呈黄褐色或黑褐色凹陷小斑,后渐绕茎节一周;节上部逐渐干缩,穗不抽出,或抽穗后干枯变色,病茎秆易倾斜倒伏。穗颈和小穗梗发病,初产生褐色小点,后扩展为灰黑色梭形斑,严重时绕颈一周造成全穗或半穗枯死,病穗呈灰白色、青灰色,不结实或籽粒干瘪。谷子品种间抗病性有明显差异,抗病品种叶片无病斑或仅生针头大小的褐色斑点。中度抗病品种生椭圆形小病斑,边缘褐色,中间灰白色,病斑宽度不超过两条叶脉(图 3-2-5)。感病品种生梭形大斑,边缘褐色,中间灰白色,宽度超过两条叶脉(图 3-2-6)。

发生规律

谷瘟病病原菌以分生孢子在病草、病残体和带菌种子上越冬,成为翌年初侵染源。在适宜条件下,分生孢子遇水萌发产生芽管、附着胞和菌丝体,穿透表皮细胞或经气孔侵入寄主组织。田间发病后,叶片病斑上形成分生孢子并借气流和雨水进行再侵染。温度25℃,相对湿度大于80%,有利于该病发生和蔓延。播种过密,田间湿度大,降水多发病重;病残体积累较多的连作田,低洼积水田,氮肥施用过多植株贪青徒长的田,发病都较重。

防治措施

1. 农业防治

(1)种植抗病品种,繁育和使用不带菌种子。

(2)病田与非寄主作物实行轮作。

(3)合理调整种植密度,改善田间通风透光条件;合理排灌,降低田间湿度,减少结露;合理施肥,忌偏施氮肥,防止植株贪青徒长,增强抗病能力。

(4)收获后及时清除病残体,减少越冬菌源。

2. 化学防治

可选用40%敌瘟磷乳油500~800倍液,或50%四氯苯酞可湿性粉剂1 000倍液,或45%咪鲜胺乳油1 000倍液,或2%春雷霉素可湿性粉剂500~600倍液,或75%三环唑可湿性粉剂1 000倍液,或80%代森锰锌可湿性粉剂600倍液+40%四氯苯酞可湿性粉剂800倍液,或75%戊唑醇·肟菌酯水分散粒剂2 500~3 000倍液等喷雾防治。防治叶瘟宜在始发期喷药,如果病情发展较快,5~7天再喷1次,防治穗颈瘟可在始穗期和齐穗期各喷药1次。

03 谷子线虫病

分布与危害

谷子线虫病又称粟线虫病、紫穗病、倒青、哑巴谷、公谷等,病原物为水稻滑刃线虫,是豫西谷子的重要病害,主要危害穗部,抽穗后症状表现明显,受害穗影响开花结实,一般减产10%~20%,严重的达50%以上,甚至绝收(图3-3-1)。

图3-3-1　谷子线虫病大田为害状

图3-3-2　谷子线虫病穗部直立

症状特征

谷子线虫病可侵染谷子的根、茎、叶、叶鞘、花、穗和籽粒，但主要为害花器、子房，且只在穗部表现症状。病株较健株矮，上部节间和穗颈稍短，叶片和叶鞘苍绿色、较脆。病穗色深，小花不开花，不发育或开花后子房、花丝萎缩不结实，颖片张开，形成有光泽的尖形秕粒，穗小直立不下垂(图 3-3-2)，受害轻的植株，虽结实，但籽粒不饱满，紧靠主轴的病粒颖片浅褐色，外表症状不明显。

发生规律

谷子线虫病是由线虫引起的病害，主要随种子传播，带病种子是主要初侵染源。以成虫、幼虫潜伏在谷粒及秕粒壳内或病秕粒落入土壤及肥料中过冬。翌年谷子出苗后，线虫在种壳、根部及其周围土壤中活动。谷子拔节后，移至嫩鞘寄生。幼穗形成后，迅速繁殖，通过风雨和植株接触传播，进行重复侵染。待谷子成熟，又在谷粒及秕粒壳内休眠。开花灌浆期高温多雨是造成线虫病大发生的主要原因。特别是夏谷抽穗灌浆期多风多雨，线虫在风摇谷穗碰撞及雨水冲洗中传播，造成扩大再侵染。一般平地、黏土地、积水洼地及晚播地块发病重；山地、沙土地、早播地发病轻。

防治措施

1. 农业防治

(1)因地制宜选用抗病、耐病品种。

(2)建立无病繁种田，培育无病种子。

(3)合理轮作：重病田可与双子叶作物实行 3 年以上轮作倒茬。

(4)温汤浸种：在播种前可用 55~57℃温水浸种子 10 分钟以杀灭种子表面的线虫，取出立即放入冷水中漂洗 3~5 分钟，晾干后播种。

(5)加强田间管理：适期早播；施用充分腐熟的粪肥和堆肥；谷子灌浆中期，及时剪掉直立的病穗，田外销毁。

(6)清洁田园：作物收获后，及时清除田间病残体，禁止秸秆还田；秕粒、谷糠可煮熟作饲料，防止病秕粒掉落田间或混入肥料中扩散传病。

2. 生物防治

播种前，可按种子重量 0.1%~0.2%的 1.8%阿维菌素乳油避光堆闷拌种后，晾干播种；也可亩用0.5%阿维菌素颗粒剂 3~5 kg，或 5 亿活孢子/g 淡紫拟青霉颗粒剂 3~5 kg，或 2.5 亿个孢子/g 厚孢轮枝菌微粒剂 3~6 kg 等，拌细土 20 kg 沟施，严重地块可加大用量。

3. 化学防治

播种前用种子重量 0.3%的 50%辛硫磷乳油拌种，避光堆闷 4 小时后，晾干播种；也可在播种时，亩用 3%阿维·吡虫啉颗粒剂 1.5~3 kg，或 5%噻唑膦颗粒剂 4~6 kg 等，对细土撒施后播种。

04 谷子纹枯病

分布与危害

谷子纹枯病由立枯丝核菌引起，在豫西谷子各种植区均有不同程度的发生，发病率一般10%~50%，重病田高达70%。

症状特征

谷子自拔节期开始发病，首先在叶鞘上出现暗绿色、不规则形病斑，随后扩大成云纹状椭圆形大斑，中部呈灰白色至黄褐色枯死，边缘较宽，深褐色至紫褐色，病斑汇合成更大云纹状斑块，淡褐色与深褐色交错相间，整体花秆状（图3-4-1）。病叶鞘枯死，相连的叶片也变为灰绿色或褐色而枯死。茎秆上病斑轮廓与叶鞘相似，浅褐色（图3-4-2）。高湿时，在病叶鞘内侧和病叶鞘表面长出大量白色菌丝体和黑褐色的小菌核。病株不能抽穗，或虽能抽穗但穗小，灌浆不饱满。病秆腐烂软弱，易折倒，造成严重减产。在多雨潮湿气候下，若植株栽培过密，发病较早的病株也可整株干枯。病菌常自叶鞘侵染其下面相接触的茎秆，在灌浆期病株自侵染茎秆处折倒。病菌也可侵染叶片，形成像叶鞘上的病斑症状，使整个叶片变成褐色，卷曲并干枯。发病严重的地块影响灌浆，病株枯死（图3-4-3）。

图3-4-1 花秆状病株

图3-4-2 谷子茎秆布满病斑

图3-4-3 病株枯死

发生规律

谷子纹枯病病原菌主要以菌核在土壤中越冬，也能以菌核和菌丝体在病株残体中越冬。翌年越冬菌核萌发，产生菌丝侵染谷子幼苗或成株茎基部，此后发病部位逐渐上升，并在发病部位生成菌丝和菌核。菌核随气流、雨水或灌溉水传播，接触健株，菌丝则通过病、健叶片之间的接触而传播，引起再侵染。当旬平均气温达到24.3℃、降雨量80 mm以上、相对湿度80%以上时，为全生育期侵染高峰期，空气干燥时病菌可停止扩展。

防治措施

1. 农业防治

(1)选用抗病品种。

(2)合理轮作：与甘薯、花生等非禾本科作物实行2~3年的轮作，避免连作。

(3)加强田间管理：适期晚播以缩短侵染和发病时间；深耕土地，合理密植，改善田间通风透光条件；施足基肥，灌好底墒；合理追肥，增施磷、钾肥，避免偏施氮肥，促使植株生长健壮，提高抗病能力。

(4)清洁田园：及时清除田间病残体，避免秸秆还田，减少侵染源。

2. 化学防治

(1)种子处理：选用种子量0.2%的2%戊唑醇湿拌种剂进行拌种，或用种子量0.1%的2.5%咯菌腈悬浮剂拌种，可有效控制苗期侵染，减轻危害程度。

(2)喷雾防治：当病株率在5%~10%时，每亩可选用5%井冈霉素水剂100 mL，或20%三环唑·多菌灵·井冈霉素可湿性粉剂100~120 g，或12.5%烯唑醇可湿性粉剂35~50 g，或75%肟菌·戊唑醇水分散粒剂10~15 g，或4.5%井冈霉素·硫酸铜水剂90 mL，或32.5%苯甲·嘧菌酯悬浮剂20~30 mL，或50%氯溴异氰脲酸可溶性粉剂40 g，对水40~50 kg，在谷子茎基部彻底喷雾防治1次，间隔7天防治第2次，效果良好。

05 谷子锈病

分布与危害

谷子锈病病原体为粟单胞锈菌，广泛分布在豫西各谷子种植区，流行年份一般可造成减产30%以上。

症状特征

谷子锈病主要为害叶片和叶鞘，在叶片上发生尤为严重。发病初期在叶片两面，特别是背面产生红褐色夏孢子堆。夏孢子堆稍隆起，圆形或椭圆形，直径约1 mm，成熟后表皮破裂，散出黄褐色粉末状物，即病菌的夏孢子。严重时夏孢子堆布满叶片，造成叶片枯死，茎秆柔软，籽粒秕瘦，遇风雨易倒伏，甚至造成绝产(图3-5-1)。抗病品种的夏孢子堆较小，周围寄主组织枯死或失绿，或仅产生微小病斑，夏孢子堆

图3-5-1　谷子锈病为害叶片

不能突破表皮而扩散。后期叶背和叶鞘上产生黑色、椭圆形不很明显的冬孢子堆，散生或聚生在寄主表皮下，表皮不易破裂。

发生规律

谷子锈病为流行性病害，主要发生在谷子生长中后期，一般在谷子抽穗前后开始发病。以夏孢子随谷草、肥料在干燥场所，或随病残体在田间越冬，成为翌年初侵染源。7 月下旬夏孢子遇雨水飞溅到叶片上，萌发后通过气孔侵入，在寄主表皮下或细胞间隙中生长，约 10 天后产生夏孢子堆。夏孢子堆成熟后散出大量夏孢子，通过风雨传播形成再侵染。气候条件合适则很快形成发病中心，并向全田扩散，引起该病的暴发流行。流行过程一般可分为发病中心形成期，病叶率逐渐增加，严重度没有发展；普遍率扩展期，由发病中心向全田迅速扩展，全田普遍发病，病株率、病叶率急剧增加，为田间流行提供了充足菌源；严重度增长期，病株率、病叶率达到顶峰，发病程度急剧增加，引起植株倒伏，严重影响产量。高温多雨有利于病害发生，7～8 月份降雨多，发病重，干旱年份发病轻。低洼地和偏施氮肥、种植密度过大，田块发病重，谷子品种间抗病性差异明显。

防治措施

1. 农业防治

(1)种植抗耐病品种。

(2)合理轮作：可与豆类、棉花等作物实行轮作。

(3)加强田间管理：适期播种，合理密植；合理排灌，雨季及时排水，降低田间湿度；增施磷、钾肥，少施氮肥，防止植株贪青晚熟，提高抗病力。

(4)清洁田园：及时处理带病谷草，清除田间杂草。

2. 化学防治

当田间病叶率为 1%～5%时，可选用 75%百菌清可湿性粉剂 400～500 倍液，或 20%三唑酮乳油 800～1 000 倍液，或 10%苯醚甲环唑水分散粒剂 1 000～2 000 倍液，或 15%三唑醇可湿性粉剂 1 000～1 500 倍液，或 25%丙环唑乳油 1 000～2 000 倍液，或 50%萎锈灵可湿性粉剂 1 000 倍液，或 4%嘧啶核苷类农用抗生素水剂 400～600 倍液，或 12. 5%烯唑醇可湿性粉剂 1 500～2 000 倍液，或 45%咪鲜胺水乳剂 1 000～1 500 倍液等，喷雾防治，间隔 7～10 天再防治 1 次。

06 谷子红叶病

分布与危害

谷子红叶病又称“红缨”、“紫叶”、“糠谷”等，是由大麦黄矮病毒引起的一种病害，主要为害谷子、玉米、狗尾草等多种禾本科植物，由玉米蚜进行持久性传毒，重病株严重矮化，不能抽穗，或虽抽穗但不结实。

症状特征

谷子红叶病可分为红叶型和黄叶型两种症状。(1)紫秆品种:谷子新叶由叶片顶端先变红,出现红色短条纹,逐渐向下方延伸,直至整个叶片变红(图3-6-1)。有时沿叶片中肋或叶缘变红,形成红色条斑。幼苗基部叶片先变红,向上位叶扩展;成株顶部叶片先变红,向下层叶片扩展。(2)青秆品种:表现为黄叶症状。病株根系稀少,穗小畸形,籽粒少而轻,种子发芽率较低。

图3-6-1 谷子红叶病叶片症状

发生规律

谷子红叶病毒主要在多年生带毒杂草寄主上越冬,翌年春季由玉米蚜等传毒蚜虫自杂草向谷子传毒。谷子发病程度与蚜虫发生时期和虫口数量密切相关。春季若干旱、温度回升较快,玉米蚜发生早而多,红叶病发病早且重;夏季若降水较少,有利于蚜虫繁殖和迁飞,则发病重。杂草多的田块,毒源较多则发病较重。谷子植株的感染时期越早,发病和减产程度也越高。

防治措施

1. 农业防治

(1)种植抗耐病品种。

(2)加强田间管理:适期晚播,避开传毒介体的最适侵染期;合理施肥,施足基肥,增施氮、磷肥;合理排灌,使植株生长健壮,增强抗病能力。

(3)清洁田园:在杂草刚返青出土时,及时彻底清除,以减少毒源。

2. 化学防治

(1)种子处理:播种前,用种子重量0.3%的70%吡虫啉可湿性粉剂或70%噻虫嗪可分散粉剂拌种。

(2)喷雾防治:春季在蚜虫迁入谷田之前,可选用10%吡虫啉可湿性粉剂1 000倍液,或10%高效氯氰菊酯乳油2 000倍液,或3%啶虫脒乳油1 000~1 500倍液,或50%抗蚜威可湿性粉剂2 000倍液,或1%阿维·氯氟微乳剂800~1 000倍液,喷雾防治全田及田边杂草上的蚜虫。

07 粟灰螟

分布与为害

粟灰螟又名二点螟、谷子钻心虫、全谷虫等,属鳞翅目螟蛾科,广泛分布于豫西谷子产区,是谷子生产上的主要蛀茎害虫，也可为害玉米、高粱等。幼虫蛀食谷子茎秆基部，苗期受害形成枯心苗（图3-7-1），穗期受害常常形成穗而不实，并使谷粒空秕成白穗，植株遇风易折倒，谷子受害后一般减产10%~15%，严重的可达50%以上。

图3-7-1　粟灰螟为害形成的枯心苗

图3-7-2　粟灰螟幼虫

形态特征

成虫：雄蛾体长8.5 mm，翅展18 mm，体淡黄褐色，额圆形不突向前方，无单眼，下唇须浅褐色，胸部暗黄色；前翅浅黄褐色杂有黑褐色鳞片，中室顶端及中室里各具小黑斑1个，有时只见1个，外缘生7个小黑点成一列；后翅灰白色，外缘浅褐色；雌蛾体长10 mm，翅展25 mm，体色较浅，前翅无小黑点。

卵：长0.8 mm，扁椭圆形，表面生网状纹，初为白色，后变为灰黑色。

幼虫：末龄幼虫体长15~23 mm，头红褐色或黑褐色，胸部黄白色，体背具紫褐色纵线5条，中线略细（图3-7-2）。

蛹：长12~14 mm，腹部5~7节周围有数条褐色突起，第7节后瘦削，末端平，初蛹乳白色，羽化前变成深褐色。

发生规律

粟灰螟在豫西地区1年发生2~3代，以老熟幼虫在谷茬内或谷草、玉米茬及玉米秆里越冬。越冬幼虫于翌年4月下旬至5月初，气温18℃左右时化蛹，5月下旬成虫盛发，5月下旬至6月初进入产卵盛期，5月下旬至6月中旬为1代幼虫为害盛期，7月中下旬为2代幼虫为害期。3代产卵盛期为7月下旬，幼虫为害期8月中旬至9月上旬。成虫有趋光性，昼伏夜出，傍晚活动，交尾后，卵多产在谷叶背面，单雌产卵约200粒，卵期2~5天，初孵幼虫爬至茎基部从叶鞘缝隙钻孔蛀入茎里为害（图3-7-3，图3-7-4）。幼虫共5龄，低龄幼虫喜集群，3龄后开始分散，4龄后开始转株为害，每只幼虫能转害2~3株，老熟后化蛹在茎里。越冬虫源大、冬季气温较高、春季少雨，较干旱地区，入夏后多雨，有利于粟灰螟第一代大量发生。丘陵地、早播田地块和株色深、茎秆粗软、叶鞘茸毛稀疏、分蘖力弱的品种受害重。降雨量和湿度对粟灰螟影响最大，春季如雨多，湿度大，有利于化蛹、羽化和产卵。

图 3-7-3　粟灰螟蛀孔

图 3-7-4　粟灰螟幼虫及茎秆为害状

防治措施

1. **农业防治**

(1)选种抗虫品种。

(2)加强田间管理:因地制宜调节播种期,躲过产卵盛期,减轻受害;平衡施肥,合理灌溉;结合农事操作,及时拔除枯心苗,减少扩散为害;结合春、秋耕耙地,集中深埋谷茬,降低虫口基数。

2. **理化诱控**

利用粟灰螟的趋光性,于成虫盛发期安装太阳能杀虫灯,诱杀成虫,可有效减少产卵量,既减少了农药的施用量,又达到了明显的防控效果。

3. **化学防治**

在卵孵化盛期至幼虫蛀茎前,可选用 5%甲萘威粉剂 1.5~2 kg 加少量水与 20 kg 细土拌匀,顺垄撒在谷株心叶或根际。在间定苗的 4~5 片叶和拔节期的 8~9 片叶时,可选用 10%高效氯氰菊酯乳油 2 000 倍液,或 40%毒死蜱乳油 1 000 倍液,或 1%甲氨基阿维菌素乳油 2 000 倍液,或 20%甲氰菊酯乳油 3 000 倍液等,连续喷雾防治 2 次。

08 粟缘蝽

分布与为害

粟缘蝽又名粟小缘蝽,半翅目缘蝽科,广泛分布于豫西各谷子产区,以成、若虫刺吸谷子穗部未成熟籽粒的汁液,造成秕粒,影响产量、质量(图 3-8-1)。

图 3-8-1　粟缘蝽成虫及为害状

图 3-8-2　粟缘蝽成虫

形态特征

成虫:体为暗黄褐色,密生浅色细毛,头略呈三角形,头顶、前胸背板前部横沟及后部两侧、小盾片基部均有黑色斑纹,触角、足有黑色小点。腹部背面黑色,第 5 背板中央有 1 卵形黄斑,两侧各具 1 块较小黄斑,第 6 背板中央有黄色带纹 1 条,后缘两侧黄色,前翅超出腹末(图 3-8-2)。

卵:椭圆形,中央微凹,初产时血红色,近孵化时变为紫黑色。

若虫:初孵为暗红色,卵圆形,头部尖细,触角棒状共 4 节,较长,胸部较小,腹部圆大,至 5~6 龄时腹部肥大形似成虫,灰绿色,头近三角形,腹部背面后端带紫红色。

发生规律

粟缘蝽在豫西地区一年发生 2~3 代,以成虫潜伏在杂草丛中、树皮缝、墙缝等处越冬。翌春恢复活动,先为害杂草或蔬菜,5~6 月转向谷田为害,7 月间春谷抽穗后转移到谷穗上产卵,2~3 代则产在夏谷和高粱穗上。成虫活动遇惊扰时迅速起飞,无风的天气喜在穗外向阳处活动。由于该虫世代重叠现象严重,8~9 月虫量增多,故夏谷较春谷受害重。

防治措施

1. 农业防治

(1)因地制宜种植抗虫品种。

(2)清洁田园:秋收后清除田间及四周残株、杂草,减少成虫越冬场所。

(3)加强田间管理:机耕后再播种;出苗后及时浇水,可消灭大量若虫。

(4)人工捕杀:人工摘除卵块,捕捉成虫,减轻田间受害程度。

2. 理化诱控

利用黑光灯、杀虫灯诱杀成虫。

3. 化学防治

在若虫初孵盛期或成虫发生期,可选择喷施 20%甲氰菊酯乳油 3 000~4 000 倍液,或 2.5%溴氰菊酯乳油 2 000 倍液，或 10%吡虫啉可湿性粉剂 1 500 倍液，或 50%辛硫磷乳油 1 000～1 500 倍液，或 48%毒死蜱乳油 1 000～1 500 倍液，或 20%杀灭菊酯乳油 2 000 倍液等，喷雾时要喷遍作物和作物周围的地表。

09 土蝗

分布与为害

土蝗是非远距离迁飞的蝗虫种类的统称，种类繁多，分布广泛，多生活在山区坡地以及平原低洼地区的高岗、田埂、地头等处。土蝗食性杂，为害谷子、玉米等粮食作物以及大豆、棉花、蔬菜等经济作物，咬食作物叶片和花蕾成缺刻或孔洞，严重时可将作物咬成光秆。豫西地区主要优势种有短额负蝗、黄胫小车蝗、中华稻蝗、短星翅蝗等。

形态特征

1. 短额负蝗

成虫体中小型。雄虫体长 19～23 mm，雌虫体长 28～36 mm。头顶较短，圆锥形，其长度等于或略长于复眼纵径，呈水平状向前突出，触角剑状，较短；复眼长卵形，眼后具一列整齐排列的小突起。体绿色或土黄色，前胸背板略平，侧片后缘具环形膜压；前翅较长，后翅略短于前翅，基部粉红色（图 3-9-1，图 3-9-2）。

图 3-9-1　短额负蝗成虫

图 3-9-2　短额负蝗为害谷子

2. 黄胫小车蝗

雄虫成虫体长 21～27 mm，雌虫成虫体长 30.5～39 mm 。虫体黄褐色或绿色，有深褐色斑。头顶短宽，顶端圆形。复眼卵圆形，触角丝状，前胸背板平，中部略窄，中央隆起如脊状，并有淡色 X 形纹。前翅端部较透明，散布黑色斑纹，基部斑纹大而宽；后翅中部的暗色带纹常到达后缘，雄性后翅顶端色略暗，呈褐色。后足股节底侧为红色或黄色；后足胫节基部黄色，部分常混杂红色，无明显分界（图 3-9-3，图 3-9-4）。

图 3-9-3　黄胫小车蝗为害大豆

图 3-9-4　黄胫小车蝗成虫

3. 短星翅蝗

成虫体中型，雌雄个体差异较大。雌虫体长 25~32.5 mm，雄虫体长 19 ~ 22 mm。头略大，较短于前胸背板。前胸背板略平，有明显的侧隆线，中隆线较低，在中部有 3 道明显横沟；前胸腹板在两前足之间具乳状突起。前翅短，翅长常达后足股节顶端，并有黑色小斑点。后足股节呈红色，粗壮，上缘有 3 块黑斑和小齿，外方羽状构造颇明显，内侧呈玫瑰色或红色，有两块不完整的黑斑，两行胫节刺，雄虫各 8 枚，雌虫各 9 枚。雄虫的尾须粗大，扁平，顶端分成两个齿，上面的齿大，下面又分成两个小齿（图 3-9-5）。

图 3-9-5　短星翅蝗成虫

发生规律

黄胫小车蝗在豫西地区一年发生 2 代，以卵越冬。6 月下旬至 7 月中上旬羽化出第 1 代成虫；第 2 代蝗蝻于 7 月下旬至 8 月上旬开始孵化，8 月中旬进入孵化盛期，9 月中下旬羽化出第 2 代成虫，成虫于 10 月下旬至 11 月上旬死亡。其喜食谷子、小麦等禾本科作物。蝗蝻和成虫均具有集群习性和一定的迁移能力。

短额负蝗在豫西地区一年发生 2 代，以卵在土中越冬。越冬卵于 5 月孵化，11 月雌成虫产越冬卵。成虫喜在干燥向阳的道边、渠埂、堤岸及杂草较多的地方产卵。

短星翅蝗在豫西地区一年发生 1 代，以卵在土中越冬。越冬卵于 5 月中旬开始孵化，5 月下旬至 6 月上旬为孵化盛期，6 月下旬至 7 月上旬陆续羽化为成虫。北方地区成虫 10 月上旬陆续死亡，南部地区可延至 10 月。蝗蝻和成虫跳跃力较强，不善飞翔，不远迁，喜欢在地面活动，发生比较集中。

防治措施

1. 农业防治

(1)深耕细耙,结合修整田埂、清淤等农事活动,用铁锹铲田埂2~3 cm,或清淤时将土翻压于渠埝之上,破坏卵块,效果明显。

(2)对土蝗滋生繁衍的荒坡、荒山、荒滩、荒沟进行改造,压缩"四荒"面积,大力推行"宜林则林、宜草种草"的生态改造,在"四荒"地植树种草,发展果树等经济林或灌木林,种植高大密植的紫花苜蓿等优质牧草,恶化蝗虫生存环境。

2. 生物防治

(1)保护利用天敌:利用鸟类、蛙类、螳螂、螨类、寄生蜂类、捕食性甲虫、病原微生物等天敌控制虫口密度。

(2)生物农药防治:可选用蝗虫微孢子虫制剂,或用绿僵菌、苦皮藤素、狼毒素等生物制剂防治。

3. 化学防治

可选用40%溴氰菊酯乳油1 000倍液,或45%马拉硫磷乳油1 000倍液,或20%氰戊菊酯乳油500~800倍液,或20%阿维·三唑磷乳油800倍液,或5%氟虫脲水剂1 000倍液喷雾防治。

10 金针虫

分布与为害

图3-10-1 金针虫为害烟草幼苗

金针虫是鞘翅目叩头甲科的幼虫,又称叩头虫、沟叩头甲、钢丝虫、芨芨虫。豫西地区为害农作物最主要的是沟金针虫、细胸全针虫。

金针虫的寄主有谷子、大豆、烟草及果树、蔬菜等。幼虫在土中咬食播种下的种子、萌出的幼芽、农作物和菜苗的根部(图3-10-1),使作物枯萎致死,造成缺苗断垄,甚至全田毁种。有的钻蛀块茎或种子,蛀成孔洞,致受害株干枯死亡,被害部位多呈不整齐的丝状。

形态特征

1. 沟金针虫

成虫：深栗色，密被金黄色细毛。头部扁平，头顶呈三角形凹陷，密布刻点。前胸背板前狭后宽，宽大于长，后缘角突出外方。雌成虫虫体扁平，体长 14～17 mm，体宽 4～5 mm；触角 11 节，黑色，锯齿状，长约为前胸的 2 倍；前胸背板发达，呈半球状隆起，中央有微细纵沟；鞘翅长度约为前胸的 4 倍，其上纵沟不明显，后翅退化。雄成虫虫体细长，体长 14～18 mm，体宽约 3.5 mm；触角 12 节，丝状，长达鞘翅末端；鞘翅长约为前胸的 5 倍，其上纵沟明显，有后翅；足细长（图 3-10-2）。

卵：近椭圆形，乳白色。

幼虫：老熟幼虫体长 20～30 mm，细长筒形略扁，体壁坚硬而光滑，具黄色细毛，尤以两侧较密。体金黄色，前头和口器暗褐色，头扁平，上唇呈三叉状突起，胸、腹部背面中央有 1 条细纵沟。尾端分叉，并稍向上弯曲，各叉内侧具 1 枚小齿。各体节宽大于长，从头部至第 9 腹节渐宽（图 3-10-3）。

蛹：为裸蛹，纺锤形，末端瘦削，有刺状突起。初淡绿色，后变褐色。雌蛹长 16～22 mm，体宽约 4.5 mm，触角长至后胸后缘；雄蛹体长 15～17 mm，体宽约 3.5 mm，触角长达第 7 腹节。

图 3-10-2　沟金针虫雌成虫

图 3-10-3　沟金针虫幼虫

2. 细胸金针虫

成虫：体长 8～9 mm，体宽约 2.5 mm。体细长，暗褐色，有光泽，背面扁平，密生灰色绒毛。触角细短，红褐色，第 2 节球形，4 节以后呈锯齿状。前胸背板略呈圆形，长大于宽，中部之前向下弯曲，后缘角尖锐伸向斜后方。鞘翅长约为头胸部的 2 倍，末端趋尖，上有 9 条纵列刻点。足赤褐色，跗节渐短，爪单齿式（图 3-10-4）。

卵：为圆形，乳白色，有光泽。

幼虫：末龄幼虫体长约 32 mm，体宽约 1.5 mm，细长圆筒形，淡黄色，光亮。头部扁平，口器深褐色。第 1～8 腹节略等长，尾节圆锥形，尖端突起，近基部两侧各有 1 个褐色圆斑和 4 条褐色纵纹（图 3-10-5）。

蛹：为裸蛹，长纺锤形，体长 8~9 mm。初乳白色，后逐渐加深变黄色。羽化前复眼黑色，口器淡褐色，翅芽灰黑色。尾节末端有 1 对短锥状刺，向后呈钝角岔开。

图 3-10-4 细胸金针虫成虫

图 3-10-5 细胸金针虫幼虫

发生规律

沟金针虫在豫西地区一般三年发生 1 代，以幼虫和成虫在土中越冬。雌成虫无飞翔能力，雄成虫善飞，有趋光性。白天潜伏于表土内，夜晚出土交配、产卵。由于沟金针虫雌成虫活动能力弱，一般多在原地交尾产卵，故扩散为害受到限制，因此在虫口高的田内一次防治后，短期内种群密度不易回升。

细胸金针虫两年发生 1 代。成虫寿命 199.5~353 天，但出土活动时间只有 75 天左右。成虫白天潜伏土块下或作物根茬中，傍晚活动。成虫出土后 1~2 小时内为交配盛期，可多次交配。产卵期 39~47 天，卵散产于表土层内，单雌产卵 5~70 粒。卵期 19~36 天，幼虫期 405~487 天。幼虫老熟后在 20~30 cm 深处做土室化蛹，预蛹期 4~11 天，蛹期 8~22 天，6 月下旬开始化蛹，直至 9 月下旬。成虫羽化后即在土室内蛰伏越冬。

防治措施

1. 农业防治

（1）合理轮作：提倡与棉花、芝麻、油菜等直根系作物轮作，水旱轮作效果更佳。

（2）加强田间管理：施腐熟厩肥，合理灌水，可在金针虫春季开始为害时浇水，迫使害虫向土层深处转移。

（3）人工捕杀：结合秋耕、春耕，随犁拾虫，以降低虫口数量。

2. 理化诱控

（1）灯光诱杀：利用沟金针虫雄虫的趋光性，于成虫盛发期，田间设置黑光灯、频振式杀虫灯等诱杀雄虫。

（2）性信息素诱杀：金针虫成虫出土后，田间设置金针虫性信息素诱捕器诱杀成虫。

3. 生物防治

(1)保护利用天敌:金针虫的天敌有蜘蛛、昆虫、鸟雀、真菌等,注意保护利用自然天敌进行控制。

(2)植物性农药:利用一些植物的昆虫活性物质防治地下害虫,如用油桐叶、麻叶和牧荆叶的水浸液,或芫花、马醉木、苦皮葵、臭椿和茶皂素等的茎、根磨成粉后防治地下害虫效果较好。

(3)生物制剂防治:寄生金针虫的真菌种类主要有白僵菌和绿僵菌。每亩可用150亿个孢子/g球孢白僵菌可湿性粉剂250~300 g,或10亿个孢子/g金龟子绿僵菌CQMal28微粒剂3 000~5 000 g等生物制剂,拌细土或细沙10~20 kg,于播种期穴施,或加水稀释,喷施于播种沟内。

4. 化学防治

(1)种子处理:播种前,用种子重量0.3%~0.4%的35%噻虫嗪悬浮种衣剂,或种子重量2%~4%的5%氟虫腈悬浮种衣剂,或种子重量1.2%~1.6%的38%多·福·克悬浮种衣剂等,对种子进行包衣或拌种。

(2)药剂喷淋:金针虫成虫活动和幼虫为害期,可选用50%马拉硫磷乳油1 000倍液,或30%毒·辛微囊悬浮剂1 000~1 500倍液,或30%毒死蜱微囊悬浮剂1 500~2 000倍液等,喷淋茎基部。

第四部分　大豆病虫害

01 大豆病毒病

分布与危害

大豆病毒病是整株系统侵染性病害，分布非常广泛，普遍发生于豫西各大豆种植区。其中以大豆花叶病毒病发生较普遍，主要影响大豆的产量和品质。一般发生年份可造成减产15%左右，严重发生时，损失可达70%以上，甚至绝产（图4-1-1）。

图4-1-1　大豆病毒病田间为害状

症状特征

大豆病毒病侵染大豆后，病株症状变化较大，除植株正常营养生长受到破坏外，主要表现出以下六种症状：

1. 轻花叶型

叶片平展，肉眼观察有淡黄色斑驳，摘下病叶透过日光可见有黄绿相间斑驳，植株生长基本正常。抗病品种或后期染病植株多表现出此症状（图4-1-2）。

2. 重花叶型

病叶严重皱缩，呈明显的黄绿相间斑驳，叶脉褐色弯曲，叶肉呈疱状突起，叶缘向后卷曲，后期叶脉坏死，植株矮化，暗绿色，结荚少（图4-1-3）。

图4-1-2　大豆病毒病轻花叶型

图4-1-3　大豆病毒病重花叶型

图 4-1-4　大豆病毒病皱缩花叶型

图 4-1-5　大豆病毒病叶片黄斑型

3. **皱缩花叶型**

症状介于轻、重花叶型之间，病叶皱缩、歪扭，出现黄绿相间花叶，叶脉疱状突起，植株矮化，结荚少(图 4-1-4)。

4. **黄斑型**

一般与轻花叶、皱缩花叶症状混生。显症多见于结荚期，出现黄斑坏死，叶片皱缩为黄色斑驳，密生坏死褐色小点，叶脉变褐坏死，一般老叶不皱缩，但植株上部叶片多呈皱缩花叶状(图 4-1-5)。

5. **芽枯型**

病株茎顶及侧枝顶芽前期呈红褐色或褐色，萎缩卷曲，最后呈黑褐色枯死，植株矮化，茎秆易断。开花期表现症状多数为花芽萎蔫不结荚。结荚期表现症状为豆荚上有不规则形或圆形的褐色斑块，豆荚多变为畸形(图 4-1-6)。

图 4-1-6　大豆病毒病芽枯型

6. **褐斑型**

受感染的籽粒，种皮上产生褐色或黑色的斑纹(褐斑粒)，斑纹的颜色与脐色一致或稍深，脐色为黑色的，则出现黑斑；脐色为黄白色的，则出现浅褐色斑；种皮为黑色而脐为白色的，则呈现白色斑。有时斑纹波及整个籽粒表面，但多数呈现放射状或带状。斑纹发生情况受品种和发病程度影响。

发生规律

1. 种子带毒：大豆病毒存在于成熟种子的胚部和子叶内，在种子内越冬，所以大豆病毒病的初侵染源主要是带毒种子。带毒种子长出的幼苗，真叶期就可出现花叶，有的病苗要到第二片复叶展开才表现出症状，种传病苗在田间出现最早，危害最严重。发病越早对豆株生长影响越大，所结的种子传毒率越高，播种传毒率越高的种子，田间病害越严重。

2. 蚜虫传播：在田间，病毒扩大再侵染，亦称第二次侵染，主要是通过蚜虫传播，能传播病毒病的蚜虫有豆蚜、马铃薯长须蚜、桃蚜、玉米蚜等多种，尤以豆蚜为主。蚜虫在病株上取食30~60秒就能带毒，接着在健株上取食60秒就可传毒，所需时间短，传毒效率高。蚜虫传毒距离一般较短，主要是病株附近2~10 m范围内的豆株。传毒一次大概需要7天，但它可反复多次传播。蚜虫发生越早越重，早期病株就越多，病毒病发生就越重。

防治措施

1. 农业防治

(1)加强田间管理：播种前严格选种，清除褐斑粒；适时播种，使大豆在蚜虫盛发期前开花；苗期拔除病苗，及时防治蚜虫，合理施肥，培育壮苗，提高品种抗病能力。

(2)选育推广抗病毒品种：大豆病毒病以种子传播为主且品种间抗病能力差异较大，又由于各地花叶病毒生理小种不一，同一品种种植在不同地区其抗病性也不同，因此，应在明确该地区病毒病的主要生理小种基础上选育和推广抗病品种。目前推广的比较抗病、耐病的大豆品种有铁豆43、濮豆857、中黄37、商豆1310等。

(3)建立无病种子田：种植无病毒种子是最有效的防治途径之一，建立无毒种子田要注意两点：一是种子田四周100 m范围内无病毒寄主植物；二是种子田出苗后要及时清除病株，开花前再拔除一次病株，经3~4年种植即可得到无毒源种子。一级种子的种传率低于0.1%，商品种子(大田用种)种传率低于1%。

2. 物理防治

大豆病毒多由蚜虫传播，可在大豆种子田用银膜覆盖或将银膜条间隔插在田间，起隔离驱避蚜虫作用。

3. 生物防治

在蚜虫发生初期，亩用0.5%藜芦碱可溶液剂100~133 mL，或1%苦参·印楝素可溶液剂60~80 mL，对水50 kg，均匀喷雾。也可选用6%鱼藤酮微乳剂1 000~1 200倍液，或0.3%苦参碱水剂300~500倍液，或0.3%印楝素乳油300~500倍液喷雾。

4. 化学防治

(1)防治蚜虫：田间发现蚜虫要及时用药剂防治，在迁飞前喷药效果最好，可选用10%吡虫啉可湿性粉剂2 500倍液，或50%抗蚜威可湿性粉剂2 000倍液，或40%乐果乳油1 000~2 000倍液，或2.5%溴氰菊酯乳油2 000~4 000倍液等叶面喷施防治。

(2)防治病毒病：在发病重的地区，可在发病初期喷洒防治病毒病的药剂，以提高大豆植株的抗病性，如选用0.5%菇类蛋白质多糖水剂300倍液，或1.5%植病灵Ⅱ号乳油1 000倍液，或8%宁南霉素水剂900倍液，或6%烯·羟·硫酸铜可湿性粉剂200~400倍液，或5%菌毒清可湿性粉剂400倍液等喷雾防治，每隔7~10天喷1次，连喷2~3次。

02 大豆疫病

分布与危害

大豆疫病又名大豆疫霉病、大豆疫霉根腐病等，是重要的农业植物检疫性有害生物。该病菌寄生专化性较强，只侵染大豆、羽扇豆、菜豆、豌豆等豆科植物，在豫西地区零星分布。大豆疫病在大豆整个生育期均可发生，田间发病率一般为3%～5%，产量损失25%～50%，严重时可造成绝收，发病植株种子的蛋白质含量明显降低（图4-2-1）。

图4-2-1　大豆疫病田间受害株

症状特征

大豆疫霉菌在大豆的各生育期均可造成危害，以为害叶片为主，也可侵染茎蔓、豆荚和种子，引起根腐、茎腐、植株矮化、枯萎、死亡等。带菌种子播种后引起种子在出土前烂种、烂芽。幼苗出土后生长缓慢，近地表植株茎部出现水浸状病斑，病斑延伸至子叶和真叶基部，形成褐红色水渍状斑，根系变黑腐烂，严重时猝倒死亡；叶片病斑一般从叶尖或叶缘始发，初生暗绿色油渍状小斑点，扩展后形成不规则暗绿色斑或暗褐斑。成株期受害，根系极少，茎基部出现黑褐色病斑并向上扩展至下部侧枝（图4-2-2），病茎中空易折断，皮层及髓部维管束变褐坏死（图4-2-3），叶柄基部变黑凹陷（图4-2-4），叶片变黄，并自下而上下垂凋萎呈"八"字形，但不脱落（图4-2-5），病株结荚数明显减少，空荚、瘪荚较多，籽粒皱缩。豆荚受害，最初在荚基部出现水浸状斑，随后病斑逐渐变褐并向上蔓延至荚尖，最后整个豆荚呈黄褐色干枯（图4-2-6）。豆粒受害，种粒变小且失水干瘪，种皮有网状纹，褐色或黑褐色，表面无光。

图4-2-2　大豆疫病根茎基部黑褐色病斑向上扩展

图4-2-3　大豆疫病病茎中空易折断

图 4-2-4 大豆疫病叶柄基部变黑凹陷

图 4-2-5 大豆疫病叶片呈“八”字形下垂凋萎

发生规律

大豆疫病是典型的土传病害，疫霉菌以抗逆性极强的卵孢子在种皮或土壤中的病残体内越冬，成为翌年初侵染源。来年温、湿度条件适宜时，卵孢子萌发长出芽管，发育成菌丝体和孢子囊，释放出大量游动孢子，通过土壤中的水流传播。游动孢子积聚在发芽的种子、幼根和老根渗出液周围，进行休止后萌发再侵入寄主根部。病菌菌丝在根组织细胞间生长蔓延，以指状或小球状吸器伸入寄主细胞内汲取营养。根系受侵后，向上扩展蔓延至茎部和下部侧枝。卵孢子和藏卵器在感病植株的根、茎内形成。当病土颗粒被风雨吹落到叶面时，出现叶部侵染。

图 4-2-6 大豆疫病豆荚干枯

大豆疫病的发生与土壤类型、栽培品种、耕作制度、肥料和降雨等多种因素密切相关，其中以土壤因素最为重要。湿度高或多雨天气，土壤黏重或排水不良，易发病；连作地发病重。

防治措施

1. 严格检疫

受侵染的植株种皮、胚和子叶均可带菌，土壤病残体中的卵孢子是初侵染源，也是病菌在土壤中长期存活的主要形式，而且我国已将大豆疫霉菌列为全国农业植物检疫性有害生物名单和进境植物检疫一类危险性有害生物，因此，应严格执行植物检疫相关规定，不从疫区引种，严防商品大豆中夹带土块，禁止调运带菌种子，防止病害蔓延。

2. 农业防治

(1) 选用抗、耐病品种：根据大豆不同品种对大豆疫病的抗性差异，结合当地情况，可选择种植吉林 5 号、绥农 15 号等抗病性较强的大豆品种，避免使用感病品种。

(2)合理轮作:与玉米、水稻等非寄主作物实行2~3年轮作,避免连作,以减轻发病和田间损失。大豆避免种植在低洼、排水不良或重黏土田块。

(3)加强田间管理:适当晚播;合理密植;及时深耕、中耕培土,防止土壤板结;雨后及时排除积水,防止湿气滞留;及时拔除病株,带出田间集中销毁。

3. 化学防治

(1)土壤消毒:播种时,可沟施5%甲霜灵颗粒剂或瑞毒霉颗粒剂,防止根部侵染。

(2)种子处理:播种前用种子重量0.3%的35%甲霜灵可湿性粉剂或69%安克·锰锌可湿性粉剂或72%霜脲·锰锌可湿性粉剂,或种子重量2%的25%多菌灵·福美双悬浮种衣剂,或种子重量1.5%的38%多菌灵·福美双·毒死蜱悬浮种衣剂,或种子重量2%的福美双·克百威悬浮剂拌种;也可选用40%萎锈灵·福美双悬浮剂70~100 mL,或50%甲霜灵·多菌灵种子处理可分散粉剂150 g,或2.5%咯菌腈悬浮种衣剂250~300 mL,与50 kg大豆种子搅拌均匀后,堆闷阴干播种。

(3)喷药防治:发病初期可选用72%霜脲·锰锌可湿性粉剂600倍液,或25%甲霜灵可湿性粉剂800倍液,或70%福·甲霜可湿性粉剂500倍液,或64%恶霜灵·代森锰锌可湿性粉剂500倍液,或52.5%恶酮·霜脲氰水分散粒剂2 000倍液,或58%甲霜·锰锌可湿性粉剂600倍液,或2%宁南霉素水剂300~400倍液喷施或浇灌,隔7天防治1次,共施药3次。

03 大豆根腐病

分布与危害

大豆根腐病是各大豆产区都存在的土传病害,不仅为害严重,而且病原菌种类多,防治困难,近年来,在豫西大豆种植区均有发生,局部地区为害严重。主要发生在苗期,发病率一般在40%~50%之间,重病地块能达80%以上,一般年份减产5%~10%,严重时可减产50%以上,甚至绝收,严重影响到大豆生产和含油量。

症状特征

大豆根腐病是由镰刀菌、腐霉菌和立枯丝核菌等多种病原菌引起的大豆根部病害。大豆整个生育期间均可感染。种子出土前受害,表现为腐烂、不能萌发,表面附着一层白色霉菌。幼苗期受害,症状主要表现在根部,主根病斑初为褐色、黑褐色或红色小点,随后病斑绕根茎扩展为菱形或长条形的凹陷斑块,严重时病斑呈红褐色、铁锈色及黑褐色,皮层腐烂如溃疡,地下侧根由根尖开始变为褐色,水浸状,逐步腐烂,重病株的主根及须根全都腐烂,从而导致“秃根”。苗期染病,病株的地上部分生长发育不良,叶片自下而上逐渐变黄,病苗矮小瘦弱,严重时干枯死亡。生长中期染病,植株直到死亡叶片仍为绿色。成株期染病,病根部形成多个不规则形的褐色斑,侧根、须根变少,根系腐烂,严重时根系开裂有木质纤维组织外露(图4-3-1),紧贴地面的茎部病斑色泽较深,并可以向上部蔓延,茎内部皮层及髓颜色变深,中空易折断(图4-3-2),整个植株的叶子自下而上逐渐变为浅绿,植株矮化。大豆开花结荚期为发病盛期,可在大豆田间观察到大量的黄叶,轻者虽能缓慢生长,但叶片开始由黄转为脱落,结荚少,籽粒小(图4-3-3)。严重时,豆荚基部呈现颜色较深的水渍状,从下向上逐渐蔓延,导致整个豆荚呈浅黄色枯萎(图4-3-4),病菌可侵染种皮、胚和子叶造成种子严重脱水,体积变小。

图 4-3-1　大豆根腐病根系开裂有木质纤维组织外露

图 4-3-2　大豆根腐病茎秆中空易折断

图 4-3-3　大豆根腐病豆荚籽粒小

图 4-3-4　大豆根腐病豆荚枯萎

在潮湿条件下，病部表皮出现白色至粉红色霉层，部分病株会产生红色子囊壳，病株下部叶片叶脉间褪绿、发黄、干枯，并逐渐向上蔓延，生长停滞，随后枯死。

发生规律

引起大豆根腐病的大部分病原菌属于土壤习居菌，除以菌丝或菌核在土壤或者病组织上越冬外，还可以在土壤中腐生。大豆种子萌发后 4~6 天便可侵染胚茎与胚根，虫害伤和其他自然孔口都可能造成多种病菌侵入。大豆幼苗期多雨、土壤湿度大，病害发生重；连作年限长的大豆田，春天播种过早、过深发病重；土质黏重、通气性差、有机质含量低、肥力差的地块发病重；地下害虫发生重，根部虫伤害多，利于病菌侵入，病害发生也重。

防治措施

1. 农业防治

（1）选用抗耐病品种：因地制宜选用丰收 3 号、中黄 13、荷豆 12 等抗性较强的品种。

（2）合理轮作：与禾本科作物实行 3 年以上轮作，避免重迎茬。

（3）科学播种：适时晚播，深沟高畦栽培，待地温稳定在 8 ~ 9℃时开始播种，播种深度不超过 5 cm。

(4)加强田间管理:施足基肥、种肥,及时追肥,选用多元复合液肥进行叶面施肥,以弥补根部病害吸收肥、水的不足;及时中耕培土,改善土壤通气状况,促进地上茎基部侧生新根的形成与恢复生长;雨后及时排除田间积水,降低土壤湿度;地膜覆盖栽培,有效防止土中病菌为害大豆植株地上部分;大豆收获后,深耕,减少越冬菌源基数。

(5)清洁田园:田间发现病株即刻拔除,病穴施石灰或药剂灌根,以防病菌扩散;大豆收获后及时将病残体带到田外集中烧毁或沤肥。

2. 化学防治

(1)种子处理:播种前选用种子重量 4%~5%的 30%多·福·克悬浮种衣剂,或种子重量 0.6%~0.8%的 2.5%咯菌腈悬浮种衣剂,或种子重量 1.7%~2%的 13%甲霜·多菌灵悬浮种衣剂,或种子重量 1%~1.3%的 35.5%阿维·多·福悬浮种衣剂进行种子包衣;也可用 2%宁南霉素水剂 500 mL 均匀拌 50 kg 种子,或用 2.5%咯菌腈乳油 150 mL+20%甲霜灵可湿性粉剂 40 mL 拌 100 kg 种子,阴干后播种。

(2)药剂灌根:发病地块可选用 4%农抗 120 水剂 150~300 倍液,或 75%百菌清可湿性粉剂 1 000 倍液,或 70%甲基硫菌灵可湿性粉剂 1 000 倍液,或 70%恶霉灵可湿性粉剂 1 000~2 000 倍液,或 50%多菌灵可湿性粉剂 800~1 000 倍液,或 20%噻菌铜悬浮剂 500~600 倍液灌根。

04 大豆褐斑病

分布与危害

大豆褐斑病又名大豆褐纹病、大豆斑枯病,在豫西大豆种植区普遍发生,一般发病较轻,常规年份发病率在 5%左右,重发年份病叶率可达 90%以上,造成大豆严重减产。

图 4-4-1 大豆褐斑病叶片病斑

图 4-4-2 大豆褐斑病病斑融合成大斑块

症状特征

大豆褐斑病在大豆苗期和成株期均可发病,主要为害叶片,茎、叶柄、豆荚也可受害。叶片受害,底部老叶最先发病,后逐渐向上蔓延。子叶受害,出现不规则的暗褐色大斑,病斑上生黑色小颗粒(分生孢子器);成株期叶片染病,叶片正反面出现黄褐色小斑点,后逐渐扩大成不规则形或受叶脉限制呈多角形的棕褐色病斑(图 4-4-1),直径 1~5 mm 不等,病斑两面均具轮纹,且散生小黑点,严重时病斑融合成大斑块,致叶片变黄干枯,自下而上逐渐脱落(图 4-4-2)。茎和叶柄染病,病斑呈暗褐色,短条状,边缘不清晰。豆荚染病,荚面上着生不规则棕褐色斑点,斑点上着生有不明显的黑色小点。

发生规律

大豆褐斑病病菌以分生孢子器、菌丝体在大豆病残体组织或种子上越冬,成为翌年初侵染源。种子带菌引致幼苗子叶发病。在病残体上越冬的分生孢子器释放出分生孢子,借风雨传播,先侵染大豆底部叶片,引起发病,然后再进行重复侵染并向上部叶片蔓延。侵染叶片的适宜温度为 16~32 ℃,最适温度为 28 ℃,潜育期 10~12 天。温暖多雨,夜间多雾,结露持续时间长,大豆褐斑病发病重。连作重茬、排水不良、种植密度大,可加重病害发生。

防治措施

1. 农业防治

(1)选用抗耐病品种:播种前推荐选择使用高抗病品种,如中黄 8 号等。

(2)温汤浸种:使用 55 ℃以上的恒温水浸泡种子 30 分钟,进行高温消毒。

(3)合理轮作倒茬:与非豆科类作物实行 3 年以上轮作。

(4)加强田间管理:播种前挖好排水沟;合理密植;施足基肥,合理追肥,尤其生育后期应喷施多元复合叶面肥,补足营养,增强抗病性;大豆收获后,及时将田间病株、病叶等病残体带出田外,集中销毁,并深翻、暴晒土地,以减少菌源。

2. 化学防治

(1)种子处理:播种前,用种子重量 0.3%的 50%福美双可湿性粉剂或 50%多菌灵可湿性粉剂拌种。

(2)药剂喷雾:发病初期,可喷施 50%福美双可湿性粉剂 500 倍液,或 75%百菌清可湿性粉剂 600 倍液,或 10%苯醚甲环唑水分散粒剂 1 500 倍液,或 80%代森锌可湿性粉剂 600 倍液,或 3%多抗霉素可湿性粉剂 1 000~2 000 倍液,或 50%多菌灵可湿性粉剂 800 倍液,或 50%三氯异氰尿酸可湿性粉剂 1 500 倍液,或 14%络氨铜水剂 300 倍液,或 30%碱式硫酸铜悬浮剂 300 倍液,或 1%武夷霉素水剂 400 倍液,或 50%醚菌酯水分散粒剂 3 000 倍液,或 50%琥胶肥酸铜可湿性粉剂 500 倍液,每隔 10 天左右防治 1 次,视情况防治 1~2 次。

05 大豆黑斑病

分布与危害

图 4-5-1　大豆黑斑病为害大豆茎秆

大豆黑斑病又名大豆链格孢黑斑病，是大豆常见病，在豫西大豆种植区均有发生。寄主范围较广，除为害大豆外，还为害菜豆、芹菜、甘蓝、莴苣、萝卜等多种作物。为害大豆，多在大豆生长后期发病，发生严重时，可使叶片枯死，影响产量和质量。

症状特征

大豆黑斑病主要为害叶片和豆荚，也可为害茎部（图 4-5-1）。叶片受害，初期病斑呈圆形或不规则形，中央褐色，四周略隆起，具同心轮纹，后期病斑逐渐扩展或破裂，叶片边缘稍隆起，反卷干枯，湿度大时病斑表面生密集黑色霉层，即病原菌分生孢子梗和分生孢子（图 4-5-2，图 4-5-3）。豆荚受害，形成圆形或不规则形黑色病斑，其上密生黑霉，荚皮破裂后，继续侵染豆粒（图 4-5-4，图 4-5-5）。

图 4-5-2　大豆黑斑病叶片病斑（正面）

图 4-5-3　大豆黑斑病叶片病斑（背面）

图 4-5-4　大豆黑斑病豆荚及豆秆受害状

图 4-5-5　大豆黑斑病豆荚病斑

发生规律

大豆黑斑病病菌以菌丝体、分生孢子在病叶或病荚上越冬,成为翌年初侵染源。第二年条件适宜时,田间分生孢子借风雨传播进行多次再侵染,从而导致病害扩大蔓延。大豆生育后期易发病。种植过密、高温多湿天气均有利于该病的发生。

防治措施

1. 农业防治

(1)选择抗病品种:可以因地制宜地选用一些相对较抗病的品种,或实行多个品种轮换种植。

(2)合理轮作:实行 3 年以上的大面积轮作,重病田可根据情况实行水旱轮作。

(3)加强田间管理:合理密植,及时清沟排水;施足底肥,适当增加磷、钾肥;大豆收获后及时清除病残体,集中深埋或销毁。

2. 化学防治

(1)种子处理:大豆播种前可按种子重量 0.4%的 50%异菌脲可湿性粉剂,或 50%乙烯菌核利可湿性粉剂,或 80%代森锰锌可湿性粉剂拌种。

(2)药剂喷雾:发病初期可选用 75%百菌清可湿性粉剂 600 倍液,或 25%丙环唑乳油 2 000~3 000 倍液,或 50%异菌脲悬浮剂 1 000 倍液,或 58%甲霜·锰锌可湿性粉剂 500 倍液,或 64%霜·锰锌可湿性粉剂 500 倍液,或 3%多抗霉素可湿性粉剂 1 000~2 000 倍液,均匀喷雾防治,视病害发生情况,隔 7~10 天喷施 1 次,连续防治 2~3 次。

06 大豆紫斑病

分布与危害

大豆紫斑病是大豆种植过程中的常见病害,主要为害大豆的豆荚、豆粒,也可侵染叶片和根茎,造成植株叶片早衰和紫斑病粒,病粒多瘪小、龟裂,丧失活力,严重影响质量。感病品种的紫斑病粒率为 15%~20%,严重时可达 50%以上。

症状特征

图 4-6-1　大豆紫斑病叶片症状(正面)

图 4-6-2　大豆紫斑病叶片症状(背面)

图 4-6-3　大豆紫斑病豆秆受害状

图 4-6-4　大豆紫斑病茎秆长条形病斑

图 4-6-5　大豆紫斑病豆荚受害状

图 4-6-6　大豆紫斑病豆粒只在种皮表现症状

大豆苗期染病,子叶上产生褐色至赤褐色云纹状圆形斑。叶片染病,初散生紫色圆形小点,后扩展成多角形褐色或浅灰色斑(图 4-6-1,图 4-6-2)。茎秆染病,形成长条状或梭形红褐色斑,严重的整个茎秆变成黑紫色,上生稀疏的灰黑色霉层(图 4-6-3,图 4-6-4)。豆荚染病形成的病斑呈圆形或不规则形，较大，灰黑色，边缘不明显，干后变黑，病荚内层生不规则形紫色斑，内浅外深(图4-6-5)。豆粒染病，病斑大小不一，形状不定，仅在种皮表现症状，不深入内部(图4-6-6)；症状因品种及发病时期不同而有较大差异，多呈紫色，有的呈青黑色，在脐部四周形成浅紫色斑块，严重的整个豆粒变为紫色，有的龟裂(图4-6-7)。

发生规律

大豆紫斑病病菌以菌丝体潜伏在种皮内，或以菌丝体和分生孢子在大豆病残体上越冬，为翌年的初侵染源。若播种带菌种子，病菌从种皮扩展到子叶，引起子叶发病，并产生大量的分生孢子，借风雨传播到叶片、豆荚和籽粒上进行再侵染。连作地及早熟品种发病重；大豆花荚期多雨，气温偏高，均温在25.5～27 ℃，发病重。

图4-6-7　大豆紫斑病豆粒受害状

防治措施

1. 农业防治

(1)选用抗病品种：生产实践证明，一般抗病毒病的品种都比较抗紫斑病，播种时要严格精选种子，剔除病粒。

(2)合理轮作：与禾本科或其他非寄主植物进行2年以上的轮作，可减轻受害。

(3)加强田间管理：适时播种，合理密植；施足基肥，增施磷钾肥，适时喷施叶面肥，避免偏施氮肥；雨后及时开沟排水，降低大田湿度，改善通风透光条件，以提高植株的抗病能力。

(4)清洁田园：大豆收获后及时清除田间病残体，深翻土地，加速病残体腐烂，减少初侵染源，降低翌年危害程度。

2. 化学防治

(1)种子处理：带菌种子是发病初侵染来源之一，播种前可根据病害在种子上的特征选出无病种子并进行种子处理，可用种子重量0.3%的50%福美双可湿性粉剂拌种，或用80%乙蒜素乳油5 000倍液浸种。

(2)喷药防治：在开花始期、蕾期、结荚期、嫩荚期各喷1次30%碱式硫酸铜悬浮剂400倍液，或50%苯菌灵可湿性粉剂1 500倍液，或50%多·霉威可湿性粉剂1 000倍液，或36%甲基硫菌灵悬浮剂500倍液，或80%乙蒜素乳油1 000～1 500倍液；还可亩用25%丙环唑乳油40 mL，或1%武夷霉素水剂100～150 mL，或50%多菌灵可湿性粉剂100 g，兑水50 kg，喷雾。

07 大豆灰星病

分布与危害

大豆灰星病是一种只为害大豆的真菌性病害，在豫西大豆种植区均有发生，发生严重时造成植株叶片枯死凋落，植株焦枯死亡，致使大豆减产。

症状特征

大豆灰星病在大豆整个生育期均可发病，主要为害叶片，幼苗期先从叶缘向叶中心扩展，形成典型“V”字形病斑，也可为害叶柄、茎及豆荚（图 4-7-1）。叶片上初生 2~5 cm 圆形或不规则形褐色病斑，后期病斑呈灰白色，周围有一较细的暗褐色边缘（图 4-7-2）；病斑内有黑色小点（即病原菌的分生孢子器或子囊壳），有些病斑会破裂穿孔（图 4-7-3，图 4-7-4）。茎和叶柄上病斑长条形，浅灰色至黄褐色，有一较窄的褐色或紫褐色边缘。豆荚上病斑圆形，周围有红色边缘（图 4-7-5），病荚里的种子亦可受害。

图 4-7-1　大豆灰星病苗期症状

图 4-7-2　大豆灰星病病斑周围有极细暗褐色边缘

图 4-7-3　大豆灰星病病斑内有黑色小点

图 4-7-4　大豆灰星病病斑破裂穿孔

图 4-7-5　大豆灰星病豆荚症状

发生规律

大豆灰星病病菌以子囊孢子和分生孢子器在病株残体上越冬,成为翌年的初侵染源。来年环境适宜,病斑上产生分生孢子,借风、雨传播进行多次再侵染。在寄主感病、菌源多和气候、栽培条件有利时,易造成病害的流行。在湿润、冷凉的气候条件下,发病重,可引起大豆早期落叶。

防治措施

1. 农业防治

(1)因地制宜选用抗病品种;精选无病种子,汰除病粒。

(2)与禾本科作物实行 3 年以上轮作。

(3)生长期适时浇灌,雨后及时排水;大豆收获后及时清除田间的病株残体并深翻土壤,减少菌源。

2. 化学防治

(1)种子处理:播种前可用种子重量 0.3%的 50%福美双可湿性粉剂或 70%敌磺钠可湿性粉剂拌种。

(2)喷雾防治:发病初期,可选用 70%甲基硫菌灵可湿性粉剂 600 倍液,或 40%多·硫悬浮剂 400 倍液,或 50%异菌脲可湿性粉剂 1 000 倍液,或 25%氟硅唑·咪鲜胺水乳剂 500 倍液,或 75%百菌清可湿性粉剂 700 倍液,或 50%多菌灵可湿性粉剂 800 倍液等,喷雾防治,病害发生严重时,每隔 7~10 天防治一次,连续防治 2~3 次。

08 大豆灰斑病

分布与危害

大豆灰斑病又称蛙眼病、斑点病等,是一种真菌性病害,在豫西各大豆种植区均有不同程度发生。该病主要为害叶片,也侵害茎、荚及种子,严重影响大豆品质和含油量,感病品种可减产 30%左右。

症状特征

种子带菌,幼苗长出后子叶上出现深褐色稍凹陷的病斑,半圆形或圆形,低温多雨时,病斑蔓延至生长点,导致幼苗枯死,天气干旱时病斑发展较慢或停止发展。成株期感病,叶片初期出现褪绿的圆形或不规则形红褐色小斑点,后逐渐扩展为直径 1~5 mm,边缘褐色,中部灰色或灰褐色的蛙眼状病斑。气候潮湿时,病斑背面密生灰色霉层(即病菌的分生孢子梗和分生孢子),严重时病斑遍布整个叶片,互相融合,使病叶枯死、脱落(图 4-8-1-图 4-8-3);茎上病斑呈纺锤形,边缘深褐色或黑色,中央褐色稍凹陷,密布细小黑点;荚上病斑椭圆形或圆形,稍凹陷,中央灰色,边缘红褐色,与叶斑相似,但因豆荚表面有较多绒毛覆盖,所以肉眼基本见不到霉层(图 4-8-4);豆粒上病斑多为圆形蛙眼状,中央灰白,边缘红褐色,病斑上霉层不明显,发病较轻的豆粒仅产生褐色不规则小点。

图 4-8-1　大豆灰斑病叶片症状(正面)

图 4-8-2　大豆灰斑病叶片症状(背面)

图 4-8-3　大豆灰斑病病斑遍布叶片

图 4-8-4　大豆灰斑病豆荚症状

发生规律

大豆灰斑病病菌以菌丝体或分生孢子在豆粒或病残体中越冬,成为翌年的初侵染源。带菌种子萌发后,越冬的菌丝可直接侵染子叶,气候潮湿时,产生分生孢子,借助气流或雨水传播,进行再侵染。病残体上越冬的病菌,在温湿度适宜时可产生大量分生孢子,传播到临近成株上为害叶片，形成发病中心，再通过发病中心进行多次侵染。大豆结荚后，病菌亦可侵染豆荚，致使豆粒发病。

气温 15~30 ℃且有 2 小时的结露时，最适宜病菌的侵入流行，适温下分生孢子在水中 1 小时即可萌发。气温 25 ℃左右时，分生孢子 4~7 天即可产生 1 代。分生孢子通常在 2 天后侵染力开始明显下降，6 天后失去侵染能力。

幼苗发病与种子带病和气候条件有关，种子带病率高、低温多雨，病苗率高，子叶受害重，严重时可造成缺苗断垄。7~8 月多雨，利于病害流行；连作地发病重。

防治措施

大豆灰斑病初侵染源主要是带菌种子和田间带菌残体，因此防治上应注意尽量减少菌源。

1. 农业防治

(1)因地制宜选用抗耐病品种，播种前人工挑拣，汰除病粒。

(2)避免重茬，可与玉米、棉、麻、薯类等非寄主作物实行轮作。

(3)加强田间管理，根据品种特性合理密植，及时中耕除草，雨后及时排水，降低田间湿度；收获后及时翻耕，清除田间病残体，减少越冬菌源数量。

2. 化学防治

(1)种子处理：播种前可用种子重量 0.3%的 50%福美双可湿性粉剂或 50%多菌灵可湿性粉剂拌种消毒。

(2)药剂喷雾：发病初期可喷施 70%甲基硫菌灵可湿性粉剂 500~1 000 倍液，或 50%多菌灵可湿性粉剂 500~1 000 倍液。也可在大豆开花结荚期亩用 1%武夷霉素水剂 100~150 mL，对水 50 kg 喷雾，也可选用 50%异菌脲可湿性粉剂 600 倍液，或 25%丙环唑乳油 40 mL/亩+50%代森铵水剂 1 000 倍液，或 3%多抗霉素可湿性粉剂 1 000~2 000 倍液，或 5%多菌灵 · 乙霉威可湿性粉剂 800 倍液等喷雾防治，间隔 10 天防治 1 次，连续防治 2~3 次。可在荚和籽粒易感病期再补喷 1 次，以控制籽粒上的病斑。

09 大豆耙点病

分布与危害

大豆耙点病是一种真菌性病害，在豫西各大豆产区时常发生，除为害大豆外，还可侵染菜豆、小豆、棉花、芝麻、蓖麻、黄瓜、辣椒、番茄、西瓜等多种作物。

症状特征

大豆耙点病主要为害叶片、叶柄、茎、荚及种子。叶片受害，生直径 10~15 mm 的圆形或不规则形病斑，病斑呈浅红褐色，四周多具浅黄绿色晕圈，较大斑常有轮纹，造成叶片早落(图 4-9-1，图 4-9-2)；叶柄、茎受害，病斑呈暗褐色长条形；豆荚受害，病斑呈圆形，略凹陷，四周褐色，中央暗紫色，严重时豆荚上密生黑色霉状物。

图 4-9-1 大豆靶点病叶片病斑(正面)

图 4-9-2 大豆靶点病叶片病斑(背面)

发生规律

大豆靶点病病菌以分生孢子或菌丝体在病株残体上越冬，成为翌年初侵染菌源，也可在休闲地的土壤里存活 2 年以上。病菌在田间借风雨传播，多雨和相对湿度在 80%以上时，利于发病；晚熟品种较易感病。

防治措施

1. 农业防治

(1)选种抗病品种，从无病株上留种并进行种子消毒。

(2)与非寄主作物实行 3 年以上轮作。

(3)播种前施足底肥，雨后及时排水；秋收后及时清除田间的病残体，进行秋翻土，减少菌源。

2. 化学防治

(1)种子处理：播种前可用种子重量 0.3%～0.5%的 80%多菌灵微粒剂或 50%多菌灵可湿性粉剂，或用种子重量 0.3%的 50%福美双可湿性粉剂，或种子重量 0.4%的 70%代森锌可湿性粉剂拌种，拌种后堆闷 3～4 小时后播种。

(2)喷雾防治：发病初期可选用 50%噻菌灵可湿性粉剂 600～800 倍液+75%百菌清可湿性粉剂 800～1 000 倍液，或 66%敌磺·多菌灵可湿性粉剂 600～800 倍液，或 70%甲基硫菌灵可湿性粉剂 600～800 倍液+70%代森锰锌可湿性粉剂 500～600 倍液，或 50%腐霉利可湿性粉剂 800 倍液+75%百菌清可湿性粉剂 800 倍液，或 50%异菌脲可湿性粉剂 800 倍液+50%福美双可湿性粉剂 500 倍液，或 50%咪鲜胺锰盐可湿性粉剂 1 000～2 000 倍液，或 47%春雷霉素·氧氯化铜可湿性粉剂 800～1 000 倍液，或 50%多菌灵可湿性粉剂 600 倍液，或 50%异菌脲可湿性粉剂 600～800 倍液，喷雾防治，建议亩用药液 40kg，视病情间隔 7～10 天防治 1 次，连续防治 2～3 次。

10 大豆轮纹病

分布与危害

大豆轮纹病是大豆生产中的主要病害，在豫西各大豆种植区均有不同程度发生。该病常造成大豆植株早期落叶，结荚少或不结荚，严重影响大豆产量。

症状特征

大豆轮纹病从大豆幼苗期到结荚后都可发病，主要为害叶片，也可侵染叶柄、茎秆、豆荚、豆粒等。叶片染病，初散生褐色小斑点，扩大后呈褐色或黄褐色的圆形或近圆形斑（图 4-10-1，图 4-10-2），周缘深褐色，有明显同心轮纹（图 4-10-3），后期轮纹上散生黑色小点，即病菌分生孢子器（图 4-10-4）。病斑较薄，易破裂穿孔（图 4-10-5）。叶柄染病可导致早期落叶。茎秆染病，病斑多发生于分枝处，初生近梭形灰褐色斑，扩大干燥后变为边缘不明显的灰白色斑，其上散生很多小黑点。豆荚染病，病斑初为褐色，干燥后变为灰白色或灰黑色，近圆形或不规则形，病荚上密生不规则形或轮纹状排列的小黑点（图 4-10-6）。轻病荚虽可结粒，但豆粒瘦小；重病荚基本不能结粒，或虽结粒，豆粒表面大部分变灰褐色，皱缩干瘪，无光泽，粒重极轻，且失去发芽能力。荚柄被害时，荚内空瘪不结实或早期畸形干枯。

图 4-10-1　大豆轮纹病叶片病斑（正面）

图 4-10-2　大豆轮纹病叶片病斑（背面）

图 4-10-3　大豆轮纹病病斑微具同心轮纹

图 4-10-4　大豆轮纹病病斑散生黑色小点

图 4-10-5　大豆轮纹病病斑破裂穿孔

图 4-10-6　大豆轮纹病豆荚病斑

发生规律

大豆轮纹病病原体以菌丝体和分生孢子器在病株残体上越冬。翌年条件适宜时，释放出分生孢子，成为翌年的初侵染菌源，借助风、雨传播进行扩大再侵染。一般 6 月份开始发病，病斑自底部叶片开始逐渐向上扩展，造成叶片穿孔或早期落叶，7 月以后病势趋缓。大豆开花结荚后为害荚柄和豆荚。一般连作地、低洼地发病重；连续降水，田间湿度大，利于发病。

防治措施

1. 农业防治

（1）选用较抗病的品种和无病种子。

（2）可与非寄主作物实行轮作。

（3）加强田间管理：合理密植，施足底肥，增施有机肥和磷肥；雨后及时排水以降低田间湿度；秋收后及时清除病株残体，深翻土地，消灭越冬菌源。

2. 化学防治

（1）种子处理：播种前可用种子重量 0.3%的 65%多果定可湿性粉剂，或 70%甲基硫菌灵可湿性粉剂，或 50%敌菌灵可湿性粉剂拌种。

（2）喷雾防治：发病初期可选用 50%多菌灵可湿性粉剂 1 000 倍液，或 40%百菌清悬浮剂 600 倍液，或 70%甲基硫菌灵可湿性粉剂 1 000 倍液，或 70%代森锰锌可湿性粉剂 700 倍液，或 65%甲霉灵可湿性粉剂 1 000 倍液，或 50%苯菌灵可湿性粉剂 1 500 倍液，或 69%锰锌·烯酰可湿性粉剂 600 倍液，或 50%多霉灵可湿性粉剂 800 倍液，或 72%锰锌·霜脲可湿性粉剂 700 倍液，或 50%异菌脲可湿性粉剂 1 000 倍液，或 70%锰锌·乙铝可湿性粉剂 500 倍液，均匀喷雾防治，间隔 10 天防治一次，连续防治 2~3 次。

11 大豆细菌性叶斑病

分布与危害

大豆细菌性叶斑病又称细菌性角斑病、细菌性凋萎病，广泛分布于豫西大豆种植区。发生严重时可造成大豆叶片提早脱落而减产。

症状特征

大豆细菌性叶斑病主要为害大豆的叶片，也可侵染茎、叶柄、豆荚、豆粒。叶片受害后可形成不规则多角形褐斑，病斑不断扩大最终导致叶片大面积枯死、破碎，从而造成减产或绝收。大豆细菌性叶斑病主要分为斑点病和斑疹病两种，症状有一定区别，但在实际生产中不易识别。

图 4-11-1　大豆细菌性斑点病叶片症状

图 4-11-2　大豆细菌性斑点病叶片症状

细菌性斑点病：最初在叶片上形成半透明水渍状褪绿小斑点，后变成褐色或黑色多角形斑，中间深褐色至黑褐色，边缘有黄绿色晕圈（图 4-11-1，图 4-11-2）。条件适宜时，病斑迅速扩大，融合后形成不规则大斑，病组织易枯死脱落，病叶呈破碎状，湿度大时，叶片病斑背面常溢出白色菌脓。茎和叶柄受害，产生黑褐色水渍状条斑，稍凹陷。荚受害，初生红褐色小点，后扩展成为不规则暗褐色小斑，多集中于豆荚合缝处。种子受害后形成不规则褐色斑点，上有一层细菌菌脓，病粒萎缩。

细菌性斑疹病：症状与斑点病相似，主要区别在于斑疹病斑点小而密，初期不呈水渍状，因病斑中央叶肉组织细胞分裂快，体积增大，造成细胞木栓化隆起，形成小疱状病斑，表皮破裂后似火山口，成为斑疹状；叶片背面更为明显，严重时叶上许多病斑相互汇合后形成大块褐色枯斑，似火烧状（图 4-11-3）。

图 4-11-3　大豆细菌性斑疹病为害症状

发生规律

大豆细菌性叶斑病病菌主要在带病种子和土壤表层的病残体中越冬，成为翌年的初侵染源。病菌在未腐烂的病组织中可存活 1 年，病组织腐烂后病菌在土壤中不能长时间存活，很快死亡。种子带菌，幼苗出土后即可发病，病菌借风雨传播，从寄主气孔侵入，在薄壁细胞内大量繁殖，扩大危害。细菌在风雨天借助雨水飞溅传播，当叶片上有水膜或露水时，可游动进入大豆叶内侵染为害，因此，暴风雨对病害蔓延十分有利。

两种病害的发病条件也存在一定差异，斑点病在夏季多雨低温时发展快，高温干旱时，病害停止发展。斑疹病则相反，高温下发展快，最适温度为 30℃左右。

防治措施

1. 农业防治

(1)选用抗病品种：因地制宜选用丹豆 4 号、合丰 15、黑农 9 号等抗性较好的品种，注意品种间合理布局，避免单一化种植。

(2)播种无病种子：种子是最主要的初侵染源，因此应在大豆无病田留种或播前严格精选种子，选用健康种子，淘汰病粒。

(3)合理轮作：可与禾本科作物及棉、麻、薯类作物进行 3 年以上轮作。

(4)加强田间管理：合理密植，施用充分腐熟的有机肥。大豆收获后，及时清除田间病残体，集中销毁或堆肥，同时进行 20~25 cm 的深耕，加速病残体腐烂，减少病原菌存活时间。

2. 化学防治

(1)种子处理：种子处理要综合考虑，在防治大豆细菌性叶斑病的同时，可兼顾孢囊线虫病、根腐病等其他病害防治。播种前用种子重量 0.3%的 50%福美双可湿性粉剂，或种子质量 0.5%~1%的 20%噻菌铜悬浮剂，进行拌种。

(2)药剂喷雾：发病初期可选用 72%宁南霉素水剂 250~300 倍液，或 1%武夷霉素水剂 100~150 倍液，或 30%碱式硫酸铜悬浮剂 400 倍液，或 20%噻菌铜悬浮剂 500 倍液，或 15%络氨铜水剂 500 倍液，或 50%多菌灵悬浮剂 400 倍液，或 47%春雷霉素 · 氟氯化铜可湿性粉剂 800 倍液，或 30%琥胶肥酸铜悬浮剂 500 倍液，或 12%松脂酸铜乳油 600 倍液喷雾，5~7 天防治一次，视情况连续喷药 2~3 次，对细菌性叶斑病有良好的防治效果。

12 大豆菟丝子

分布与危害

菟丝子又称黄丝藤、无根草、黄金狗丝草，为旋花科一年生草本植物，是大豆田恶性寄生性种子植物。菟丝子除寄生大豆外，还寄生菊科、大戟科、茄科、苋科等多种作物和杂草。菟丝子以茎蔓缠绕大豆植株，并产生吸器穿入茎内吸收水分和养料，致使豆株营养失调，发育不良，表现出矮小、黄化，结荚数减少，籽粒瘦秕，百粒重降低的症状，严重时不能结荚，大片枯死，一般受害田减产 5%～10%，严重时可减产 40%以上（图 4-12-1）。

图 4-12-1　大豆菟丝子田间为害状

症状特征

大豆菟丝子无根，叶片为鳞片状、膜质。茎纤细，线状，淡黄色或黄绿色，无叶绿素，光滑无毛。花黄白色，头状，多数簇生在一起，较松散，呈绣球状；花梗粗短或无；花萼 5 裂，基部相连，呈环状，萼片具脊，脊纵行，使萼片出现棱角；花冠 5 裂，基部相连，杯状；花药卵形。蒴果扁球形。种子 2～4 粒，近圆形，黄褐或黑褐色，表面粗糙。

发生规律

大豆菟丝子以成熟种子脱落在土壤中或混杂在大豆种子或粪肥中休眠越冬，种子在土中可保持发芽力 5～7 年。越冬后的种子，次年春末夏初，当温湿度适宜时，在土中萌发，长出淡黄色细丝状的幼苗。随后不断生长，藤茎上端部分向四周旋转伸出，碰到豆株时，便紧贴缠绕，在接触处形成吸盘，伸入寄主体内吸取水分和养料。此期菟丝子茎基部逐渐腐烂或干枯，藤茎上部分与土壤脱离，不断分枝生长，开花结果，繁殖蔓延。春季多雨，有利于菟丝子萌发，夏季阴雨连绵、湿度大，菟丝子蔓延快，对大豆的危害也大。

菟丝子的繁殖方法有种子繁殖和藤茎繁殖两种。其靠鸟类传播种子，或成熟种子脱落土壤，再经人为耕作进一步扩散；另一种传播方式是借寄主之间的接触由藤茎缠绕蔓延到邻近的寄主上，或人为将藤茎扯断后有意无意抛落在寄主上。

防治措施

1. 农业防治

（1）精选种子：菟丝子发生田尽量不留种；菟丝子种子很小，在播种前可以用过筛的方法消除混于大豆种子中的菟丝子种子。

(2)合理轮作:菟丝子一般不寄生于禾本科作物,可与小麦、玉米等禾本科作物进行2~3年轮作,以减轻危害。

(3)深翻土壤:菟丝子种子小,幼苗生长细弱,幼苗出土能力低,种子在土表7 cm以下不易发芽出土,因此可在大豆收获后深翻20 cm以上,将土表菟丝子种子翻至土壤深处,以减少菟丝子幼苗出苗率。

(4)科学施肥:菟丝子种子经过动物消化道排出后仍具有生命力,施用的有机肥必须充分腐熟,使种子沤烂以使其失去发芽力。

(5)人工拔除:大豆出苗后,进行踏查监测,一旦发现菟丝子,立即拔掉带出豆田,晒干销毁。

2. 生物防治

在菟丝子幼苗期,亩用每克含活孢子15亿的"鲁保1号"菌剂500~800g,兑水100kg,加洗衣粉100g,混匀后在阴天或傍晚进行喷雾。5~7天防治一次,共防治2~3次。喷药前把菟丝子茎挑断,有利于菌剂侵入,提高防效。

3. 化学防治

(1)土壤处理:大豆播种前,亩用48%地乐胺乳油250 mL,或43%甲草胺乳油250 mL,或72%异丙甲草胺乳油150 mL,或50%利谷隆可湿性粉剂150 g,或86%乙草胺乳油100~170 mL,对水30~50 kg喷施。天气干旱墒情差时,在大豆播前施药,施药后立即浅耙松土,把药物混入2~4 cm土层中,然后播种。墒情好时,在大豆播后苗前将药液喷施于土表即可。

(2)茎叶处理:在大豆第4片复叶长出后,可用48%地乐胺乳油150~200倍液,在菟丝子开始转株为害时,对准被害植株喷施。注意药液只能喷施在有菟丝子寄生的植株上,不可沾到其他植株,以免产生药害。施药后每隔10~15天再查治一次,共查治2~3次。还可亩用48%甲草胺乳油200 mL,兑水30 kg,在大豆出苗后、菟丝子缠绕初期均匀喷雾。

13 大豆涝害

分布与危害

大豆田涝害有两种类型,即水淹和渍害。水淹是因洪灾或大雨后,地表有明水,大豆田淹水,植株浸泡在水中的现象(图4-13-1)。渍害是由于地势低洼或地下水位高,在多雨情况下由地面积水造成的。连续降雨天气,排水不畅的低洼地块种植的大豆,易受到渍害。大豆遭受涝害后,由于根系缺氧,易造成烂根、烂叶、落花落荚,导致减产甚至死亡。据研究,大豆在结荚期受到渍害2~10天,就会减产10%~40%。此外,渍害还会使病害加重,有时会形成大范围的次生灾害(图4-13-2,图4-13-3)。

图 4-13-1　大豆田水淹症状

图 4-13-2　受渍害为害后的大豆田

症状特征

大豆播种至苗期，连续降雨或大暴雨，对大豆出苗及其幼苗生长都不利。春大豆播种后若遇连续雨天，会因土温降低而造成出苗难或弱势苗，田面渍水则会造成烂种；夏播大豆出苗期及苗期遇暴雨，若田面排水不畅会因土壤水饱和、氧气不足而烂种，还会由于地面漫水及地面径流造成天晴后土壤板结，豆苗因顶土困难而闷死在土里。大豆开花前需水量不大，幼根发育及根瘤菌的共生固氮要求水、气、热、养分协调的土壤环境，此时若降水多、地面排水不畅，则易造成耕作层土壤含水量过高甚至处于水分饱和状态，不利于根系生长，减弱根系对水分养分的吸收能力，共生固氮活动受到抑制，光合能力降低。

图 4-13-3　受渍害为害后的大豆田

防治措施

针对大豆不同生育期可能或已经出现的涝害，要及早防治、及时采取措施消除。

1. 大豆播种及苗期涝害的应对措施

（1）开沟作厢，沟渠配套：结合农田水利建设，在改善排灌条件的前提下，整地时开好厢沟、腰沟和围沟，厢沟深度要达到 25 cm 以上，低洼地适当加深，要做到沟渠配套，降低大豆田地下水位。

（2）及时排水：大豆播种后如遇连续阴雨天气导致田间出现积水，要及时采用排水机械或挖排水沟等办法排出田间积水和耕层滞水，做到雨停厢面干爽。

（3）补苗、补种或改种：如田间积水时间较长，出现烂根、死苗，造成缺苗断垄，要及时进行查田补栽，补栽采取就近借苗移栽，移栽时要带土带水，确保移栽的成活率，缺苗严重的及时补种或重种、改种。

2. **大豆中后期涝害的应对措施**

(1)倒伏后扶正、培直:由于大豆浸泡在明水之中或渍水地块,植株容易倒伏,必须及时扶正、培土,清洗叶面污泥以恢复光合作用,保证后期鼓粒。

(2)及时中耕:连续阴雨天气,会使豆田杂草丛生、土壤严重板结,根系发育不良,中耕可以散去土壤多余水分,提高土壤通透性,促进次生根生长发育,加快苗情转化。

(3)增施速效肥:经过水淹后,土壤养分大量流失,加上根系吸收能力衰弱,容易形成僵化苗,可适当对根部增施磷、钾肥,叶面喷施0.2%~0.3%磷酸二氢钾溶液,或2%~3%过磷酸钙浸出液等。

(4)合理化控:若大豆生长过旺、徒长,应合理采用化控技术,喷施多效唑、缩节胺等化控剂,控制营养生长,防止落花落荚,以控高增粗,达到增产的目的。

(5)防治病虫害:灾后高温高湿天气,易孳生大量病虫,根腐病、蚜虫、豆荚螟、食心虫等病虫的为害会加大,要及时防治。

14 大豆药害

分布与危害

大豆药害在大豆病虫害防治和化学除草过程中时常发生,大多是由于选错农药品种、药液浓度过大或使用方法、喷药时期不当等原因,造成大豆减产、品质下降,甚至绝收,影响产量和农业种植结构调整。

症状特征

图4-14-1　叶片受药害后皱缩、褐斑症状

图4-14-2　叶片组织从叶缘和叶尖开始失绿、坏死与干枯

大豆药害分酰胺类除草剂药害、均三氮苯类除草剂药害、二苯醚类除草剂药害、二硝基苯胺类除草剂药害、芳氧基苯氧基酸类与环己烯酮类除草剂药害,以及苯氧羧酸类、苯甲酸类、吡啶羧酸类除草剂药害和有机磷类除草剂药害等多种类型,每种类型的药害表现症状各异,主要症

状为根与幼芽生长受到抑制，幼芽与幼叶不能完全展开，幼苗矮化与畸形；叶片皱缩、粗糙，叶缘生长受抑制，出现杯状叶，心叶变黄；叶片组织从叶缘和叶尖开始失绿、坏死与干枯，其后向中间逐步扩展；大豆出苗稀疏，心叶畸形，叶片出现水渍状或红褐色坏死斑，逐渐连片后死亡；根短而粗，无次生根或次生根稀疏而短，根尖肿胀成棒头状，芽生长受到抑制，下胚轴肿胀等，作物轻微受害后持续时间较长，多数可以恢复，重者缓慢死亡（图 4-14-1，图 4-14-2）。

防治措施

大豆田病虫草害防治施药过程中要严格规范操作流程，科学用药，淘汰对大豆安全性及杂草药效差的农药，避免在高温下施药。

发生药害可视药害程度采取以下补救措施：

（1）喷大量清水或微碱性水淋洗：叶面喷药后发生的药害，发现较早时可以迅速用清水或微碱性水喷洒受药害的作物叶面，反复喷洒 2~3 次，尽量把植株表面上的药物冲刷掉，同时增施磷钾肥，中耕松土。

（2）追施速效肥：发生药害后，迅速追施尿素等速效肥料增加养分，以增强作物生长活力，促进早发，加速作物恢复能力，此方法仅适用于大豆种芽、幼苗受害较轻时。

（3）喷洒缓解药物：针对发生药害的药剂，喷洒能缓解药害的药剂。如受到氧化乐果等农药的为害，可在受害作物上喷洒 0.2%硼砂溶液；受到多效唑抑制过重，可适当喷施 0.05%的“九二 O”溶液；硫酸铜或波尔多液引起的药害，可喷施 0.5%石灰水等。

（4）去除药害较严重的部位：迅速摘除遭受药害的枝叶，以免药剂继续下运传导和渗透，并迅速灌水，控制药害继续扩大。

（5）耕翻补种：对药害严重，植株大面积枯死的田块，先曝晒，再洗药，后耕翻，待土壤残留农药无影响时，再种作物。若是局部发生药害，先放水冲洗，局部耕耘补种补栽，出苗或栽苗成活后，施速效肥，使后种作物赶上前种作物，达到平衡生长。

15 大豆生理性病害

分布与危害

大豆生理性病害是指由非生物因素不适宜的环境条件引起的病害，常与光照、温度、湿度、水、肥等特殊条件有关，发生和分布具有不确定性，这类病害没有病原物的侵染，相邻植株的差异性不大，不能在植物个体间相互传染，但发生严重时，也会影响大豆产量，甚至造成大面积死亡。

图 4-15-1 大豆播种过深幼苗症状

症状特征

生理性病害发病时间较一致，往往有突发性，全田病症较为固定。大豆播种过深，会增加大豆幼苗的出土难度，消耗大量能量，导致出苗不齐、苗弱、断苗等(图 4-15-1)；播种过浅会导致种子与土壤接触不实，胚根从土壤中吸取水分受阻，影响幼芽发育，形成“干脚苗”，从而造成缺苗。苗期遇到干旱，会导致子叶生长受到限制，后期呈现“小脚”症状(图 4-15-2)；生长期遇干旱，心叶生长受阻，叶尖畸形皱缩(图 4-15-3)；炎热的中午，水分暂时供应不上时，叶片和嫩茎失水萎蔫，但夜晚蒸腾减弱，根系从土壤吸水后，症状缓解，植株恢复正常；严重干旱时，根部无法从土壤中汲取足够水分，导致根毛死亡，植株逐渐干枯死亡。

图 4-15-2 干旱引起大豆子叶发育不良

图 4-15-3 干旱造成大豆叶片叶尖皱缩

防治措施

大豆生理性病害虽不具有传染性，但不采取措施控制，仍会造成巨大损失，可采取以下方法进行预防和补救：

（1）选择当年生或一年内外形饱满的种子播种，深度以 3~5 cm 为宜。

（2）播种前翻土暴晒，播种时行距、株距要保持在同一距离。

（3）播种后可在沟边适当浇水、施肥，等种子发芽后，视情况浇灌，合理施用磷、钾肥，提高抗旱性。

（4）使用黄腐酸等大豆抗蒸腾剂，促进大豆生长发育，缩小气孔开度，减弱蒸腾作用，减少水分流失。

16 豆蚜

分布与为害

豆蚜别名豇豆蚜、苜蓿蚜、花生蚜等，同翅目蚜科，是豆科作物的重要害虫，在豫西大豆种植区均有发生。除为害大豆外，还为害豇豆、菜豆、豌豆、蚕豆等豆科作物及凌霄、银柳、紫藤等园林作物。成蚜和若蚜常群集于大豆嫩茎、幼芽、顶端嫩叶、心叶、花器及荚果处刺吸汁液，使植株根系发育不良，叶片卷缩发黄，嫩荚变黄，影响开花结实，造成减产。又因该虫大量排泄“蜜露”，引发煤污病，使叶片表面铺满一层黑色霉菌，影响光合作用，结荚减少，千粒重下降。据统计，豆蚜为害轻者可造成减产 20%~30%，重者可致减产 50%以上。此外，豆蚜还可传播大豆花叶病毒病（图 4-16-1-图 4-16-3）。

图 4-16-1　豆蚜为害大豆顶端嫩叶

图 4-16-2　豆蚜为害大豆嫩茎

图 4-16-3　豆蚜为害大豆花器

形态特征

无翅胎生雌蚜:体肥胖,体长 1.8~2.4 mm,黑色或浓紫色,具光泽,体披蜡粉。触角 6 节,比体短,第一、二、五节末端及第六节为黑色,第三、四节为黄白色。腹部背面有一大型灰色隆起斑。腹管黑色,长圆形,有瓦纹。尾片黑色,圆锥形,具微刺组成的瓦纹。两侧各具长毛 3 根。

有翅胎生雌蚜:体长 1.5~1.8 mm,黑绿或黑褐色,具光泽。触角 6 节,第三至六节为黄白色,节间褐色,第三节有感觉圈 4~7 个,排列成行。

雄蚜:体狭长,有翅,腹部瘦小弯曲,外生殖器明显,有阳具和抱器 1 对。

若蚜:共 4 龄,灰紫色至黑褐色,形似成虫,无翅。

发生规律

豆蚜在豫西地区年发生 20 代以上,冬季以成、若蚜在蚕豆、冬豌豆或鼠李等寄主植物心叶或叶背处越冬。翌年,当月平均温度 8~10℃时,豆蚜在冬寄主上开始正常繁殖。4 月下旬至 5 月上旬,成、若蚜群集于留种蚕豆和鼠李嫩梢、叶柄、花序、荚果等处繁殖为害;5 月中、下旬以后,随着植株的衰老,产生有翅蚜迁向大豆田在豆株上寄生繁殖;6 月下旬至 7 月中旬进入为害盛期,多集中于植株顶梢和嫩叶上吸食汁液;8 月后随着气温变化,蚜虫数量随之减少;10 月下旬至 11 月间,随着气温下降和寄主植物的衰老,又产生有翅蚜迁向蚕豆、鼠李等冬寄主上繁殖并在其上越冬。

豆蚜对黄色有较强的趋性,对银灰色有忌避习性,且具较强的迁飞和扩散能力,在适宜的环境条件下,每头雌蚜寿命可长达 10 天以上,平均胎生若蚜 100 多头。适宜豆蚜生长、发育、繁殖温度范围为 8~35℃,最适环境温度为 22~26℃,相对湿度为 60%~70%;在 12~18℃下若虫历期 10~14 天,在 22~26℃下,若虫历期仅 4~6 天。

防治措施

1. 农业防治

(1)选用抗蚜品种:因地制宜选用优良抗蚜品种,并在播前晒种,精选种粒,去除瘪粒、病粒。

(2)清洁田园:苗期中耕除草,及时铲除田边、沟边杂草,减少虫源。

(3)加强田间管理:强化水肥管理,施足基肥,增施磷钾肥、钙肥,施用充分腐熟的有机肥、草木灰等;遇干旱适时浇水,大雨后及时排水降湿,防止田间过干或过湿。

(4)合理间作或带状复合种植:可将大豆和玉米按照 8∶2 间作,或按照玉米、大豆 1∶1 或 4∶2 进行带状复合种植,对豆蚜抑制效果较好;也可在大豆田间套种油菜,以增加豆田天敌数量。

2. 理化诱控

利用蚜虫对不同颜色的趋向性和趋避性进行防治。

(1)银膜驱避:利用豆蚜对银灰色的忌避习性,可在田间和四周覆盖或悬挂银灰色薄膜驱避豆蚜。

(2)黄板诱杀:利用蚜虫的趋黄性,在有翅蚜迁飞期,田内悬挂黄色粘板诱杀有翅成虫。黄板悬挂在高于大豆植株 15~20 cm 的豆田行间,每亩 20~30 张,当色板上粘虫面积达到板表面积的 60%以上时更换黄板。

图 4-16-4　蚂蚁与蚜虫共生

3. 生物防治

(1)保护利用天敌:豆蚜的天敌主要有食蚜蚁、瓢虫、小花蝽、草蛉、蚜小蜂等,注意保护利用和释放,避免在天敌高峰期、对药物敏感期用药(图 4-16-4,图 4-16-5)。

图 4-16-5　豆蚜天敌——瓢虫

(2)生物制剂防治:亩用 2. 5%鱼藤酮悬浮剂 100~150 mL,或 1. 5%除虫菊素水乳剂 80~160 mL,或 200 万个/ mL 耳霉菌悬浮剂 150~200 mL,兑水 50kg,喷雾防治。

4. 化学防治

蚜虫繁殖快,世代多,用药易产生抗性,所以防治宜早不宜晚,选药时建议用复配药剂或轮换用药。在田间蚜虫点片发生阶段,或田间卷叶率达 5%~10%,或百株蚜量达 1 000 头以上时开始进行早期防治。可选用 12. 5%吡虫啉可溶性液剂 3 000 倍液,或 10%高效氯氰菊酯乳油 2 000 倍液,或 20%啶虫脒乳油 5 000 倍液,或 2. 5%三氟氯氰菊酯乳油 2 500 倍液,或 40%氟虫 · 乙多素水分散粒剂 2 000~4 000 倍液,或 3%甲维 · 啶虫脒微乳剂 1 000 倍液,或 50%抗蚜威可湿性粉剂 2 000 倍液,或 30%甲氰 · 氧乐果乳油 1 000~1 500 倍液等,喷雾防治,用药间隔期 7~10 天,连续用药 2~3 次。

17 豆天蛾

分布与为害

豆天蛾别名大豆天蛾、豆虫，鳞翅目天蛾科，是为害大豆的主要害虫之一，豫西大豆种植区均有分布。其主要为害大豆、绿豆、豇豆等豆科作物。其幼虫取食大豆叶片，低龄幼虫食叶成缺刻或孔洞，高龄幼虫食量大增，大发生时可将豆株吃成光秆，使之不能结荚，严重影响大豆产量（图 4-17-1）。

图 4-17-1　豆天蛾幼虫食叶成缺刻

形态特征

成虫：体长 40~45 mm，翅展 100~120 mm。体、翅黄褐色，头及胸部有较细的暗褐色背线，腹部背面各节后缘有棕黑色横纹。前翅狭长，前缘近中央有较大的半圆形褐绿色斑，中室横脉处有一个淡白色小点，内横线及中横线不明显，外横线呈褐绿色波纹，沿 R3 脉有褐绿色纵带，近外缘呈扇形，顶角有一条暗褐色斜纹，将顶角分为二等分；后翅暗褐色，基部上方有黄褐色斑（图 4-17-2）。

卵：椭圆形，2~3 mm，初产黄白色，后转为褐色（图 4-17-3）。

图 4-17-2　豆天蛾成虫

图 4-17-3　豆天蛾卵

幼虫：黄绿色，老熟幼虫体长约 90 mm，体表密生黄色小突起（图 4-17-4）。胸足橙褐色。腹部两侧各有 7 条向背后倾斜的黄白色条纹（图 4-17-5），臀背具尾角一个（图 4-17-6）。

蛹：红褐色，长约 50 mm，宽 18 mm，纺锤形。喙明显突出，略呈钩状，与蛹体紧贴，末端露出。5~7 腹节的气孔前方各有一气孔沟，当腹节活动时可因摩擦而微微发出声响；臀棘三角形，具许多粒状突起。

图 4-17-4　豆天蛾幼虫体表密生黄色小突起

图 4-17-5　豆天蛾幼虫腹部两侧具倾斜的黄白色条纹

图 4-17-6　豆天蛾幼虫臀背尾角

发生规律

豆天蛾在豫西地区一般一年发生 1 代,7 月中下旬至 8 月上旬为成虫产卵盛期,7 月下旬至 8 月下旬为幼虫发生为害盛期,8 月份大豆开花结荚期为幼虫暴食期,9 月上旬以后陆续以浅黄色老熟幼虫在土中 9~12 cm 深处越冬。成虫昼伏夜出,白天隐藏在豆田或其他作物田内,傍晚开始活动,飞翔力强,迁移性强,对黑光灯有较强趋性。夜间交尾,交尾后 3 天即产卵,卵多散产于豆叶背面,一般 1 片叶上产 1~2 粒卵,一生可产卵 200~450 粒,卵期 7 天左右。幼虫有背光性,白天多在叶背或枝茎上,夜间取食强烈,阴天可整日取食。1~2 龄幼虫食量小,一般不转株为害,4 龄后有转移为害习性,5 龄幼虫食量暴增,其食量约占总食量的 90% 以上。幼虫期 30~35 天。

干旱不利于豆天蛾的发生;植株生长茂密、地势低洼、土壤肥沃的淤地发生较重;大豆品种不同,受害程度也不同,以早熟品种受害较重。在化蛹和羽化期间,如果雨水适中,分布均匀,发生就重,雨水过多则发生期推迟。

防治措施

1. 农业防治

(1)选种抗虫品种:在种植大豆时,选用成熟晚、皮厚、秆硬、抗涝性强的品种,可适当减轻豆天蛾的为害。

(2)土壤深耕:翻耕豆茬地时随犁拾虫,消灭土壤中的老熟幼虫,降低越冬基数。

(3)合理间作:高秆作物有碍成虫在大豆上产卵,大豆与玉米等高秆作物间作套种,可显著减轻受害程度。

(4)人工灭虫:当幼虫达 4 龄以上时,进行人工捕杀或剪刀剪杀。

2. 理化诱控

利用成虫较强的趋光性,安装黑光灯或频振式杀虫灯诱杀成虫,减少豆田的落卵量。

3. 生物防治

(1)保护利用和释放赤眼蜂、草蛉、瓢虫、寄生蝇等天敌。

(2)亩用 50kg 杀螟杆菌或青虫菌(每克含孢子量 80 亿~100 亿个)500~700 倍菌液,或 25%灭幼脲悬浮剂 1 000 倍液喷雾。

4. 化学防治

掌握3龄幼虫期，百株幼虫10头时喷药防治。喷药时应注意喷叶背面，并宜在下午进行。药剂可选用4.5%高效氯氟氰菊酯乳油1 500倍液，或50%辛硫磷乳油1 500倍液，或15%茚虫威悬浮剂3 000倍液，或90%晶体敌百虫800~1 000倍液，或0.5%甲维盐乳油1 500倍液，或45%马拉硫磷乳油1 000倍液。亦可喷洒2.5%敌百虫粉剂，每亩喷2~2.5 kg。

18 甜菜夜蛾

分布与为害

甜菜夜蛾又名白菜褐夜蛾、玉米小夜蛾等，属鳞翅目夜蛾科，该虫分布广泛，在豫西地区均有发生。甜菜夜蛾是一种杂食性害虫，除为害大豆外，还为害玉米、甘薯、棉花、绿豆、青椒、茄子、胡萝卜、西红柿等多种作物，目前已知的寄主植物达170余种（图4-18-1-图4-18-3）。以幼虫取食大豆叶片，初孵幼虫在叶背面集聚结网，啃食叶背面叶肉，只留上表皮，不久干枯成孔（图4-18-4-图4-18-6）。随着虫龄增大，幼虫开始分散为害（图4-18-7）。4龄后食量大增，大豆叶片被咬成不规则破孔（图4-18-8），上均留有细丝缠绕的粪便（图4-18-9）。老熟幼虫可食尽叶片仅留叶脉和叶柄（图4-18-10）。酷暑季节还可食栖于作物顶部，造成嫩头枯萎（图4-18-11），也可潜入表土为害作物根部，造成幼苗死亡，缺苗断垄，对产量影响较大（图4-18-12）。

图4-18-1　大豆植株受甜菜夜蛾为害状

图4-18-2　玉米受甜菜夜蛾为害状

图 4-18-3　甘薯叶片受甜菜夜蛾为害状

图 4-18-4　甜菜夜蛾幼虫聚集啃食大豆叶肉

图 4-18-5　甜菜夜蛾幼虫啃食叶片仅剩上表皮

图 4-18-6　甜菜夜蛾为害大豆叶片干枯成孔

图 4-18-7　甜菜夜蛾幼虫分散为害

图 4-18-8　甜菜夜蛾咬食叶片成孔洞

图 4-18-9　甜菜夜蛾细丝缠绕的粪便

图 4-18-10　甜菜夜蛾食尽叶片仅留叶脉

图 4-18-11　甜菜夜蛾为害大豆顶部嫩叶

图 4-18-12　受甜菜夜为害造成大豆植株长势衰弱

形态特征

成虫：体长 10～14 mm，翅展 19～30 mm，虫体和前翅均为灰褐色。前翅中央近前缘有一肾形斑和一圆形斑，均为黄褐色，有黑色轮廓线；外缘线有 1 列黑色三角形小斑，外横线与内横线均为黑白 2 色双线。后翅银白色，略带粉红闪光，翅脉及缘线呈灰褐色（图 4-18-13）。

卵：馒头形，卵粒排成 1～3 层重叠的卵块，外有白色或淡黄色的绒毛覆盖（图 4-18-14）。

图 4-18-13　甜菜夜蛾成虫

图 4-18-14　甜菜夜蛾卵块

幼虫：共5龄，少数6龄，体色变化大，幼龄时，体色偏绿，高龄幼虫有绿色、暗绿色、黄褐色、黑褐色等，末龄幼虫体长约22 mm，头褐色，背线有或无，颜色各异。前胸背板绿色或煤烟色。腹部气门下线为黄白色纵带纹，有时带粉红色，直达腹部末端，但不弯到臀足上去，是区别于甘蓝夜蛾的重要特征。各气门后上方有1个显著白色斑纹。腹足4对(图4-18-15，图4-18-16)。

蛹：黄褐色，长约10 mm。背面3~7节和腹面5~7节有粗点刻；中胸气门外突；臀刺2根呈叉状，基部有短刚毛2根。

图4-18-15　甜菜夜蛾浅绿体色幼虫

图4-18-16　甜菜夜蛾暗绿体色幼虫

发生规律

甜菜夜蛾在豫西地区一般一年发生5代，以蛹在土室内越冬，少数以老熟幼虫在土缝中或杂草内越冬，冬暖时出来取食。甜菜夜蛾有较强的飞行能力，研究表明，甜菜夜蛾不仅是一种远距离迁飞害虫，而且也是至今已确认的飞行距离最远的昆虫之一。成虫白天藏匿在杂草、土缝或植物茎叶的浓荫处，受惊时作短距离飞行后，又很快落于地面。夜间活动，有趋光性，在气温20~23 ℃、相对湿度50%~75%，风力在4级以下，无月光时最适宜成虫活动。成虫羽化后第一天即具备交尾能力，交尾活动多发生在夜晚，以午夜后为多。雌蛾一生交尾平均2次左右，最多的可达5~6次。产卵活动一般在夜间进行，产卵期2~9天，卵多产于寄主植物叶背面、叶柄或周边杂草上，排列成块，覆以灰白色或淡黄色绒毛，每块卵卵粒数不等，少则十余粒，多则上百粒。卵粒一般单层排列，但也有重叠排列的。雌蛾前1~4天产卵量最高，之后急剧下降。在产卵期间部分雌蛾有间歇产卵的习性，停产时间可达1~3天。平均每雌产卵量在400~600粒，最高的可达1 000粒。成虫寿命约7~10天。卵期2~6天，幼虫期11~39天。1~3龄幼虫多群集叶片背面，吐丝结网，在内取食，但食量小，为害不大，3龄后分散活动。当气温高，虫量大，又缺乏食物时，幼虫可成群迁移。4龄后食量大增，昼伏夜出，白天常栖息于叶背、地面或潜入土中，下午6时开始向植物上部迁移，早晨4时后开始向下部迁移。遇阴天或在茂密作物上，幼虫下移时间较晚，雨天基本不活动。幼虫有假死性，受惊扰即落地，若幼虫密度过大而又缺乏食料时，幼虫可互相残杀。老熟幼虫多在疏松表土内做土室化蛹，也有在土表或杂草地化蛹，如表土坚硬时，可在表土化蛹，一般化蛹深度为0.2~2 cm，蛹期7~11天。甜菜夜蛾是喜温而又耐高温的害虫，高温干旱宜于甜菜夜蛾大发生，常年发生期在7~9月，幼虫和蛹抗寒能力弱，越冬死亡率高，所以只间歇性局部猖獗为害。

防治措施

1. 农业防治

(1)清洁田园:春季3~4月份清除田间及地边杂草,消灭杂草上的初龄幼虫,破坏虫源孳生、栖息场所,恶化其取食、产卵环境;在幼虫化蛹盛期中耕灭茬,消灭浅土层中的幼虫和蛹,降低来年虫源。

(2)人工捕杀:结合田间管理,傍晚人工捕捉大龄幼虫,挤抹卵块,降低虫口密度。

(3)加强田间管理:合理施肥,施足基肥,增施磷钾肥、钙肥和充分腐熟的有机肥,夏季合理灌水,增加田间土壤湿度,恶化甜菜夜蛾生存环境;秋冬翻耕土壤,灌溉冻水,消灭越冬蛹。

2. 理化诱控

(1)灯光诱杀:利用成虫的趋光性,在成虫始盛期,在大田设置黑光灯、高压汞灯或频振式杀虫灯诱杀成虫。

(2)糖醋液诱杀:利用成虫的趋化性用糖醋酒液(糖∶醋∶酒∶水=3∶4∶1∶2,或6∶3∶1∶10),或胡萝卜、甘薯、豆饼等发酵液加少量的杀虫剂或性诱剂诱杀成虫。放置位置要高于大豆植株顶部30~50 cm,每亩放置3~5个。

(3)性诱剂诱杀:利用甜菜夜蛾性诱剂诱杀雄虫。在田间安置甜菜夜蛾性诱剂诱捕器,悬挂高度距离地面1~1.5 m,每亩安置1~2套,根据产品性能,30~40天更换一次诱芯。

3. 生物防治

(1)保护利用天敌:甜菜夜蛾的寄生性和捕食性天敌资源很丰富,特别是幼虫寄生性天敌种类很多。如螟蛉悬茧姬蜂、棉铃虫齿唇姬蜂、螟蛉绒茧蜂、侧沟茧蜂等,主要寄生于甜菜夜蛾2~4龄幼虫;球孢白僵菌、苏云金杆菌、甜菜夜蛾核型多角体病毒等,寄生于甜菜夜蛾幼虫和蛹。这些天敌对甜菜夜蛾自然种群的控制起到了一定的作用,要注意保护利用。

(2)人工释放赤眼蜂:在成虫产卵期,每亩释放蜂1.2万~2万头,分2~3次释放。释放赤眼蜂时要注意田间湿度在50%以上,避免阳光直射和雨水冲刷,以防止影响赤眼蜂羽化。

(3)生物制剂防治:在卵孵化盛期至低龄幼虫期,用25%灭幼脲乳油1 000~2 000倍液,或亩用1%苦皮藤素水乳剂100~120 mL,兑水40~60 kg,喷雾防治。

4. 化学防治

在幼虫孵化盛期,于上午8时前或下午6时后喷施5%高效氟氯氰菊酯乳油1 000倍液+5%氟虫脲乳油500倍混合液,或5%高效氯氰菊酯乳油1 000倍液+5%氟虫脲可分散液剂500倍混合液,或3%甲维·氟铃脲乳油1 000~2 000倍液,或5%氟铃脲乳油3 000倍液,或24%甲氧虫酰肼悬浮剂2 000~4 000倍液。注意叶面、叶背均匀喷雾,使药液能直接喷到虫体及其为害部位,以达到最佳防治效果。

19 豆叶东潜蝇

分布与为害

豆叶东潜蝇为双翅目潜蝇科,在豫西大豆产区均有分布。其主要为害大豆及豆科蔬菜,幼虫在叶片内潜食叶肉，仅留叶表，受害叶面上呈现直径 1~2 cm 的白色膜状斑块，每叶可有 2 个以上斑块，影响作物生长（图 4-19-1-图 4-19-3）。

图 4-19-1　豆叶东潜蝇幼虫潜食叶肉

图 4-19-2　豆叶东潜蝇为害叶片呈现白色膜状斑块

形态特征

成虫：小型蝇，翅长 2.4~2.6 mm。其具小盾前鬃及两对背中鬃，平衡棍非全黑色。体黑色；单眼三角仅达上眶鬃，颊狭，约为眼高的 1/10；小盾前鬃长度较背中鬃之半稍长；翅 r-m 横脉约在中室基部 2/5 处，腋瓣灰色，缘缨黑色，平衡棍棕黑色，但端部部分白色。雄蝇下生殖板两臂较细，其内突约与两臂等长，阳体具有长而卷曲的小管及叉状突起；雌蝇产卵器瓣具紧密锯齿列，锯齿瘦长，端部钝。

幼虫：黄白色，体长约 4 mm，口钩每颚具 6 齿；咽骨背角两臂细长，腹角具窗，骨化很弱；前气门短小，结节状，具 3~5 个开孔；后气门平覆在第 8 腹节后部背面大部分，具 31~57 个开孔，排成三个羽状分支（图 4-19-4）。

蛹：红褐色，长约 2.8 mm，蛹体卵形，节间明显缢缩，体下方略平凹。前、后气门不明显突出体表，前气门很小，结节状；后气门平覆在第 8 腹节后背面，呈 3 分支羽状排列。

图 4-19-3　豆叶东潜蝇为害叶片每叶可有 2 个以上斑块

图 4-19-4　豆叶东潜蝇幼虫

发生规律

豫西地区一年生 3 代以上,7~8 月发生多,幼虫老熟后入土化蛹,多雨年份发生重。

防治措施

1. 农业防治

(1)加强田间管理,及时处理残株虫叶,压低虫口。

(2)清洁田园:早春豆叶东潜蝇大量发生前,清除田内及田边杂草,摘除老黄脚叶,降低田间虫口密度。

2. 理化诱控

黄板诱杀:利用成虫趋性,在成虫始盛期至盛末期,每亩置 15~20 个诱杀点,每点放置 1 张诱蝇黄板诱杀成虫,3~4 天更换 1 次。

3. 化学防治

抓住豆叶东潜蝇产卵盛期至孵化初期的关键期,即田间成虫大量活动期,大豆新叶背面有灰白色小点或初见为害状时,喷洒药剂防治,此时幼虫处于初龄阶段,大部分幼虫尚未钻蛀隧道,药剂易发挥作用。常用药剂有:25%噻虫嗪水分散粒剂 6 000~8 000 倍液,或 52.25%毒死蜱·氯氰菊酯乳油 1 500 倍液,或 50%马拉硫磷乳油 1 000~2 000 倍液,或 48%毒死蜱乳油 1 500 倍液,或 20%氰戊菊酯乳油或 2.5%溴氰菊酯乳油或 20%甲氰菊酯乳油 6 000~7 000 倍液,或 24%甲氧虫酰肼乳油 2 500 倍液,隔 7~10 天喷 1 次,连续防治 2~3 次,除大豆田外,地边、道边等处的杂草上也是成虫的聚集地,应同时进行防治。

20 豆秆黑潜蝇

分布与为害

豆秆黑潜蝇又名豆秆蝇、豆秆蛇潜蝇、豆秆穿心虫、钻心虫等,双翅目潜蝇科,是广泛分布在豫西大豆种植区的一种常发性、多发性害虫。其主要为害大豆,还为害绿豆、赤豆、四季豆、豇豆等豆科作物,以及白菜、芥蓝等蔬菜作物。幼虫在大豆的主侧枝、叶柄及幼嫩部位蛀入主茎(图 4-20-1,图 4-20-2),在主茎内蛀食髓部及木质部,造成茎秆中空(图 4-20-3),受害植株由于上下输导组织被破坏,水分和养分输送受阻,逐渐枯死(图 4-20-4,图 4-20-5)。苗期受害,因水分和养分输送受阻,有机养料累积,刺激细胞增生,根茎部肿大,造成植株矮小,叶片发

图 4-20-1　豆秆黑潜蝇在大豆植株主茎蛀孔

黄，全株铁锈色。成株期受害造成大豆提前成熟，秕荚、秕粒增多，千粒重明显降低（图 4-20-6）。成虫也可吸食植株汁液，形成白色小点。一般受害减产 30%左右，重者达 50%以上。由于这一害虫体形较小，活动隐蔽，极易被忽视而错过防治。

图 4-20-2　豆秆黑潜蝇在大豆植株侧枝蛀孔

图 4-20-3　豆秆黑潜蝇蛀食髓部造成茎秆中空

图 4-20-4　豆秆黑潜蝇幼虫排泄物及为害形成的隧道

图 4-20-5　豆秆黑潜蝇为害导致顶芽枯死

图 4-20-6　豆秆黑潜蝇为害导致秕荚

形态特征

成虫：小型蝇，体长 2.5 mm 左右，体色黑亮，腹部有蓝绿色光泽，复眼暗红色；触角 3 节，第 3 节钝圆，其背中央生有角芒 1 根，长度为触角的 3 倍，仅具毳毛。前翅透明、膜质，具淡紫色光泽，缘缨和腋瓣白色。无小盾前鬃，平衡棍全黑色。雄虫下生殖板甚宽，阳茎内突长，基阳体与端阳体复合体由膜质部分开较远；雌虫产卵器瓣浅褐色，锯齿约 28 枚左右，齿端部稍钝圆。

卵：乳白色，0.31~0.35 mm，长椭圆形，较透明。

幼虫：蛆形，淡黄白色或粉红色，初孵幼虫体长 0.6 mm，老熟幼虫体长约 4.3~4.5 mm。额突起或仅稍隆起，口钩黑色，每颚具 1 尖锐端齿；前气门短小，结节状，具 8 至 9 个气门孔，排成 2 行；后气门较大，棕黑色，在尾端突出，烛台形，边缘具 6 至 8 个气孔，沿边缘排列，中部有几个黑色骨化尖突（图 4-20-7，图 4-20-8）。

图 4-20-7　蛀食为害的豆秆黑潜蝇幼虫

图 4-20-8　为害顶芽的豆秆黑潜蝇幼虫

蛹：长筒形，长 2.5~2.8 mm，黄棕色，半透明。前、后气门明显突出，前气门短，向两侧伸出；后气门烛台状，中部有几个黑色尖突（图 4-20-9）。

图 4-20-9　即将羽化的豆秆黑潜的蛹

图 4-20-10　豆秆黑潜蝇蛀食的隧道及蛹

发生规律

豆秆黑潜蝇在豫西地区 1 年发生 4~5 代，以蛹和少量幼虫在寄主根茬和秸秆上越冬，翌年

6月中旬羽化出成虫。成虫飞翔能力和趋光性均较弱，在25～30℃适温下多集中在豆株上部叶面活动，除吮吸花蜜外，常以腹末端刺破大豆豆叶表皮，吸食汁液，致使大豆叶面呈现密集的小白点和伤孔，严重时可导致枯黄凋萎。成虫产卵，大多散产于大豆上部叶背表皮下。幼虫有首尾相接弹跳习性，初孵幼虫多在叶片内蛀食，形成一条小而弯曲的稍透明隧道，沿主脉再经小叶柄直达主茎内，蛀食髓部和木质部，形成蜿蜒曲折如蛇行状的虫道，1头幼虫蛀食的虫道可达1 m，致使大豆植株机体严重损耗，影响水分和养分的传输。老熟幼虫在茎壁或叶柄上咬一羽化孔，在孔口附近化蛹(图4-20-10)。6～7月份降水较多，有利于豆秆黑潜蝇的发生。大豆种子中易混进虫卵，重迎茬地块有越冬虫卵或蛹，暖冬存活孵化率高，羽化出的成虫可以迁飞到周围大豆田扩大为害。

防治措施

1. 农业防治

(1)选用抗虫品种：在大豆繁种过程中建立种子田，搞好除杂除劣和病虫害防治，提高种子质量。尽量选用早熟、高产、主茎较粗、节间短、分枝少、有限结荚习性和封顶快的抗虫品种。

(2)合理轮作、倒茬：在豆秆黑潜蝇发生重的田块，与芝麻、玉米等其他作物轮作1年，可大大降低发生量及为害程度。

(3)清洁田园：大豆收获后，清除落在地上的茎秆、叶、叶柄及脱粒后的茎秆等，销毁或进行沤制或高温造肥处理，同时深翻豆茬，破坏害虫越冬场所，压低越冬虫蛹基数。

(4)加强田间管理：大豆苗期适时定苗、中耕除草；科学施肥，花期结合降水进行叶面喷肥。

2. 理化诱控

糖醋液诱杀：在成虫盛发期，盆内放入红糖375g、醋500 mL、白酒125 mL、敌百虫0.5 g加水500 mL，稀释后放置田间，每20～30亩放一盆，上午6～9时，下午5～7时诱杀，可减轻为害。

3. 生物防治

保护和利用豆秆蝇瘿蜂、华野姬猎蜂、光姬猎蜂、长腹金小蜂等寄生蜂类天敌。

4. 化学防治

(1)土壤处理：在大豆子叶长出3～5天后，可用3%异丙三唑硫磷颗粒剂拌成毒土，沿着豆苗基部逐行撒施。

(2)种子处理：每1 kg大豆种子用5%氟虫腈悬浮剂5～7 mL稀释适量水后拌种，闷种1小时左右，即可播种。

(3)药剂喷雾：以大豆苗期防治为重点，做到早防早治。成虫盛发期至幼虫蛀食之前，当网捕100网次，第1代成虫达20～30头，或第2代成虫达40～50头时，进行药剂防治。可选用48%毒死蜱乳油1 000倍液，或75%灭蝇胺可湿性粉剂5 000倍液，或50%杀螟松乳油1 000倍液，或2.5%高效氟氯氰菊酯乳油3 000倍液，或5%氟虫脲可分散液剂1 000～1 500倍液，均匀喷雾。在大豆盛花期，平均每株有1头幼虫时，可选用40%乐果乳油、50%辛硫磷乳油1 000倍液，或20%氰戊菊酯乳油2 500倍液，或2.5%溴氰菊酯乳油2 000～4 000倍液，或90%灭多威可湿性粉剂4 000倍液，或20%菊・马乳油1 500倍液均匀喷雾，间隔7～10天防治1次，连喷2次，效果更佳。

21 美洲斑潜蝇

分布与为害

图 4-21-1　美洲斑潜蝇为害叶片形成的虫道

美洲斑潜蝇在豫西大豆种植区均有不同程度发生。寄主植物达 110 余种，除为害豆科作物外，还为害葫芦科、茄科等作物。对叶片的为害率可达 10%～80%，常造成作物减产、品质下降，严重时甚至绝收。美洲斑潜蝇以幼虫取食叶片正面叶肉，形成先细后宽的蛇形弯曲或蛇形盘绕虫道（图 4-21-1），其内有交替排列整齐的黑色虫粪，老虫道后期呈棕色的干斑块区（图 4-21-2），一般 1 虫 1 道，1 头老熟幼虫 1 天可潜食 3 cm 左右。成虫在叶片正面取食和产卵，刺伤叶片细胞，形成针尖大小的近圆形刺伤“孔”，初期呈浅绿色，后变白，肉眼可见。发生严重时，可导致幼苗全株死亡，造成缺苗断垄；成株受害，可加速叶片脱落，引起花芽、果实日灼，造成减产（图 4-21-3）。

图 4-21-2　美洲斑潜蝇为害后老虫道的干斑块区

图 4-21-3　美洲斑潜蝇幼虫为害叶片状

形态特征

图 4-21-4 美洲斑潜蝇成虫

成虫：浅灰黑色，体小，长 1.3~2.3 mm，额、颊、颜和触角金亮黄色，眼后缘黑色，中胸背板亮黑色，体腹面黄色，腹侧片有 1 个三角形大黑斑。雌虫体比雄虫大。虫基节和腿节鲜黄色，胫节和跗节色深，前足棕黄色，后足棕黑色（图 4-21-4）。

卵：米色，半透明，椭圆梨形，大小（0.2~0.3 mm）×（0.1~0.15 mm），常产于叶片表皮下。

幼虫：蛆状，初无色，后变为浅橙黄色至橙黄色，长约 3 mm，后气门突呈圆锥状突起，末端三分叉，各具一开口。

蛹：橙黄色，长椭圆形，腹面稍扁平，分节明显，大（1.7~2.3 mm）×（0.5~0.75 mm），蛹后气门三孔。

发生规律

美洲斑潜蝇以蛹在土壤中越冬，第二年春季羽化。成虫以产卵器刺伤叶片，吸食汁液，雌虫把卵产在部分伤孔表皮下，卵经 2~5 天孵化，幼虫期 4~7 天，末龄幼虫咬破叶表皮，在叶外或土表下化蛹，蛹经 7~14 天羽化为成虫。世代短，繁殖能力强，每世代夏季 2~4 周，冬季 6~8 周。

成虫白天活动，夜间伏于叶的背面取食、交尾、产卵，羽化通常在上午进行，具有较强的趋光性和趋黄性，有一定飞翔能力，在田间仅能进行短距离扩散，主要随寄主植物的叶片、茎，甚至鲜切花的调运而传播。高温、干旱对其发生有利，能导致猖獗为害。

防治措施

1. 农业防治

（1）轮作倒茬：在美洲斑潜蝇重发区，实行不同品种合理搭配，可采用豆类与洋葱、蒜、辣椒等作物进行套种或轮作。

（2）清洁田园：把被斑潜蝇为害的作物残体集中深埋、沤肥或销毁，收获后及时清洁田园。

（3）深耕除蛹：秋、冬灌水灭蛹，或在播种前利用美洲斑潜蝇落地化蛹的特性，深耕土壤，使掉在土壤表层的蛹不能羽化，减少虫源数量。

（4）合理密植：合理调控种植密度，及时剔除过密植株或叶片，增强田间通透性，促进植株生长，增强抗虫能力。

2. 理化诱控

利用成虫趋黄性，在田间悬挂黄色黏虫板，诱杀潜叶成虫。在成虫始盛期至盛末期，每亩置 15 个诱杀点，每个点放置 1 张诱蝇纸，3~4 天更换一次；也可用斑潜蝇诱杀卡，使用时把诱杀卡揭开挂在斑潜蝇多的地方，5 天更换 1 次。

3. 生物防治

保护利用美洲斑潜蝇的天敌，如潜蝇茧蜂、反颚茧蜂和潜蝇姬小蜂等寄生蜂寄生幼虫，以及蓟马、小花蝽、蚂蚁等捕食幼虫。也可用 1.8%阿维菌素乳油 1 500~3 000 倍液喷雾防治。

4. 化学防治

主要用内吸剂和内渗剂防治，可在成虫高峰期或见产卵痕、取食孔时，开始喷药，掌握在幼虫 2 龄前（虫道很小时），始见幼虫潜蛀时开始第一次用药，以后每隔 7~10 天喷药 1 次，于 8~11 时露水干后幼虫开始到叶面活动时开始喷洒。药剂可选用 75%灭蝇胺可湿性粉剂 6 000~7 000 倍液，或 20%阿维杀虫单微乳剂 1 000 倍液，或 10%溴虫腈悬浮剂 1 000 倍液，或 2%甲氨基阿维菌素苯甲酸盐乳油 4 000 倍液，或 10%吡虫啉可湿性粉剂 2 500~3 000 倍液，或 5%氟虫脲或 5%定虫隆乳油 1 500~2 000 倍液。防治成虫以上午 8~12 时施药为好，防治幼虫以 1~2 龄期为最佳，隔 7 天防治一次，连续 3~4 次。喷药要周到细致，提倡轮换交替用药，以防止抗药性产生。

22 大豆食心虫

分布与为害

大豆食心虫属鳞翅目小卷蛾科，俗称小红虫、大豆蛀荚虫，是大豆生产中的主要虫害之一，在豫西大豆种植区都有发生。该虫食性较单一，主要为害大豆，也取食野生大豆和苦参。以幼虫蛀食大豆籽粒为害，幼虫蛀入前均作一白丝网罩，一般从豆荚合缝附近蛀入，轻者把豆粒咬成沟，似兔嘴状，严重的把豆粒吃去 1/3~1/2，造成豆粒残缺，虫粪排在豆荚内，严重污染豆荚。一般年份大豆虫食率为 10%左右，严重年份可达 35%~40%，对大豆产量及品质造成很大影响（图 4-22-1，图 4-22-2）。

图 4-22-1　大豆食心虫为害豆荚状

图 4-22-2　大豆食心虫咬食豆粒、虫粪污染豆荚

形态特征

成虫：黄褐色至暗褐色，体长 5~6 mm，翅展 12~14 mm。前翅暗褐色，前缘有 10 条左右黑紫色短斜纹，周围有明显的黄色区；外缘顶角下略向内凹陷，臀角上方有一银灰色椭圆斑，斑内有 3 个纵列紫褐色小斑点；雄蛾前翅色较淡，有翅缰 1 根，腹部末端较钝；雌蛾前翅色较深，翅缰 3 根，腹部末端较尖。

卵：长约 0.5 mm，扁椭圆形，橘黄色，略有光泽，初产乳白色，后转橙黄色，表面可见一半圆形红带。

图 4-22-3　大豆食心虫幼虫

幼虫：老熟幼虫体长 8~10 mm，初孵幼虫乳黄色，渐变为橙黄色，老熟时变为橙红色，头及前胸背板黄褐色；腹足趾钩单序环状（图 4-22-3）。

蛹：黄褐色，长 5~7 mm，纺锤形。2~7 腹节背面前、后缘有大小刺各 1 列，8~10 腹节仅有 1 列较大的刺；臀棘有 8~10 根锯齿状尾刺。由幼虫吐丝缀合土粒做成的土茧，长椭圆形，长 8 mm，宽 3~4 mm。

发生规律

大豆食心虫一年仅发生一代，以老熟幼虫在豆田、晒场及附近土内做茧越冬。翌年 7 月中、下旬向土表移动破茧化蛹，7 月下旬至 8 月初为化蛹盛期，蛹期对环境抵抗力弱，8 月上中旬为羽化盛期，7 月末至 9 月初为豆田成虫出现期；成虫出土后由越冬场所逐渐飞往豆田，成虫飞翔力不强，有趋光性，上午多潜伏在豆叶背面或荚秆上，下午 3 时后在豆田活动，有成团飞翔现象。成虫产卵时间多在黄昏，雌蛾喜产卵在有毛豆荚上，少数卵产于叶柄、侧枝及主茎上，散产，以 3~5 cm 的豆荚上产卵最多，2 cm 以下的很少产卵；幼嫩绿荚上产卵较多，老黄荚上较少，一般豆荚上产卵 1~3 粒不等。初孵幼虫行动敏捷，在豆荚上爬行时间一般不超过 8 小时，个别可达 24 小时以上。幼虫入荚后可咬食约两个豆粒，并在荚内为害直达末龄。一般 8 月下旬为入荚盛期，9 月中下旬大豆成熟时脱荚入土作茧越冬。

雨量多、土壤湿度大，有利于化蛹、成虫羽化和幼虫脱荚入土。高温干燥和低温少雨，均不利于成虫产卵，冬季低温会造成大量死亡。连作地、低洼地发生重。

防治措施

1. 农业防治

（1）选种抗虫或耐虫品种：因大豆食心虫喜欢将卵产在密生绒毛多的豆荚上，所以建议选用豆荚毛少、木质化程度高、早熟的大豆品种。

（2）合理轮作：此虫食性单一，成虫飞翔力弱，且越冬场所是大豆田，可采取远距离轮作，在距前一年大豆田 1 000 m 以外的地块种植，可显著降低当年的虫荚率。

(3)加强田间管理:秋收后将落荚枯叶清理出田,秋翻秋耙,破坏食心虫的越冬场所,通过机械伤害和气候伤害,增加越冬死亡率,减少越冬虫源基数。

(4)适时早播:大豆食心虫以幼虫钻入豆荚蛀食嫩豆粒的方式进行为害,适时早播能使大豆嫩荚期避开成虫产卵孵化高峰期,从而降低嫩荚的蛀食率。

2. 生物防治

(1)释放赤眼蜂:赤眼蜂对大豆食心虫的寄生率较高,可以在成虫产卵高峰期释放赤眼蜂,间隔5~7天释放一次,共释放2次,共计每亩释放2万~3万头,可降低虫食率43%左右。

(2)撒施菌制剂:在老熟幼虫入土前,每亩用白僵菌粉1.5 kg拌细土或草木灰13 kg,均匀洒入田间或垄台上,增加对幼虫的寄生率,减少幼虫化蛹率。

3. 化学防治

(1)敌敌畏熏蒸:在成虫盛发期每亩用80%敌敌畏乳油100~150 mL,用玉米穗轴、高粱秆等切成20 cm长段,浸足敌敌畏药液制成药棒,将药棒夹在大豆枝叉上,亩插40~50棒熏蒸成虫,此法适用于长势繁茂、垄间郁蔽的大豆田,防效可达90%以上。注意敌敌畏对高粱有药害。

(2)喷洒防治:在卵孵化盛期,喷施30%甲氰·氧乐果乳油2 000倍液,或2.5%高效氟氯氰菊酯乳油1 500倍液,或5%吡虫啉乳油2 000~3 000倍液,或3%啶虫脒乳油1 000~1 500倍液;或亩用50%甲氰·毒死蜱乳油60~100 mL,或40%毒死蜱乳油80~100 mL,或2.5%溴氰菊酯乳油15~20 mL,或2.5%氟氯氰菊酯水乳剂16~20 mL,或20%氯氰菊酯·辛硫磷乳油30~40 mL,兑水40~50 kg,喷雾防治。注意施药时间以上午为宜,重点喷洒在植株上部。

23 豆蚀叶野螟

分布与为害

豆蚀叶野螟,别名豆卷叶螟、豆三条野螟、大豆卷叶虫,属鳞翅目螟蛾科,豫西大豆种植区均有分布。主要为害大豆、豇豆、豌豆等豆科植物。幼虫为害叶片时,先在叶背取食,后吐丝把2~3片豆叶粘在一起,躲在其中咬食叶肉(图4-23-1),残留干枯的表皮、叶脉和叶柄(图4-23-2)。后期蛀食豆荚和豆粒。

图4-23-1 豆蚀叶野螟幼虫吐丝把豆叶粘在一起

图 4-23-2　豆蚀叶野螟为害叶片残留干枯的表皮

图 4-23-3　豆蚀叶野螟成虫

形态特征

成虫：黄褐色，体长 10 mm 左右，翅展 18~23 mm，前翅内横线、中横线、外缘线黑色呈波浪状，内横线外侧具黑色点 1 个；后翅生有 2 条黑褐色波状线，翅展开时与前翅内、外横线相连，外缘黑色（图 4-23-3）。

卵：浅绿色，长 0.7 mm，椭圆形。

幼虫：末龄幼虫体长 15~17 mm，头、前胸背板浅黄色，前胸侧板具 1 黑色斑，胸部、腹部浅绿色，气门圈黄色，沿亚背线、气门上线、下线和基线处具小黑纹（图 4-23-4）。

图 4-23-4　豆蚀叶野螟幼虫

蛹：褐色，长 12 mm，纺锤形。茧长 17 mm 左右，白色，椭圆形，薄丝质。

发生规律

豆蚀叶野螟在豫西地区一年发生 2~3 代，以末龄幼虫或蛹在残株落叶内或土下越冬。6 月中旬进入成虫盛发期，6~9 月在田间可见各虫态，有时 9 月豆田还可见很多幼虫。成虫昼伏夜出，夜间交配，白天喜潜伏在叶背面隐蔽，有趋光性。卵多散产在叶背面。初孵幼虫先在叶背取食，后吐丝粘连或卷折豆叶蚕食。幼虫活泼，受惊时迅速倒退逃逸。幼虫老熟后在卷叶里作茧化蛹或落地在落叶中化蛹。

防治措施

1. 农业防治

及时清理落花和落荚，并摘去被害的卷叶和豆荚，带出田外集中销毁，减少虫源。

2. 理化诱控

在豆田架设黑光灯、杀虫灯等，诱杀成虫。

3. **生物防治**

保护天敌广黑点瘤姬蜂。

4. **化学防治**

在卵孵化盛期喷洒50%敌敌畏乳油1 000倍液，或5%氟虫腈悬浮剂2 500倍液，或2.5%溴氰菊酯乳油2 500倍液，或20%杀灭菊酯乳油3 500倍液，或52.5%氟腈 · 毒死蜱乳油2 500倍液，或48%毒死蜱乳油1 000倍液。也可选用20%三唑磷乳油700倍液，或40%的灭虫腈乳油对水，从现蕾开始，每隔10天喷蕾1次，可控制为害。

24 豆卷叶野螟

分布与为害

豆卷叶野螟属鳞翅目螟蛾科。豫西大豆种植区均有分布。其主要为害大豆、绿豆、菜豆、苧麻等作物。以幼虫为害叶片为主，低龄幼虫不卷叶，3龄后把叶片横卷成筒状（图4-24-1），包裹于其中啃食，有时数片叶子卷在一起（图4-24-2，图4-24-3）。大豆开花结荚期可蛀入花蕾和豆荚，致使落花、落荚。

图4-24-1　豆卷叶野螟把叶片横卷成筒状

图4-24-2　豆卷叶野螟将数片叶子卷在一起

图4-24-3　豆卷叶野螟为害状

形态特征

成虫：体长12 mm，翅展25～26 mm，头黄白色，额圆形外突，头顶密生黄白色鳞毛。胸部、腹部背面黄白色或褐色。前、后翅均为淡黄白色，前翅外横线为锯齿状浅灰黑色纹，内横线为浅灰黑色弯曲纹，中室内有褐色斑2个，外缘浅褐色。后翅有1条浅灰黑色波状横线。足白色。

卵：初产黄白色，渐变深，椭圆形，表面有网状纹，常两粒在一起。

幼虫：低龄幼虫黄白色，取食后头部及身体呈绿色，上颚黑褐色，单眼区黑色，中胸、后胸各具毛片4个，排列成一横行，腹部背面有2排毛片，前排4个，中间2个略大，毛片上生较长的刚毛。老熟幼虫体色变淡(图4-24-4)。

蛹：褐色，长15 mm，腹部5~7节背面有突起4个，前缘2个稍小且向后伸，后缘2个较大并向前伸出，尾端臀棘上有钩刺4个，中间一对略显粗短(图4-24-5)。

图4-24-4　豆卷叶野螟幼虫

图4-24-5　豆卷叶野螟蛹

发生规律

豆卷叶野螟卵期5天，幼虫共6龄，历期28天左右，蛹期10~11天，成虫寿命15~17天。完成一个世代需47~51天。豫西地区1年生2代，1代为害重，以3、4龄幼虫在卷叶里吐丝结茧越冬。翌年6月下旬至7月上旬进入越冬成虫盛发期，7月上中旬为1代卵盛期，7月中旬孵化出幼虫，7月中旬至8月上旬进入幼虫为害盛期，8月中下旬为化蛹期，一代成虫在8月下旬至9月上旬羽化，进入2代卵盛期，9月中下旬幼虫发育至3~4龄开始越冬。

成虫喜在傍晚活动、取食花蜜及交配，有趋光性，卵多产在生长茂盛、叶宽圆、成熟晚的品种上，一般2~3粒、个别10多粒，成堆产在大豆叶的背面或正面。每雌产卵112粒，多的200粒。幼虫有转移为害习性，性活泼，遇惊扰后常迅速倒退。老熟幼虫化蛹时先做1个新虫苞，在其中化蛹。多雨潮湿的气候适宜发生，干旱年份发生较少。

防治措施

1. 农业防治

(1)选用成熟早、叶形尖细的丰产抗虫品种。

(2)合理密植，适时灌溉，雨后及时排水，降低田间湿度。

(3)科学施肥，增施磷钾肥，避免偏施氮肥。

(4)在害虫发生初期，将有虫害的叶片带出田外集中处理或随手捏杀卷叶内的幼虫。

(5)作物采收后,及时清除田间枯株落叶,带出田外集中烧毁或深埋。

2. 理化诱控

利用杀虫灯、黑光灯、糖醋液等诱杀成虫。

3. 生物防治

(1)保护利用寄生蜂、白僵菌、线虫等天敌。

(2)喷施 1.8%阿维菌素乳油 3 000 倍液,或 100 亿孢子/ mL 苏云金杆菌乳剂等生物制剂。

4. 化学防治

幼虫孵化盛期(豆田有 1%~2%的植株出现卷叶为害状时)喷洒 50%敌敌畏乳油 1 000 倍液,或 15%茚虫威胶悬剂 3 500~4 000 倍液,或 2.5%溴氰菊酯乳油 2 500 倍液,或 5%氟虫脲乳油 1 500~2 000 倍液,或 20%虫酰肼悬浮剂 1 500~2 000 倍液,或 20%杀灭菊酯乳油 3 500 倍液,或 5%氟虫腈悬浮剂 2 000 倍液,或 35%辛硫磷·三唑磷乳油 800~1 000 倍液,或 2.5%三氟氯氰菊酯乳油 3 000~4 000 倍液。

25 点蜂缘蝽

分布与为害

点蜂缘蝽别名白条蜂缘蝽、豆缘蝽象,属半翅目缘蝽科,在豫西大豆种植区均有不同程度分布。其除为害大豆、蚕豆、豌豆、菜豆、绿豆、豇豆、毛蔓豆等豆科植物外,还为害水稻、麦类、高粱、玉米、红薯、棉花、甘蔗、丝瓜等作物(图 4-25-1)。以成虫吸食茎、叶、花、荚汁液的方式为害大豆,轻则霉腐粒增加,重则植株卷曲、生长发育不良(图 4-25-2),籽粒不饱满,有荚无粒、瘪粒(图 4-25-3),严重时整株枯死,是导致大豆落荚和“症青”现象的主要原因(图 4-25-4),严重影响大豆产量和品质。

图 4-25-1　点蜂缘蝽成虫为害水稻

图 4-25-2　点蜂缘蝽成虫刺吸大豆叶片汁液

图 4-25-3 点蜂缘蝽为害致大豆有荚无粒、瘪粒

图 4-25-4 大豆“症青”株(左 1、左 2)与正常株(右 1)

形态特征

成虫:黄褐至黑褐色,体长 15~17 mm,体形狭长,全身布满细绒毛;头在复眼前部呈三角形,后部细缩如颈;触角 4 节,第 1 节长于第 2 节,前 3 节端部稍膨大,基半部色淡,第 4 节基部色彩变淡。喙自然状态可达到中足节间部位。头、胸部两侧可见黄色光滑点斑状花纹;前胸背板及前、中、后胸侧板具颗粒状黑色小突;前胸背板前叶向前倾斜,前缘具领片,后缘可见 2 个弯曲,侧角成刺状,小盾片呈三角形。前翅稍长于腹末,膜片淡棕褐色;腹部两侧外露部分呈黄黑相间错落排列,腹下散生许多不规则的小黑点;四足和身体颜色相同,后足腿节较前节粗大,有黄斑,腹面具 4 个较长的刺和几个小齿,基部内侧无突起,后足胫节向背面弯曲(图 4-25-5)。

卵:初产暗蓝色,渐变黑褐色,长约 1.2 mm,宽约 1.1 mm,半卵圆形。附着面弧状,表面平滑,中间有一条不太明显的横形带脊。

若虫:共 5 龄,1~4 龄体似蚂蚁,5 龄若虫长 12~14 mm,形态与成虫相似,但翅较短,未丰满(图 4-25-6)。

图 4-25-5 点蜂缘蝽成虫

图 4-25-6 点蜂缘蝽若虫

发生规律

点蜂缘蝽在豫西地区一年发生3代,以成虫在枯枝落叶和草丛中越冬。翌年3月下旬开始活动,4月下旬至6月上旬产卵。第一代若虫于5月上旬至6月中旬孵化,6月上旬至7月上旬羽化为成虫,6月中旬至8月中旬产卵。第二代若虫于6月中旬末至8月下旬孵化,7月中旬至9月中旬羽化为成虫,8月上旬至10月下旬产卵。第三代若虫于8月上旬末至11月初孵化,9月上旬至11月中旬羽化为成虫,并于10月下旬以后陆续越冬。卵多散产于叶背、叶柄和嫩茎上,少数2枚在一起,每雌产卵21~49枚。成虫和若虫极活跃,早、晚温度低时稍迟钝。

防治措施

1. 农业防治

(1)合理轮作:实行轮作倒茬,合理安排茬口,以减少病虫宿主。

(2)加强田间管理:适时播种,合理密植,增施有机肥,提高大豆抗性;秋季作物收获后深翻土壤,变旋耕为犁耕,增加耕深,使越冬成虫暴露在阳光下,使部分成虫冬季冻死或被天敌取食。

(3)清洁田园:在大豆播种前,彻底清除豆田周围的前茬作物残存秸秆及杂草、枯枝落叶等,破坏点蜂缘蝽栖息和繁殖的场所,压低越冬虫源基数;及时铲除田边早花早实的野生植物,避免其作为早春过度寄主,减少部分虫源。

图4-25-7　点蜂缘蝽天敌——蜘蛛

2. 生物防治

保护和利用捕食性蜘蛛、草蛉、寄生蜂、长螳螂等天敌,以达到控制害虫为害的良性生态环境(图4-25-7)。也可在大豆现蕾期每亩使用生物农药0.3%印楝素乳油60 mL,兑水50kg进行喷雾防治。

3. 化学防治

在大豆开花或结荚期,每亩使用10%吡虫啉可湿性粉剂20 g,或3%啶虫脒乳油15 mL,或4.5%高效氯氰菊酯乳油25 mL+2.3%甲氨基阿维菌素苯甲酸盐微乳剂15 mL,或2.5%高效氯氰菊酯乳油25 mL+50%氟啶虫胺腈水分散粒剂10 g,对水50 kg,喷雾防治;也可选用2.5%氯氰菊酯乳油2 000~4 000倍液,或48%毒死蜱乳油1 000~1 500倍液,药液均匀喷洒在大豆叶片及茎秆处。由于这段时间为大豆的敏感期,加之气温较高,所以施药时间在上午8点以前和下午6点以后。发生严重地块,7~10天后补喷药剂一次。

26 筛豆龟蝽

分布与为害

筛豆龟蝽别称豆圆蝽、臭金龟、豆平腹蝽，半翅目龟蝽科，是一种杂食性害虫，在豫西大豆种植区均有分布。其主要为害大豆、绿豆、菜豆、扁豆等豆科作物，以及刺槐、杨树、桃等多种其他植物。以成虫、若虫在茎秆、叶柄和荚果上群集吸食汁液，影响植株生长发育，造成叶片枯黄，茎秆瘦短，株势早衰，豆荚不实，严重影响大豆产量和品质（图 4-26-1）。

图 4-26-1　筛豆龟蝽为害豆荚状

图 4-26-2　筛豆龟蝽成虫

形态特征

图 4-26-3　筛豆龟蝽若虫

图 4-26-4　筛豆龟蝽若虫为害豆荚状

成虫：体长 4.3~5.4 mm，体宽 3.8~4.5 mm，近卵圆形，淡黄褐色或黄绿色，微带绿色光泽，密布黑褐色小刻点。复眼红褐色，前胸背板有一列刻点组成的横线，小盾片基胝两端色淡，侧胝无刻点；各足胫节背面均具纵沟，腹部腹面两侧具辐射状黄色宽带纹；雄虫小盾片后缘向内凹陷，露出生殖节（图 4-26-2）。

卵：初产乳白后转肉黄色，长 0.6~0.7 mm，宽约 0.4 mm，略呈圆桶状，横置，一端为微拱起的假卵盖，另一端钝圆；从背面看，中部具纵凹陷 3 条，凹陷之间各呈窄纵隆起。

若虫：淡黄绿色，密披黑白混生的长毛，以两侧白毛最长；若虫共 5 龄，1 龄 1.2~1.4 mm，2 龄 1.2~2.4 mm，3 龄 2.8~3.2 mm，4 龄 3.7~4.5 mm，5 龄 4.8~6 mm；3 龄后体形龟状，胸腹各节（后胸除外）两侧向外前方扩展成半透明的半圆薄板（图 4-26-3，图 4-26-4）。

发生规律

筛豆龟蝽一年发生 3 代，以 2 代为主，世代重叠。以成虫在寄主植物附近的枯枝落叶下越冬。翌年 4 月上旬开始活动，4 月中旬开始交尾，5 月中旬开始产卵，5 月下旬进入孵化盛期，6 月中旬为第 1 代若虫高峰期，7 月上旬出现第 1 代成虫高峰期，夏播大豆 7 中旬出现迁入高峰并产卵，7 月底至 8 月初为卵高峰期，8 月中旬为第 2 代若虫高峰期，8 月下旬为第 2 代成虫高峰期，9 月上旬出现第 3 代卵高峰期，9 月中旬出现第 3 代若虫高峰期，10 月上旬为第 3 代成虫高峰期。11 月下旬起陆续越冬。成虫产卵于大豆等作物的叶片、叶柄、托叶、茎秆和荚果上，平铺斜置呈 2 纵行，共 10~32 枚，呈羽毛状排列。成、若虫均有集群习性。

防治措施

1. 农业防治

（1）清洁田园：冬季结合积肥，清除田间枯枝落叶，铲去杂草，带出田外堆沤或销毁，可消灭部分越冬成虫。

（2）合理轮作：与非寄主植物实行轮作，打破其正常的食物链，从而控制田间发生基数。

（3）人工捕杀：利用成、若虫假死性和集群性，在成虫越冬或出蛰为害时，集中捕杀。

2. 化学防治

在成、若虫为害期，选用广谱性杀虫剂 2.5%溴氰菊酯乳油 2 000 倍液，或 5%高效氟氯氰菊酯乳油 1 500 倍液，喷雾防治；也可亩用 48%毒死蜱乳油 40~50 mL，或 26%氯氟・啶虫脒水分散粒剂 140~200 g，或 10%联苯菊酯乳油 30~40 mL，或 50%氟啶虫胺腈水分散粒剂 8 g，兑水 40~50 kg 喷雾。

27 豆芫菁

分布与为害

豆芫菁又名白条芫菁，鞘翅目芫菁科，主要以成虫为害大豆等豆科作物，也可为害花生、甜菜、棉花、蕹菜和马铃薯等作物，在豫西大豆种植区均有发生。该虫常点片发生，以成虫群居为害，可使局部地块成灾。其主要取食叶片和花瓣，常致叶片出现缺刻或孔洞，严重的可将叶肉吃光，仅剩下网状叶脉，有时还吃豆粒，使其不能结实，对作物的产量和质量影响很大(图 4-27-1)。

图 4-27-1　豆芫菁为害大豆叶片状

图 4-27-2　豆芫菁成虫

形态特征

成虫：体长 11~19 mm，头部红色，胸腹和鞘翅均为黑色，头部略呈三角形，触角近基部几节暗红色，基部有 1 对黑色瘤状突起。雌虫触角丝状；雄虫触角栉齿状，第 3~7 节扁而宽。前胸背板中央和每个鞘翅都有 1 条纵行的黄白色纹。前胸两侧、鞘翅的周缘和腹部各节腹面的后缘均生有灰白色绒毛(图 4-27-2)。

卵：长约 2.5~3 mm，宽约 0.9~1.2 mm，长椭圆形，初产乳白色，后变为黄褐色，卵块呈菊花状排列。

幼虫：豆芫菁是复变态昆虫，各龄幼虫的形态都不相同。初龄幼虫口器和胸足发达，每足的末端都具 3 爪，腹部末端有 1 对长的尾须，似双尾虫。2~4 龄幼虫的胸足缩短，无爪和尾须，形似蛴螬。5 龄幼虫形似象甲幼虫，胸足呈乳突状，常以伪蛹越冬。6 龄幼虫又似蛴螬，体长 13~14 mm，头部褐色，胸和腹部乳白色。

蛹：为离蛹，长约 16 mm，全体灰黄色，复眼黑色。前胸背板后缘及侧缘各有长刺 9 根，第 1~6 腹节背面左右各有刺毛 6 根，后缘各生刺毛 1 排，第 7~8 腹节的左右各有刺毛 5 根。翅端达腹部第 3 节。

发生规律

豆芫菁在豫西地区一年发生 1 代，以第 5 龄幼虫(伪蛹)在土中越冬。越冬幼虫于翌年春蜕皮为 6 龄幼虫，6 月中旬化蛹，成虫于 6 月下旬至 8 月中旬出现为害，8 月份是严重为害时期，尤以大豆开花前后最重。成虫为植食害虫，有成群迁飞的习性，白天活动，在豆株叶枝上群集为害，活泼善爬，受惊时迅速逃逸或坠落地面藏匿。成虫能从腿节末端分泌含有芫菁素的黄色液体，如触及人体皮肤，会引起红肿发泡。成虫羽化后 4~5 天即开始交尾产卵，卵常产于土中约 5 cm 处，每穴约 70~150 粒卵，1 头雌虫可产 400~500 粒卵。幼虫有假死性，孵出后分散觅食蝗虫卵，如无蝗虫卵可食，则饥饿而死，一般1个蝗虫卵块可供1头幼虫食用。5龄幼虫停止取食，越冬后蜕皮为6龄幼虫，随即化蛹。

防治措施

1. 农业防治

(1)深耕灭蛹：重发地秋冬季深翻灌水，扰乱和破坏越冬幼虫生存环境，以减少越冬的虫蛹，减少翌年为害。

(2)人工捕杀：在成虫点片发生时可用捕虫网人工捕杀，以减少田间虫口密度。

2. 生物防治

可用20%灭幼脲悬浮剂800~1 000倍液，或1.8%阿维菌素乳油1 500倍液喷雾防治。

2. 化学防治

成虫始盛期或幼虫分散前，可选用2.5%高效氯氟氰菊酯乳油2 000倍液，或50%辛硫磷乳油1 000倍液，或40%菊马·乳油2 000~3 000倍液，或2.5%溴氰菊酯乳油1 500~2 000倍液，喷雾防治。每7天喷一次，连喷2~3次，注意交替用药，农田周边杂草也要喷到药液。靠近农田的荒滩若蝗虫发生较重，也要做好灭蝗工作，抑制蝗虫产卵，减少豆芫菁幼虫的食料，以减少豆芫菁幼虫数量。

28 大灰象甲

分布与为害

大灰象甲又叫象鼻虫、土拉驴，鞘翅目象甲科，在豫西大豆种植区多有分布。其除为害大豆外，还为害玉米、花生、棉花、烟草、瓜类、麻类、洋槐、桑等作物，以成虫取食植株的嫩尖和叶片，轻者把叶片食成缺刻或孔洞，重者把幼苗吃成光秆，造成缺苗断垄。

图4-28-1　大灰象甲成虫

形态特征

成虫：体长约10 mm，灰黄色，密被灰白色金属光泽鳞片；头部和喙密被金黄色发光鳞片，喙粗且宽，具纵沟3条；触角柄节较长，末端3节膨大呈棍棒状；前胸背板宽大于长，中沟细，中纹明显；鞘翅卵圆形，中间有一白色横带，每一鞘翅具10条刻点沟，中部有褐色云斑，鞘翅基部中间有近环状褐斑；后翅退化；足腿节膨大，前胫节内缘具一列齿突;后足被鞘翅覆盖,鞘翅尖端达于后足第 3 附节基部;尾端向腹面弯曲,其末端两侧各具一刺(图 4-28-1)。

卵:长椭圆形,初产时为乳白色,近孵化时为乳黄色。

幼虫:虫体乳白色,头部米黄色,肥胖、弯曲,各节背面有许多横皱。

蛹:长椭圆形,初为乳黄色,后变至暗灰色。

发生规律

大灰象甲在豫西地区 2 年发生 1 代,第一年以幼虫在 40 cm 左右的土中越冬,第二年以成虫在 60 cm 深的土中越冬,均在耕作层以下。成虫不能飞,主要靠爬行移动,动作迟缓且有假死性。4 月中下旬从土内钻出,群集于幼苗取食;5 月下旬把叶片沿尖端从两侧向内折合,将叶黏成饺子形,产卵于折叶内。幼虫 6 月下旬卵陆续孵化,孵出后落地,钻入土中。幼虫期生活于土内,取食腐殖质和须根,对幼苗为害不大。随温度下降,幼虫下移,9 月下旬筑土室越冬。翌年春天,越冬幼虫上升表土层继续取食,春季中午前后活动最盛,夏季早晨、傍晚活动,中午高温时潜伏。

防治措施

1. 农业防治

(1)轮作倒茬:有条件的地方实行水旱轮作,可有效降低越冬幼虫数量,减轻为害。

(2)人工捕杀:根据成虫假死性和群集于苗茎基部取食的习性,可在 4 月中下旬人工捕杀。

(3)加强田间管理:培育壮苗,增强植株抗虫能力;实施灌溉,增加土壤湿度,控制为害;结合冬季管理和中耕除草,消灭越冬幼虫和成虫。

2. 理化诱控

在受害重的田块四周挖封锁沟,沟宽、深各 40 cm,内放新鲜或腐败的杂草诱集成虫,集中杀死。

3. 化学防治

在成虫出土为害期或田间百株虫量达 30~50 头时浇灌或喷洒药剂防治,视虫情防治 1~2 次。药剂可选用 10%氯氰菊酯乳油 1 500 倍液,或 48%毒死蜱乳油 1 000 倍液,或 2.5%高效氟氯氰菊酯乳油 1 000 倍液,或 50%辛 · 氰乳油 2 000 倍液,或 90%晶体敌百虫 1 000 倍液。

第五部分　花生病虫害

01 花生褐斑病

分布与危害

图 5-1-1　花生褐斑病大田为害状

花生褐斑病是花生上分布最广、危害最重的病害之一，在豫西各花生种植区普遍发生。该病主要为害花生叶片，使叶片布满斑痕，造成茎叶枯死，特别是生育后期，症状表现比较明显，过去多被群众误认为是植株成熟的一般特征，往往未能引起足够的重视，实际上影响叶的光合效能，使荚果不饱满，降低品质和产量，一般发病田可造成减产 10%～20%，严重者可达 40% 以上（图 5-1-1）。

症状特征

图 5-1-2　花生褐斑病发病初期叶片针头状小斑点（正面）

图 5-1-3　花生褐斑病发病初期叶片针头状小斑点（背面）

图 5-1-4　花生褐斑病叶片圆形或不规则形病斑(正面)

图 5-1-5　花生褐斑病叶片圆形或不规则形病斑(背面)

图 5-1-6　花生褐斑病病斑周围有黄色晕圈

图 5-1-7　花生褐斑病多个病斑汇合在一起

花生褐斑病发病初期,叶片上产生黄褐色或铁锈色的针头状小斑点(图 5-1-2,图 5-1-3),随着病害发展,逐渐扩大成圆形或不规则形病斑,直径 4~10 mm。叶片正面病斑暗褐色,背面颜色较浅,呈淡褐色或褐色,病斑周围有黄色晕圈(图 5-1-4-图 5-1-6)。在潮湿条件下,叶片正面病斑上产生灰色霉状物,即病原分生孢子梗和分生孢子。发病严重时,叶片上产生大量病斑,多个病斑汇合在一起,常使叶片干枯脱落(图 5-1-7),仅留上部 3~5 个幼嫩叶片。叶柄、茎秆受害,病斑为长椭圆形,暗褐色,用手触摸中部有凹陷感。

发生规律

花生褐斑病是由花生尾孢菌引起的真菌性病害,病菌以子座、菌丝团在病残体上越冬,也可以子囊腔在病组织中越冬。翌年遇适宜条件,产生分生孢子,借风雨传播,孢子落到花生叶片上,萌发产生芽管,直接穿透表皮进入组织内部,产生分枝型吸器汲取营养。豫西地区一般 6 月上旬始见,7 月中旬至 8 月下旬为发生盛期。

病菌生长发育最适温度为 25~28℃、相对湿度在 80%以上,高温、多雨、多雾、多露、日照不足的高湿天气有利于病害的发生和蔓延;大雨过后骤晴、闷热,病情发展迅速,特别是 7~8 月多雨潮湿天气,发病重,干旱少雨的天气发病较轻;氮肥施用过多、植株生长过嫩多汁,土壤黏重、偏酸,重茬连作等地块发病重;土壤肥力不足、耕作粗放、杂草丛生的地块,植株抗性降低,发病较重;地势低洼、土壤潮湿、田间病残体多的地块易发病。种植密度大、植株生长茂密而又少见阳光的中下部叶片上发病较多。花生生育前期发病少而轻,老叶发病多而重。花生品种间抗性有差异,直生型品种较蔓生型或半蔓生型品种抗病,晚熟品种发病较重。

防治措施

1. 农业防治

(1)种植抗病性品种:因地制宜选择抗病性较强的花生品种,根据品种特性、播种时期及土壤肥力合理密植。

(2)合理轮作:花生叶斑病的寄主比较单一,只侵染花生,重病田可与玉米、大豆、甘薯等非寄主作物实行2年以上轮作。

(3)清洁田园:花生收获后及时清除田间病残体,集中烧毁或沤肥,同时深耕土壤,减少病源菌数量。

(4)合理排灌:雨后及时开沟排水,降低田间湿度。

(5)合理施肥:花生播种前应施足基肥,生长期应避免偏施氮肥,增施磷钾肥,提高植株抗病性;使用有病株沤制的粪肥时,要使其腐熟后再用,以减少病源。

2. 抗逆诱导

花生开花下针期,对长势旺盛的田块,可亩用30%多唑·甲哌鎓悬浮剂20~30 mL,或50%矮壮素水剂60~100 mL,或60%氯化胆碱水剂15~20 mL兑水喷雾;病害发生初期,可亩用5%萘乙酸水剂2 000~3 000倍液,或0.1%三十烷醇微乳剂1 000~1 500倍液,或1.6%胺鲜酯水剂500~800倍液,或5%氨基寡糖素水剂500~750倍液30~40 kg,间隔15天喷施一次,连喷2~3次,促进花生健壮生长,提高植株抗病能力,提升花生产量和品质。

3. 生物防治

发病初期可用10%多抗霉素可湿性粉剂500~1 000倍液,或80%乙蒜素乳油800~1 000倍液,或4%嘧啶核苷类抗生素水剂200~400倍液,喷雾防治。

4. 化学防治

花生初花期,是防治褐斑病的关键时期。在发病初期,应开始第一次喷药,可选用50%多菌灵可湿性粉剂1 500倍液,或50%甲基硫菌灵可湿性粉剂2 000倍液,或80%代森锌可湿性粉剂400倍液,或80%代森锰锌可湿性粉剂400倍液,或75%百菌清可湿性粉剂600~800倍液,或20%络氨铜·锌水剂700倍液,每亩喷药液50~75 kg,或亩用30%戊唑醇悬浮剂20~30 mL,或50%咪鲜胺锰盐可湿性粉剂40~60 g,兑水40~50 kg喷雾,隔10~15天喷药1次,连喷2~3次。由于花生叶面光滑,喷药时可适当加入展着剂,防治效果更佳。

02 花生黑斑病

分布与危害

图 5-2-1　花生黑斑病叶片初期症状

花生黑斑病又叫花生晚斑病、黑涩病，在豫西各花生种植区均有发生，是花生上一种常见的叶部病害，在花生整个生育期皆可发生，发病高峰多出现于花生生长中后期。造成植株大量落叶，引起荚果发育受阻，产量锐减。一般发病田造成减产 10%～20%，严重时可达 50%以上。

症状特征

花生黑斑病的症状与褐斑病相似，但黑斑病病斑一般较褐斑病小，直径 1～5 mm，近圆形或圆形，暗褐色至黑褐色（图 5-2-1），叶片正反两面颜色相近（图 5-2-2，图 5-2-3）。病斑周围通常没有黄色晕圈（图 5-2-4），或有较窄、不明显的淡黄色晕圈。在叶背面病斑上，通常产生许多黑色小点，即病菌子座，呈同心轮纹状排列（图 5-2-5），并有一层灰褐色霉状物，即病菌分生孢子梗和分生孢子。病害严重发生时，产生大量病斑，引起叶片干枯脱落（图 5-2-6）。叶柄和茎秆发病，病斑椭圆形，黑褐色，病斑多时连成不规则形大斑，严重的整个叶柄和茎秆变黑枯死（图 5-2-7）。

图 5-2-2　花生黑斑病叶片正面病斑

图 5-2-3　花生黑斑病叶片背面病斑

图 5-2-4　花生黑斑病病斑周围通常没有黄色晕圈

图 5-2-5　花生黑斑病叶片背面病斑呈同心轮纹状

图 5-2-6　花生黑斑病引起叶片干枯

图 5-2-7　花生黑斑病造成茎秆变黑枯死

发生规律

花生黑斑病以菌丝体或分生孢子座随病残体在土壤中越冬，或以分生孢子粘附在种子、茎秆表面越冬。翌年条件适宜时，越冬分生孢子或由菌丝直接产生的分生孢子，随风雨传播，进行初侵染和再侵染。病斑最先在靠近土表的老叶上出现。豫西地区一般 6 月下旬始见，7 月下旬至 9 月上旬为发生盛期。花生黑斑病病菌生长适温为 25～28 ℃，高湿有利于产孢和孢子萌发。一般前期发病少而轻，老叶发病多而重；直生型花生品种较蔓生型或半蔓生型品种发病轻；晚熟品种发病重；叶片小而厚，叶色深绿、气孔较小的品种病情发展较缓慢；在适温高湿的天气，尤其是植株生长中后期降雨频繁，田间湿度大或早晚雾大露重天气持续时间长，最有利于发病；沙质土、连作地块或土壤瘠薄、施肥不足，花生植株长势差，则发病重。

防治措施

1. 农业防治

（1）因地制宜地选用抗病品种。

（2）加强田间管理：适期播种，合理密植，善管肥水，注意田间卫生。

（3）清洁田园：花生收获后，及时清除田间病残体，集中烧毁或沤肥，以减少菌源。

(4)合理轮作:花生黑斑病只为害花生,重病田可与玉米、水稻、甘薯等作物实行2~3年轮作,减少田间菌源,从而减轻病害。

2. 抗逆诱导

参照花生褐斑病。

3. 生物防治

选用5%氨基寡糖素水剂500~750倍液,或30%乙蒜素乳油600~800倍液,或20%春雷霉素水分散粒剂600~800倍液,喷雾防治。

4. 化学防治

当田间病叶率为5%~10%,病情指数为3~5时,开始第一次喷药。药剂可选用80%代森锰锌可湿性粉剂400倍液,或25%吡唑醚菌酯悬浮剂1 000~1 500倍液,或70%甲基硫菌灵可湿性粉剂1 000倍液,或20%嘧菌酯水分散粒剂800~1 000倍液,或50%多菌灵可湿性粉剂1 000倍液,或25%丙环唑乳油1 000~1 500倍液,或75%百菌清可湿性粉剂800倍液,或15%三唑酮可湿性粉剂500倍液,药剂应轮换施用,以后视病情发展,每隔10~15天喷1次,共喷2~3次。

03 花生网斑病

分布与危害

花生网斑病又称褐纹病、污斑病、云纹斑病,在花生种植区普遍发生,是花生叶斑类病害中发展较快、蔓延迅速的病害之一,可造成花生生长中后期大量落叶,影响产量,一般可造成减产10%~20%,严重时可达30%以上(图5-3-1)。

图5-3-1　花生网斑病大田为害状

症状特征

花生网斑病在花生开花至收获期均可发生,以花生中、后期发病最重,主要为害叶片,也可为害叶柄和茎部,主要表现污斑和网纹两种症状。

污斑型:病叶正面初为褐色小点,逐渐扩展成近圆形的深褐色污斑,边缘较清晰,周围有明显的褪绿斑(图5-3-2)。病斑可穿透叶片,但叶背面病斑稍小,病斑坏死部分可产生黑色小粒点,即病菌分生孢子器(图5-3-3)。

网斑型:初在叶片表面形成黑褐色病斑,病斑稍大,不规则,边缘不清楚,呈白色放射状向外扩展,似网状(图5-3-4),常扩大或连片成白色、灰白或黑褐色病斑,周围无黄晕。此病斑一般不穿透叶片,仅为害上表皮细胞。叶柄和茎受害,均初生褐色小点,随后扩展成椭圆形或长条形病斑,中央稍凹陷,严重时可引起茎叶枯死(图5-3-5–图5-3-7)。

图 5-3-2　花生网斑病污斑型叶片正面病斑

图 5-3-3　污斑型叶背面病斑

图 5-3-4　花生网斑病网斑型病斑

图 5-3-5　花生网斑病茎秆病斑

图 5-3-6　花生网斑病叶柄病斑

图 5-3-7　花生网斑病引起茎叶枯死

发生规律

花生网斑病是一种真菌性的叶部病害，病菌以菌丝、分生孢子器、厚垣孢子和分生孢子等在病残体上越冬。翌年条件适宜时，分生孢子器释放出分生孢子，分生孢子产生芽管穿透表皮侵入寄主。病组织上形成的分生孢子经风雨等传播,进行多次再侵染,造成病害流行。花期开始发病,7~9 月为盛发期。

病菌生长发育适温为 20~25℃,花生生长中后期,遇持续阴雨天气,有利于病害发生和流行;田间湿度大的地块易发病;连作地发病重。

防治措施

1. 农业防治

(1)选用抗病品种。

(2)冬前或早春深耕深翻,将土壤表层残留的病源彻底翻埋到地表 20 cm 以下,压低越冬病菌初侵染基数。

(3)可与玉米、大豆或甘薯实行轮作;与小麦套种也可减轻病害的发生。

(4)适时播种,合理密植;施足底肥,不偏施氮肥,并适当增补钙肥;及时中耕松土,雨后及时排出田间积水,降低田间湿度;改平种为垄种也可减轻病害的发生。

(5)收获时彻底清除病株、病叶,集中销毁或沤肥,以减少第 2 年病害初侵染源。

2. 生物防治

参照花生黑斑病。

3. 化学防治

发病初期喷施 70%代森锰锌可湿性粉剂 500~600 倍液,或 75%百菌清可湿性粉剂 700~800 倍液,或 64%恶霜灵锰锌可湿性粉剂 500 倍液,或 70%乙磷·锰锌可湿性粉剂 500 倍液,或 70%甲基硫菌灵可湿性粉剂 600 倍液,或 20%嘧菌酯水分散粒剂 800~1 000 倍液,或 50%咪鲜胺锰盐可湿性粉剂 800~1 000 倍液,喷药时加入 0.03%的有机硅或 0.2%洗衣粉作为展着剂,每隔 10~15 天喷 1 次,连喷 2~3 次。

4. 综合防治技术

播后苗前结合化学除草混配杀菌剂喷洒,封锁地面初侵染菌源。

04 花生焦斑病

分布与危害

花生焦斑病又称早斑病、叶焦病、胡麻斑病、枯斑病,在豫西各花生种植区均有发生,常与叶斑病混合发生,田间病株率一般为 20%~30%,严重时可达 100%,急性流行情况下,短时间内可引起花生叶片大量枯死,造成严重损失(图 5-4-1)。

图 5-4-1　花生焦斑病大田为害状

图 5-4-2　花生焦斑病叶片自叶尖开始发病

图 5-4-3　花生焦斑病叶片自叶缘开始发病

图 5-4-4　花生焦斑病病斑呈楔形向叶柄方向发展

症状特征

花生焦斑病主要为害叶片，也可为害茎秆、叶柄和果柄，通常表现焦斑和胡麻斑两种症状类型。

焦斑类型症状较为常见，叶片受害通常自叶尖、少数自叶缘开始发病（图 5-4-2，图 5-4-3），病斑呈楔形或半圆形向叶柄方向发展（图 5-4-4），初期褪绿，后逐渐变黄、变褐，边缘常为深褐色，周围有黄色晕圈（图 5-4-5），之后病部变为灰褐色至深褐色，枯死破裂（图 5-4-6），状如焦灼；早期病部枯死呈近圆形或不规则形的褐色大斑，病斑中央呈灰褐色或灰色（图 5-4-7），常有一明显褐色点，周围有轮纹（图 5-4-8），后期上面产生很多小黑点，即病菌的子囊壳。当病菌从叶片非边缘侵染时，有明显胡麻斑状，常在叶片正面产生许多不规则至近圆形的褐色或黑色小点，直径约 1 mm，有时凹陷。收获前遇多雨多露天气，则会出现急性症状，叶片上产生圆形或不规则形黑褐色水渍状大斑块，边缘不明显，迅速蔓延造成全叶变黑褐色焦灼状枯死，并发展到叶柄、茎、果柄上，茎及叶柄受害，病斑呈浅褐色不规则形水渍状，上生有小黑点。

图 5-4-5　花生焦斑病病斑周围有黄色晕圈

图 5-4-6　花生焦斑病病斑枯死破裂

图 5-4-7　花生焦斑病病斑中央呈灰褐色或灰色

图 5-4-8　花生焦斑病病斑褐点周围有轮纹

发生规律

花生焦斑病是一种发生在叶部的真菌性病害。病菌以子囊壳和菌丝体在病残株中越冬，翌年遇适宜条件释放子囊孢子，借风雨传播，落于花生叶片表面后，穿透表皮侵入寄主。病害的潜育期通常为 15～20 天。病斑内的病菌形成新的子囊壳，再次放出子囊孢子，进行再侵染，花生生长期内可以进行多次再侵染，每次侵染即可出现一次发病高峰。田间发病通常早于褐斑病，结荚中后期为盛发期，田间分布不均匀，有发病中心。通常下部叶片先发病，依次向中、上部蔓延。

适温高湿、雨水频繁的天气有利于发病，气温 25～28℃、相对湿度 70%～74%，有利于病菌孢子产生，晨露停息和开始降雨时为子囊孢子扩散高峰期。植株生长衰弱或生长过旺时易发病；田间湿度大、低洼积水、土壤贫瘠、偏施氮肥的地块发病重；不同品种间的抗病性有显著差异。黑斑病、锈病等发生重的田块，焦斑病亦发生重。

防治措施

1. 农业防治

(1)适当密植,播种密度不宜过大。

(2)施足基肥,增施磷钾肥,适当增施草木灰,增强植株抗病力。

(3)雨后及时排水,降低田间湿度。

(4)轮作、深翻、掩埋病株残体,覆盖地膜等。

2. 生物防治

发病初期,喷施 80%乙蒜素乳油 800~1 000 倍液,或 4%嘧啶核苷类抗生素水剂 200~400 倍液。

3. 化学防治

发生焦斑病防治指标以病叶率 10%~15%,病情指数 3~5 时开始第一次喷药,可亩用 50%多菌灵悬浮剂 50~80 mL,或 80%代森锌可湿性粉剂 60~100 g,或 50%咪鲜胺锰盐可湿性粉剂 40~60 g,或 70%甲基硫菌灵可湿性粉剂 70~90 g,或 50%氯溴异氰尿酸可溶粉剂 40~80 g,或 12.5%烯唑醇可湿性粉剂 25~35 g 等,兑水 40~50 kg,均匀喷雾。也可选用 75%百菌清可湿性粉剂 600~800 倍液,或 50%福美双可湿性粉剂 600~800 倍液,或 50%腐霉利可湿性粉剂 800~1 000 倍液,或 45%咪鲜胺水乳剂 1 000~1 500 倍液,或 20%三唑酮乳油 1 000~2 000 倍液,或 43%戊唑醇悬浮剂 5 000~7 000 倍液等,均匀喷雾,亩喷药液 40~50 kg。喷药时宜加入 0.03%的有机硅或 0.2%洗衣粉作为展着剂,间隔 10~15 天喷 1 次,连喷 2~3 次,药剂应交替轮换施用,可兼治其他叶斑病害。

05 花生灰斑病

分布与危害

花生灰斑病是常见的叶部病害,在豫西各花生种植区均有零星发生,危害不重,个别年份发生严重时亦可造成大量落叶,使花生长势衰弱。

图 5-5-1　花生灰斑病叶片上紫红褐色病斑(正面)

图 5-5-2　花生灰斑病叶片上紫红褐色病斑(背面)

症状特征

花生灰斑病主要为害花生叶片。叶片受害后，初产生黄褐色近圆形或不规则形病斑，逐渐变为紫红褐色斑（图5-5-1，图5-5-2），随后病斑中央渐变成浅红褐色（图5-5-3）、灰白色至枯白色（图5-5-4），上面散生小黑点，即病菌的分生孢子器。病斑边缘有一红棕色的环圈（图5-5-5），后期病斑中央破裂或穿孔。严重发生时，多个病斑融合成片，形成更大坏死斑，致使叶片干枯死亡（图5-5-6，图5-5-7）。

图5-5-3　花生灰斑病病斑中央浅红褐色

图5-5-4　花生灰斑病病斑中央灰白色至枯白色

图5-5-5　花生灰斑病病斑边缘有红棕色环圈

图5-5-6　花生灰斑病叶片上有多个病斑

发生规律

花生灰斑病病原菌主要以分生孢子器在病残体上越冬。翌年条件适宜时，分生孢子器释放出分生孢子，借雨水或气流传播进行初次侵染和再侵染。分生孢子一般从叶片表面伤口或坏死的组织侵入，进而扩散侵染新鲜组织。高温、高湿有利于病害发生；重茬地、连作地以及地势低洼地块发病重；种植密度大、偏施氮肥、田间管理粗放、杂草丛生等，易造成田间郁闭的小气候，有利于病害的发生和蔓延。

图5-5-7　花生灰斑病病斑融合致叶片枯死

防治措施

1. 农业防治

（1）选种抗耐病品种。

（2）轮作倒茬：与玉米、甘薯、大豆等非寄主作物实行2~3年轮作。

（3）加强田间管理：合理密植，科学施肥，减少氮肥施用量，增施磷钾肥，雨后及时清沟排水降湿。

（4）清洁田园：花生收获后，及时清除田间病残体，集中烧毁或沤肥，深耕深翻土壤。

2. 化学防治

在发病初期，可选用80%代森锰锌可湿性粉剂600~800倍液，或50%多菌灵悬浮剂600~1 000倍液，或50%咪鲜胺锰盐可湿性粉剂800~1 200倍液，或30%烯唑醇悬浮剂3 000~5 000倍液，或1.8%辛菌胺醋酸盐水剂200~300倍液，或30%苯甲·丙环唑乳油2 000~2 500倍液，或75%百菌清可湿性粉剂500~600倍液，或70%甲基硫菌灵可湿性粉剂1 500~2 000倍液，或50%腐霉利可湿性粉剂800~1 000倍液，或50%氯溴异氰尿酸可溶粉剂800~1 000倍液，或17%唑醚·氟环唑悬浮剂800~1 000倍液，或25%戊唑醇可湿性粉剂1 500~2 000倍液等，均匀喷雾防治，每亩喷药液40~60 kg。喷药时加入适量0.03%的有机硅或0.2%洗衣粉作为展着剂，间隔10~15天喷1次，连喷2~3次。

06 花生炭疽病

分布与危害

花生炭疽病在豫西花生种植区零星发生，主要为害叶缘或叶尖，造成叶片干枯，影响植株结荚，一般为害较轻，对产量影响不大。

症状特征

图5-6-1　花生炭疽病叶片病斑（正面）

图5-6-2　花生炭疽病叶片病斑（背面）

花生炭疽病主要侵害叶片,以植株下部叶片发病居多。病斑多自叶尖、叶缘开始,沿主脉扩展,呈褐色或暗褐色。从叶尖侵入的病斑呈楔形、长椭圆形或不规则形,从叶缘侵入的病斑呈半圆形或长半圆形,有不明显轮纹。后期病斑边缘黄褐色,中部灰白色,干枯后破裂穿孔。病斑上散生针头大小的黑粒,湿度大时小黑粒发展成朱红色小点(即病菌的分生孢子盘和分生孢子),镜检可隐约看到黑色刺毛状物(图5-6-1,图5-6-2)。

发生规律

花生炭疽病病菌以菌丝体和分生孢子盘随病残体遗落在土中越冬,或以分生孢子附着在荚果或种子上越冬。翌年条件适宜时,产生分生孢子,借雨水溅射或小昆虫活动而传播,从寄主伤口或气孔侵入致病。病斑上产生新的分生孢子,进行多次再侵染。温暖高湿的天气或良好的植地环境有利于发病;连作地或偏施过施氮肥、植株长势过旺的地块往往发病较重。

防治措施

1. 农业防治

(1)重病区注意选用抗病品种。

(2)精选种子,播前连壳晒种。

(3)加强水肥管理:配方施肥,避免偏施过施氮肥;整治植地排灌系统,雨后及时清沟排渍,降低田间湿度。

(4)清洁田园:花生收获后清除田间病株残体,深翻土地。

2. 化学防治

播种前,可对种子进行包衣或拌种;发病初期,结合其他叶斑病及早喷药预防控制。

(1)种子处理:播种前,可用种子重量0.2%~0.4%的3%苯醚甲环唑悬浮种衣剂,或种子重量0.5%~1%的50%多菌灵可湿性粉剂,或种子重量0.8%~1%的1.5%咪鲜胺悬浮种衣剂,或种子重量0.12%~0.36%的41%唑醚·甲菌灵悬浮种衣剂,或种子重量0.6%~0.8%的2.5%咯菌腈悬浮种衣剂,或种子重量0.5%~0.6%的35%噻虫·福·萎锈悬浮种衣剂,或种子重量0.2%~0.4%的50%异菌脲可湿性粉剂,或种子重量0.04%~0.08%的35%精甲霜灵种子处理乳剂等包衣或拌种。

(2)药剂喷雾:亩用30%己唑醇悬浮剂20~30 mL,或12.5%烯唑醇可湿性粉剂20~40 g,或75%百菌清可湿性粉剂100~120 g,或40%氟硅唑乳油8~10 mL,或50%咪鲜胺锰盐可湿性粉剂40~60 g,或30%醚菌酯悬浮剂50~70 mL,兑水40~50 kg,均匀喷雾。也可选用50%福美双可湿性粉剂600~800倍液,或10%苯醚甲环唑水分散粒剂1 000~2 000倍液,或25%溴菌腈可湿性粉剂600~800倍液,或43%戊唑醇悬浮剂5 000~7 000倍液,或24%腈苯唑悬浮剂1 000~1 500倍液等,均匀喷雾,亩喷药液40~50 kg。喷药时可加入0.03%的有机硅或0.2%洗衣粉作为展着剂,间隔10~15天喷1次,连喷2~3次,药剂应交替轮换使用,可兼治其他叶斑病害。

07 花生疮痂病

分布与危害

花生疮痂病是花生上一种危害比较严重的病害，在豫西花生种植区零星发生，花生整个生育期均可发病，造成植株矮缩，叶片变形、皱缩、扭曲，严重影响花生产量和质量，一般发病地块减产 10%～30%，重者减产 50%以上。

症状特征

花生疮痂病主要为害叶片、叶柄和茎秆，也可为害托叶和果柄。染病部位均表现为木栓化疮痂状，病症通常不明显，但在高湿条件下，病斑上长出一层深褐色绒状物，即病菌的分生孢子盘。叶片受害初期，在叶片正面、背面出现近圆形的针刺状褪绿色小斑点，逐渐发展成直径 1～2 mm 的近圆形至不规则形病斑，中央淡黄褐色，稍凹陷，边缘红褐色，干燥时破裂或穿孔；叶背面主脉和侧脉上的病斑呈锈褐色，常连成短条状，表面呈木栓化粗糙；嫩叶上病斑多时，全叶皱缩畸形。叶柄、茎秆和果柄受害，病斑卵圆形至短梭状，直径约 3 mm，褐色至红褐色，中部凹陷，边缘稍隆起，有的呈典型的“火山口”状，斑面龟裂，木栓化粗糙更为明显；茎部病斑还常连片绕茎扩展，有的长达 1 cm 以上；被害果柄有的还变形肿大，荚果发育明显受阻。发生严重时，病斑遍布全株，融合成片，造成茎上部“S”状弯曲、顶部叶片畸形，植株明显矮化，茎、叶及果柄枯死（图 5-7-1）。

图 5-7-1　花生疮痂病叶片为害状

发生规律

花生疮痂病病菌主要以分生孢子盘形式在病残体上越冬，病株残体腐烂后以厚垣孢子形式在土壤中长期存活，翌年分生孢子通过风雨向临近植株传播，也可借助带病荚果传播，从伤口或表皮直接侵入致病，成为初侵染源。

该病菌只侵染花生，不侵染其他豆科植物。在田间分布不均匀，有发病中心。一般在 6 月中下旬开始发病，7～8 月为发病盛期。病菌具有潜伏期短、再侵染频率高、孢子繁殖量大的特点。高温高湿有利于发病，雨季早、雨量大可致发病早、蔓延迅速、大面积暴发。花生感病品种荚果带病率高，且病荚壳传病效率高。花生在下针结荚期和饱果成熟期易感病，感病品种在此期遇 3 天以上降水，病害就可能流行。花生连作、田间病残体多的地块发病早、发病重，地膜覆盖发病迟、危害轻。土壤黏重、偏酸性、氮肥施用过多，易感病。花生品种间的抗病性有一定差异。

防治措施

1. 农业防治

（1）加强花生品种的选育、引种和抗性品种的推广。

（2）合理调节种植结构，减少连做重茬。

（3）加强田间管理，增施磷钾肥，控制氮肥使用量，重视中微量元素的补充，均衡营养，提高抗病性，可叶面喷施营养全面的液体肥料等。

2. 生物防治

发病初期，亩用10亿CFU/g多黏类芽孢杆菌可湿性粉剂100~200 g，兑水50~60 kg，喷雾防治，也可喷施80%乙蒜素乳油800~1 000倍液。

3. 化学防治

（1）种子处理：播种前，选用种子重量0.6%~0.8%的2.5%咯菌腈悬浮种衣剂，或种子重量0.8%~1%的1.5%咪鲜胺悬浮种衣剂，或种子重量0.5%~1%的50%甲基硫菌灵可湿性粉剂，或种子重量1.6%~2%的25%多·福·毒死蜱悬浮种衣剂，或种子重量0.2%~0.4%的3%苯醚甲环唑悬浮种衣剂，或种子重量0.2%~0.4%的50%异菌脲可湿性粉剂，或种子重量0.04%~0.08%的35%精甲霜灵种子处理乳剂，或种子重量0.1%~0.3%的12.5%烯唑醇可湿性粉剂等包衣或拌种。

（2）药剂喷雾：发病初期，结合其他叶斑病及早喷药预防控制。每亩可选用80%代森锰锌可湿性粉剂60~75 g，或25%丙环唑乳油30~50 mL，或75%百菌清可湿性粉剂100~120 g，或50%氯溴异氰尿酸可溶粉剂40~80 g，或40%氟硅唑乳油8~10 mL，或50%咪鲜胺锰盐可湿性粉剂40~60 g等，兑水40~50 kg，均匀喷雾。也可选用50%福美双可湿性粉剂600~800倍液，或50%多菌灵悬浮剂600~800倍液，或24%腈苯唑悬浮剂1 000~1 500倍液，或12.5%烯唑醇可湿性粉剂1 000~2 000倍液，或25%吡唑醚菌酯乳油4 000~6 000倍液等，均匀喷雾，亩喷药液40~50 kg。喷药时可加入0.03%的有机硅或0.2%洗衣粉作为展着剂，间隔10~15天喷1次，连喷2~3次，药剂应交替轮换使用，可兼治其他叶斑病害。

08 花生病毒病

分布与危害

花生病毒病是花生上的一类重要病害，种类较多，已报道的有近20余种。豫西地区发生普遍，为害严重的主要有花生条纹病毒病（又名花生轻斑驳病毒病）、黄花叶病毒病、矮化病毒病等。一般发生年份，病株率达20%~50%，减产5%~20%；流行年份，病株率达90%以上，减产30%~40%。发病越早，减产越重，早期感病株减产30%~50%，显著影响花生的品质和产量（图5-8-1）。

图5-8-1　花生病毒病大田为害状

症状特征

花生病毒病是系统性侵染病害，往往是几种病毒病混合发生，花生全株表现出黄斑驳、绿条纹等复合症状，不易区分(图 5-8-2，图 5-8-3)。

图 5-8-2　几种病毒病混合发生

图 5-8-3　病毒病混合发生症状

1. 条纹病毒病：主要为害叶片，起初在顶端嫩叶上出现清晰的不规则褪绿斑和环斑，后发展成黄绿相间的轻斑驳或斑块(图 5-8-4)，并沿侧脉出现断续的绿色条纹和橡叶状花叶，或一直呈系统性的斑驳症状，所以又被称为花生轻斑驳病毒病。随着植株生长，症状逐渐扩展到全株叶片(图 5-8-5)，叶片不明显变小，除发病早的病株稍矮外，一般不矮化。荚果少且小，种皮上有紫斑，果仁或变紫褐色。

图 5-8-4　黄绿相间的轻斑驳或斑块

2. 黄花叶病毒病：又名花生花叶病，植株顶部嫩叶初期表现为褪绿黄斑(图 5-8-6)，叶色发黄，叶脉变浅，叶缘卷曲，叶片变小，随后发展为黄绿相间的黄花叶、网状明脉和绿色条纹等多种症状，病株中度矮化。荚果数量减少，质量下降，果仁变小且呈紫红色。病害发生后期有隐症趋势。

3. 矮化病毒病：又名花生普通花叶病毒病。初期病株顶端叶片出现明脉或褪绿斑，随后发展成绿色与浅绿相间的花叶，沿侧脉现辐射状绿色小条纹和斑点。新长出的叶片通常展开时是黄色的，但可以转变成正常绿色，叶片变小、变厚、变硬，叶缘有时出现波状扭曲。病株茎秆与分支之间的节间缩短，常中度矮化，植株高度只有正常植株的 1/3 左右，荚果发育明显受阻，形成很多小果、畸形果和裂果。

图 5-8-5　花生病毒病症状扩展到全株叶片

图 5-8-6　花生病毒病植株顶部嫩叶初期表现为褪绿黄斑

发生规律

引起花生条纹病毒病、黄花叶病毒病和矮化病毒病的 3 种病毒均可通过花生种子传播，传毒率分别达 1%～10%、1%～3%和 0.1%。种子带毒率与品种和侵染时期有关，感病早则带病率高。带毒种子是条纹病毒和黄花叶病毒的主要初侵染源，黄花叶病毒和矮化病毒还可在田间越冬寄主上存活，成为翌年病害的初侵染源。在花生生长季节，3 种病毒均主要靠蚜虫以非持久性的方式在田间传播。豆蚜、棉蚜、桃蚜等多种蚜虫均可传毒，以豆蚜传播的效率最高。汁液摩擦也可传毒。

花生病毒病的发生和流行与毒源数量、介体蚜虫数量、花生品种和生育期有密切关系。花生种子带毒率高、田间毒源量大且距毒源近的地块，发病早且重。一般大粒种子带毒率低，小粒种子带毒率高。在存在毒源和感病品种的条件下，蚜虫发生早晚和数量是影响病毒病流行的主要因素。传播病毒的蚜虫主要为田间活动的有翅蚜。一般花生苗期蚜虫发生早，数量大，易引发病害严重流行，反之则发病轻。花生生长前期的降雨量是影响蚜虫发生和活动程度的主要因素，降雨量小，气候温和、干燥，蚜虫发生量和活动程度就大。不同花生品种对病毒病抗性存在一定的差异。普通型大果比珍珠豆型小果抗性好，叶色深的品种比叶色浅的品种抗性好。

防治措施

控制花生病毒病应采取以选用无毒种子和消灭蚜虫、蓟马等传毒介体为主的综合防治措施。

1. 加强检疫

严格植物检疫，禁止从病区调种。

2. 农业防治

(1) 选用抗病毒品种或无(低)毒的大粒种子：播种无(低)毒种子防病效果在 90%以上，大面积播种无(低)毒种子可以获得更好的防病效果。无毒(低)种子可由无病区或轻病区调入,或隔离繁殖。自轻病地留种或粒选种子,减少种子带毒率,也可以减轻病害发生。

(2)地膜覆盖:地膜覆盖能够显著增强花生长势和抗病能力,同时具有反光作用,能有效驱避蚜虫,抑制蚜虫的孳生繁殖,减轻病害发生。

(3)水肥促旺:发生病毒病后,首先每亩追施尿素 10~15 kg,随即浇一次透水,溶解肥料,降低地温,促进植株旺盛生长,增强抵抗病毒侵染的能力。

(4)清洁田园:及时清除田间和周围杂草,减少蚜虫来源和数量。

3. 理化诱控

利用蚜虫趋黄性,在田间悬挂黄板诱蚜。

4. 生物防治

(1)防治传毒介体:蚜虫发生期,亩用 0.5%藜芦碱可溶液剂 100~133 mL,或 200 万个/ mL 耳霉菌悬浮剂 150~200 mL,或 5%除虫菊素乳油 30~50 mL,兑水 50 kg,喷雾防治。

(2)防治病毒病:发病初期,喷施 0.5%几丁聚糖水剂 300~500 倍液,或 8%宁南霉素水剂 500~600 倍液,或 0.6%甾烯醇微乳剂 1 000~1 500 倍液,或 0.1%大黄素甲醚水剂 500~700 倍液,1%香菇多糖水剂 300~500 倍液,或 4%嘧肽霉素水剂 200~300 倍液。

5. 化学防治

(1)种子处理:播种前可选用 30%噻虫嗪种衣剂按种子量 0.4%~0.8%,或 25%甲 · 克悬浮种衣剂按种子量的 2.8%~4%等包衣或拌种。

(2)防治蚜虫:播种时使用长效内吸性杀虫药,使长出的花生整株有毒,初次迁飞花生苗上的蚜虫吸食汁液后即中毒死亡,失去繁殖和再次迁飞传毒机会,当田间有蚜虫墩率达 20%~30%,每墩蚜 20~30 头时,应马上喷洒 40%氧化乐果乳油 1 500 倍液,或 50%抗蚜威可湿性粉剂 2 000 倍液,或 25%辛 · 氰乳油 1 000~1 500 倍液,或 10%吡虫啉可湿性粉剂 1 000 倍液,或 2.5%高效氯氰菊酯乳油 2 500~4 000 倍液,或 3%啶虫脒乳油 1 500 倍液,或 24%虫螨腈悬浮剂 1 500~2 500 倍液,或 25%阿克泰水分散粒剂 4 000 倍液。也可亩用 3.2%氯 · 苦参乳油 50~70 mL,兑水 40~50 kg 喷雾防治。下午 4 点以后为昆虫活跃期,天气干旱、蚜虫数量大时要连续喷药控制。做到有蚜必治,治早治小治了,彻底消灭。

(3)防治病毒病:在发病前或初发病时选喷 31%吗啉胍 · 三氮唑可溶性粉剂 800~1 100 倍液,或 25%吗啉胍 · 锌可溶性粉剂 300~500 倍液,或 40%吗啉胍 · 羟烯腺 · 烯腺可溶性粉剂 500~700 倍液,或 18%丙多 · 吗啉胍可湿性粉剂 500~700 倍液,或 18%腐殖酸 · 吗啉胍可湿性粉剂 300~500 倍液,或 7.5%菌毒清 · 吗啉胍水剂 350~600 倍液,或 24%混酯 · 硫酸铜水乳剂 400~500 倍液,或 3.85%三氮唑核苷 · 铜 · 锌水乳剂 600~800 倍液,或 1.2%辛菌胺醋酸盐水剂 200~300 倍液。轮换用药,间隔 7~10 天防治一次,连防 3~4 次,或直到症状消失。

09 花生白绢病

分布与危害

图 5-9-1　花生白绢病田间为害状

花生白绢病又叫白脚病、菌核枯萎病、菌核根腐病、菌核性基腐病等，是花生上发生的一种重要土传真菌性病害，在豫西各花生种植区均有发生。多发生在花生下针至荚果形成期，可造成叶片脱落、植株枯萎等，除为害花生外，还为害大豆、棉花、辣椒等作物。田间病株率一般在5%左右，发病严重地块高达60%以上，重病田可造成减产70%以上，甚至绝收(图5-9-1)。

症状特征

花生白绢病主要为害茎基部、荚果、果柄及根部，受害部位初呈褐色软腐状，出现波纹状病斑，受害部位、近地面的茎基部和其附近的土壤表面先形成白色绢丝，病部逐渐变为暗褐色，具有光泽(图5-9-2)。植株茎基部被病斑环割而死亡(图5-9-3)。在气候比较潮湿、温度较高的条件下，染病植株的地表可被白色菌丝束所覆盖，然后呈蛛网状扩展到附近的土面而传染到其他植株上。在极潮湿的环境下，菌丝簇不明显，受害的茎基部被具淡褐色乃至红色软木状隆起的长梭形病斑所覆盖。在干旱条件下，茎上病痕发生于地表以下部分，呈褐色梭形，长约0.5 cm，并有油菜籽状的白色至深褐色小菌核，茎叶变黄，叶片边缘焦枯，植株逐渐枯死，花生荚果腐烂。根茎部组织染病，皮层脱落，呈纤维状，终致植株干枯而死。果仁染病，表现为皱缩、腐烂，病部被灰褐色菌丝覆盖，种皮上有时会出现条纹状或片状的蓝黑色纹。

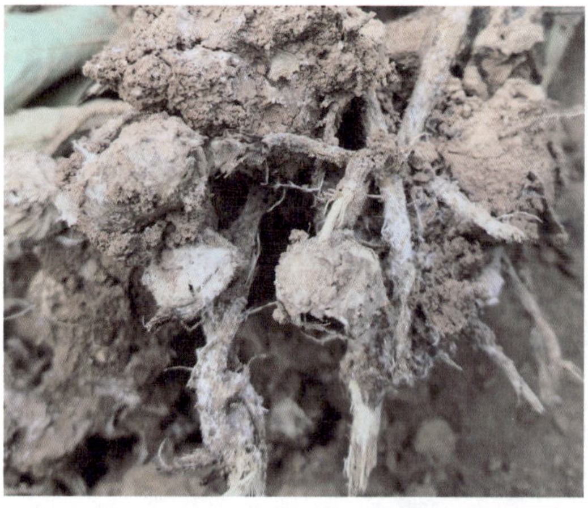

图 5-9-2　花生白绢病被害部长出白色绢丝状菌丝

图 5-9-3　花生白绢病植株茎基部被病斑环割而死亡

发生规律

花生白绢病病菌以菌核或菌丝在土壤及病残体上越冬，大部分分布在1~2 cm的表土层中，菌核在2.5 cm以下土层中萌发率明显降低，在土中7 cm处几乎不萌发。菌核在土壤中可存活几个月至几年。翌年菌核萌发，产生菌丝，成为初侵染源，通过土壤、流水、昆虫及带菌种子传播。菌核或菌丝萌发产生芽管，从花生根茎基部的表皮或伤口侵入，也可侵入子房柄或荚果，而后分泌毒汁使病部组织腐烂形成初侵染，发病植株产生的菌丝向周围扩展进行再侵染。花生白绢病一旦入侵，就会不断积累，防除的难度较大，尤其是在高温多雨的季节。自然气候的差异和田间管理方式的不同对花生白绢病的发生都会有影响，年度间差异明显。高温、高湿、种植密度过大、植株封行、通风透气差、排水不良、土壤黏重、低洼地发病严重；7~8月份高温多雨季节，极易造成病害暴发流行成灾；连作地、播种早发病也重。

防治措施

1. 农业防治

（1）精选种子：选择生育期适中、矮秆抗倒伏、抗（耐）病性强的品种和无病种子；播种前晒种，汰除病粒；收获后及时晒干以防霉变；选用无病田留种。

（2）合理轮作：重病田可与小麦、玉米等禾本科作物实行3年以上轮作，避免与棉花、辣椒、瓜类、豆类等寄主类作物轮作，有条件的地方可选择水旱轮作。

（3）加强田间管理：科学播种，适当浅播，一般要求5 cm；合理密植；高垄双行覆膜栽培；播后遇雨及时中耕松土，雨后及时排水；施足基肥，增施有机肥，适时喷施叶面肥，减少氮磷钾肥料的使用量；花生出苗后要及时进行查苗补种，确保苗齐苗壮；及时采取措施加强对地下害虫的防治，避免对花生根部造成损伤，进而从伤口感染；花生收获后深翻土壤，减轻病菌积累和传播。

（4）清洁田园：及时拔除田间病株，带出田外集中销毁、沤肥或深埋，并在病株周围土表撒施石灰消毒。

2. 生物防治

发病初期，亩用10%多抗霉素可湿性粉剂500~1 000倍液，或2 000亿芽孢/g枯草芽孢杆菌可湿性粉剂1 500~3 000倍液，或80%乙蒜素乳油1 000~1 500倍液，或2%春雷霉素可湿性粉剂200~300倍液，或20%井冈霉素水溶粉剂300~400倍液，喷雾防治。

3. 化学防治

（1）种子处理：播种前用种子重量0.2%~0.4%的20%甲基立枯磷粉剂，或种子重量0.5%的50%多菌灵可湿性粉剂，或种子重量0.3%~0.8%的50%福美双可湿性粉剂，或种子重量0.2%~0.4%的3%苯醚甲环唑悬浮种衣剂，或种子重量0.04%~0.08%的35%精甲霜灵种子处理乳剂，或种子重量0.1%~0.3%的2.5%咯菌腈悬浮种衣剂进行拌种或种子包衣，可以有效抑制病原菌的数量，减轻发病几率。

（2）土壤处理：结合春耕，亩用80%多菌灵可湿性粉剂或70%甲基硫菌灵可湿性粉剂或50%福美双可湿性粉剂2~3 kg，或40%五硝基苯粉剂5~7 kg，或1%恶霉灵颗粒剂3~5 kg，加细土搅拌均匀，混撒于田块，以消灭土壤中残存的病菌。

（3）喷雾防治：发病初期可选用50%多菌灵可湿性粉剂600～800倍液，或40%菌核净可湿性粉剂600～800倍液，或20%氟酰胺可湿性粉剂400～600倍液，或20%甲基立枯磷乳油600～800倍液，或45%咪鲜胺水乳剂1 000～1 500倍液，或20%三唑酮乳油1 500～2 000倍液，或43%戊唑醇悬浮剂5 000～7 000倍液，或25%吡唑醚菌酯乳油4 000～6 000倍液，或50%乙烯菌核利可湿性粉剂600～800倍液，喷淋花生茎基部或灌根，每亩喷淋药液40～50 kg，或每穴施药液0.2～0.3 kg。间隔7～10天防治一次，视病害发生情况，连续防治2～3次，注意药剂交替使用，以免产生抗药性。

10 花生根腐病

分布与危害

花生根腐病俗称鼠尾、烂根病等，属于世界性花生病害，豫西花生种植区零星发生。花生整个生育期均可发病，引起植株生长不良，烂种、死棵、烂荚、根腐，造成全株枯死、缺株断垄。一般发病田病株率在10%以下，造成减产5%～8%，严重发生时，病株率达20%～30%，造成减产20%以上。

症状特征

花生根腐病主要为害植株根部，也可为害果针和荚果。花生播种后出苗前受害，可造成种子腐烂、幼芽坏死。幼苗期受害，植株矮小，生长较弱，病苗毛细根稀少，主根发生褐变甚至腐烂，腐烂处可见菌丝和分生孢子，最终导致花生苗期枯萎死亡。成株期受害，通常表现为慢性症状，植株最早表现出暂时萎蔫症状，叶片失水褪绿、变黄，叶柄下垂，地上部分较正常植株生长缓慢。根茎部出现稍凹陷的长条形褐色病斑，根尖呈湿腐状，皮层变褐腐烂，易脱落，主根粗短或细长，毛细根数量较少，形似老鼠尾状，维管束褐变，植株逐渐枯死，严重时主根开裂腐烂，从表现症状到枯死仅需2天（图5-10-1）。土壤湿度大时，近地面根茎部可长出不定根，病部表面有霉层。病株地上部表现矮小、生长不良、叶片黄化，开花结荚少，且多为秕果。荚果染病，发生黑色或褐色病变，果针受害后荚果易脱落在土内，病菌和腐霉菌复合感染荚果，致使荚果腐烂，荚果内花生粒干瘪或缺粒现象严重。

图5-10-1　花生根腐病维管束组织褐变

发生规律

花生根腐病病菌在土壤、病残体和种子表面越冬，为翌年初侵染源，带菌的种仁、荚果及混有病残体的土杂肥也可成为初侵染源。病菌主要借助流水、大风、施肥或农事操作传播，由植株根部伤口或表皮侵入，在病株上产生分生孢子进行再侵染。病菌习居土壤中，腐生性强，厚垣孢子能在土壤中存活数年。种子带菌率高、过度密植、排水不良、管理粗放、连作、土层浅、砂质地、土壤黏重的地块发病重;持续低温阴雨或大雨骤晴,土壤湿度大则发病重;杂草丛生,通风透气不良,抗病力下降,利于发病;土壤肥力不足,花生生长缓慢,植株矮小,会促进发病。

防治措施

1. 农业防治

(1)选用抗病品种:选择优质、抗病能力强的品种,如鲁花6号、鲁花9号等;播前晒种,剔除变色、霉烂、破损的种子。

(2)合理轮作:应尽量避免连作,可与玉米、小麦、高粱等禾本科作物实行2~3年的轮作,破坏病原菌的生存环境,注意避免与大豆、红薯等作物进行套种、间种。

(3)加强田间管理:精细整地,施足底肥,增施磷、钾肥,施用充分腐熟的有机肥;高垄种植,足墒下种,覆膜种植;干旱时适当淋水,花生长出2~3片叶时淋苗水,促进幼苗的健壮生长,盛花期、雨前或久旱后忌猛灌水;雨后及时排水。

(4)清洁田园:花生收获后及时清除田间植株和病残体,带出田外集中销毁或堆沤肥处理,减少病菌残留和传播。

2. 化学防治

(1)种子处理:播种前,按种子重量0.04%~0.08%的35%精甲霜灵种子处理乳剂,或种子重量0.3%~0.5%的50%多菌灵可湿性粉剂,或种子重量0.6%~0.8%的2.5%咯菌腈悬浮种衣剂,或种子重量0.1%~0.3%的12.5%烯唑醇可湿性粉剂,或种子重量0.5%~0.7%的22%苯醚·咯·噻虫悬浮种衣剂,或种子重量0.2%~0.4%的3%苯醚甲环唑悬浮种衣剂,或种子重量0.8%~1%的1.5%咪鲜胺悬浮种衣剂,或种子重量0.7%~1%的30%萎锈·吡虫啉悬浮种衣剂,进行种子包衣或拌种。

(2)喷雾防治:发病初期,当田间病株(穴)率达到5%时,及时喷药防治,药剂可选用70%甲基硫菌灵可湿性粉剂600~800倍液,或70%敌磺钠可溶粉剂100~200倍液,或50%氯溴异氰尿酸可溶粉剂800~1 000倍液,或30%醚菌酯悬浮剂800~1 000倍液,或25%戊唑醇可湿性粉剂1 500~2 000倍液,10%苯醚甲环唑水分散粒剂600~1 000倍液等,50%苯菌灵可湿性粉剂600~800倍液,或12.5%烯唑醇可湿性粉剂1 000~2 000倍液,或50%腐霉利可湿性粉剂600~800倍液,或25%咪鲜胺乳油600~800倍液,或25%戊唑醇水乳剂1 500~2 000倍液,或20%三唑酮乳油1 500~2 000倍液等,均匀喷淋花生茎基部或灌根,亩喷药液50~60 kg,或每穴浇灌药液0.2~0.3 kg,视病害发生情况,间隔7~10天防治1次,连续防治2~3次,药剂应交替施用,药液喷足淋透。

11 花生根结线虫病

分布与危害

花生根结线虫病又叫线虫病、根瘤线虫病,俗称地落病、地黄病、黄秧病等,是花生生产中一种毁灭性的世界性病害,在豫西地区零星发生。花生整个生长期均可发病,病株根系吸收功能被破坏,导致地上部生长发育不良,呈缺肥缺水状,结荚少或不结荚,还可引发根腐病、果腐病等。一般发生田块可造成减产 20%~30%，重者减产 70%以上，甚至绝收。

症状特征

花生根结线虫病主要为害植株根部，从而引起地上部生长发育不良，也可为害果壳、果柄和根茎等。

幼苗被害后，一般出土半个月后即可表现出症状，植株生长缓慢或萎缩不长，下部叶变黄。始花期后，整株茎叶开始逐渐变黄，叶片小，底叶叶缘焦灼，提早脱落，开花推迟，病株矮小，似缺肥缺水状，田间常成片成窝发生。雨水多时，病情可减轻。

图 5-11-1　花生根结线虫病受害根部形成的虫瘿

图 5-11-2　花生根结线虫病乱丝状须根团

花生播种半个月后，当主根开始生长时，线虫便可侵入主根尖端，使之膨大形成纺锤形或不规则形表面粗糙的虫瘿（根结），初期为乳白色，后变为黄褐色至深褐色，直径一般 2~4mm（图 5-11-1）。然后在根结上长出许多细小的须根，须根尖端又被线虫侵染形成次生虫瘿，经多次反复侵染，至盛花期根系就形成乱丝状的须根团（图 5-11-2）。被害主根歪曲畸形，停止生长，根部皮层常常变褐腐烂。根茎、果柄受害，可形成葡萄穗状的虫瘿簇（图 5-11-3）。果壳受害则形成疮痂状虫瘿，初为乳白色，后变为褐色，较少见。剖开虫瘿，可见乳白色针头大小的雌线虫。病株根瘤少，结荚亦少且小，甚至不结荚（图 5-11-4）。

图 5-11-3　花生根结线虫病在根茎形成葡萄穗状的虫瘿簇

图 5-11-4　花生根结线虫病病株（右）与健株（左）对比

发生规律

花生根结线虫病是由寄生线虫引起的，病原线虫主要以卵在土壤中的病根、病荚及粪肥中越冬。线虫可在土壤中活动，但距离有限，整个生长季节一般只能移动 20~30 cm，在田间主要随土壤、流水、人畜及农事操作等传播。翌年平均地温回升至 11.3℃以上时，卵开始孵化成 1 龄幼虫，蜕皮后为 2 龄幼虫，破壳而出后，由花生根尖侵入，吸取营养，并刺激根组织过度生长形成根结，同时会使寄主产生伤口，引发次生病害。幼虫在根结内生长发育，经 3 次脱皮变为成虫。雌雄成虫交配后，雄虫死亡，雌虫产卵于胶质卵囊内，卵囊存在于根结内或一端露于根结外，雌虫平均产卵约 260 粒，产卵后死亡，卵可继续孵化为害。

线虫耐低温，不耐干燥，一般分布在 40 cm 土层内，在根瘤内一年可以繁衍 3 代；在 20~28℃的状态下，持续 6 小时的阳光照射，最利于线虫的繁殖。干旱年份易发病，雨季早、雨水大、植株恢复快，发病轻；砂壤土或沙土、瘠薄土壤，发病重；连作田、管理粗放、杂草多的花生田易发病。

防治措施

1. 加强检疫

严格植物检疫制度，保护无病区，不从病区调运花生种子；确需调运时，最好调运花生仁，且要控制其含水量在 10%以下，以保证种子不带虫。

2. 农业防治

(1)选用抗病品种：选育抗(耐)病品种，播种无病种子。

(2)合理轮作：在有线虫发生的地块，可与小麦、玉米、谷子、红薯等非寄主作物实行 2~3 年轮作，以减少土壤中的虫口密度。

(3)加强田间管理：增施充分腐熟的农家有机肥，减少化肥使用量；合理灌溉，雨后及时排水；及时中耕除草；秋季翻地晒土，消灭虫源。

(4)清洁田园：发病地块的病残体要及时清除田外，集中销毁；花生收获时，发病田要集中收刨、单收单打，深刨病根，集中处理。

3. 生物防治

花生播种时，可亩用 2.5 亿个孢子/g 厚孢轮枝菌微粒剂 3~6 kg，或 5 亿活孢子/g 淡紫拟青霉颗粒剂 3~5 kg，或 1.5%阿维菌素颗粒剂 4~6 kg，制成毒土穴施；花生团棵期，亩用 10 亿 CFU/ mL 蜡质芽孢杆菌悬浮剂 5~8 L，或 0.5%氨基寡糖素水剂 1.5~2.5 L，或 3%阿维菌素微囊悬浮剂 1~2 L 等，兑水 200~400 kg 灌根，灌根后浇水效果更佳。

4. 化学防治

(1)种穴土壤处理：花生播种时，每亩可用 3%阿维·吡虫啉颗粒剂 1.5~3 kg，或 5%噻唑膦颗粒剂 4~6 kg，或 5%丁硫·毒死蜱颗粒剂 4~6 kg 等，拌细土 20~25 kg 制成毒土，撒施于播种沟或穴内，覆土后播种，或进行 15~25 cm 宽的混土带施药。注意，药剂不能与种子直接接触，连续使用 2 年效果更佳。

(2)药剂灌根：花生出苗后 1 个月，亩用 20%噻唑膦水乳剂 1~2 L，或 40%三唑磷乳油 1~2 L 等，兑水 200~400 kg 灌根；也可选用 25%阿维·丁硫水乳剂 1 000~2 000 倍液，或 25%丁硫·甲维盐水乳剂 1 000~2 000 倍液等灌根，每穴浇灌药液 0.2~0.3 kg。

12 花生果腐病

分布与危害

花生果腐病又称花生烂果病，是豫西花生种植区的一种新型土传病害，花生感染果腐病主要表现为荚果腐烂，一般可造成20%的减产，严重地块减产可达50%以上，甚至绝收，对花生的产量和品质构成了极为严重的威胁。

症状特征

花生果腐病主要为害花生荚果，也可为害果柄等。该病从花生结荚期至收获期均可发生，田间一般呈整株发病或点片发生，严重时全田发病。多数荚果均为果嘴端先被侵染，发病初期，荚果果壳上出现深褐色不规则形的小块病斑，随后病斑逐渐扩大并扩展到整个荚果，造成整个荚果或半截荚果变黑腐烂（图5-12-1，图5-12-2）；果壳内果仁种皮发黄，籽粒干瘪，褐色发暗（图5-12-3），甚至发芽，严重时变黑腐烂，干燥后呈黑粉状（图5-12-4）。果柄受害后，土中部分变黑褐、腐烂，造成荚果脱落，不利于采收。湿度大时，部分果壳外或籽粒外出现浅绿、褐色或黑色的霉层。植株地上部分受害后与正常植株无差异，不死秧，也未表现出明显落叶症状。拔出病株可见根系繁茂，根部外表皮发黑，荚果几乎全部腐烂。

图5-12-1　花生果腐病为害花生荚果症状

图5-12-2　花生果腐病荚果变黑腐烂

图5-12-3　花生果腐病果壳内种子种皮发黄，褐色发暗

图5-12-4　花生果腐病种子变黑腐烂

发生规律

花生果腐病是由真菌、线虫、螨类、地下害虫等多种“病原复合体”引起的复合病害，主要借助土壤和种子传播。花生生长中后期，高温干旱后遇较大降雨，利于果腐病发生；连年重茬、土壤缺钙、含钾量过高的地块发病重；花生根腐病、茎腐病、白绢病等病害交互侵染，蛴螬、金针虫、地老虎等地下害虫较多的地块发病重；品种间抗性也存在差异。

防治措施

目前，生产上对果腐病尚无特效药物和专用防治技术，必须采取预防为主的综合防控措施。

1. 农业防治

（1）精选种子：在发病区推广种植具有较好抗逆性和丰产性的新品种替代老品种；花生脱粒前充分晒果，以减少种子带菌率；播种前剔除秕、病、虫、霉变和发芽粒，提高种子质量。

（2）合理轮作：可与玉米、谷子、小麦等禾本科作物实行 2~3 年的换茬轮种，注意避免与豆科作物、蔬菜等连茬或倒茬种植。

（3）加强田间管理：合理施肥，施用充分腐熟的有机肥，增施钙、硫、锌、锰、硼等中微量元素肥，减少钾肥施用量，后期适当补喷叶面肥；花针期遇旱及时浇水，忌大水漫灌、串灌，结荚期遇涝及时排水；及时清除田间病残体，集中销毁或沤肥。

2. 生物防治

亩用 2 亿孢子/g 木霉菌可湿性粉剂 300~600 倍液，或 3%多抗霉素水剂 100 倍液，或 1%申嗪霉素悬浮剂 500~1 000 倍液，或 80%乙蒜素乳油 1 000~1 500 倍液，喷雾防治。

3. 化学防治

（1）种子处理：播种前，可按种子重量 1.7%~2.5%的 18%辛硫・福美双种子处理微囊悬浮种衣剂，或种子重量 1.7%~2%的 25%多・福・毒死蜱悬浮种衣剂，或种子重量 2%~2.5%的 15%甲拌・多菌灵悬浮种衣剂，或种子重量 0.5%~0.6%的 35%噻虫・福・萎锈悬浮种衣剂等，进行种子包衣。也可用 60%吡虫啉+2.5%咯菌腈悬浮种衣剂 100 mL，或 60%吡虫啉+3%苯醚甲环唑悬浮种衣剂 110 mL，或 62.5 g/L 精甲・咯菌腈悬浮种衣剂 50 mL 等，拌种 12.5~15 kg，拌种时可加入含有枯草芽孢杆菌等的菌肥，防效更佳。

（2）土壤处理：结合春耕，每亩可选用 80%多菌灵可湿性粉剂，或 70%甲基硫菌灵可湿性粉剂，或 50%福美双可湿性粉剂 2~3 kg，或 1%恶霉灵颗粒剂 3~5 kg，或 40%五氯硝基苯粉剂 5~7 kg 等，加细土混合均匀后，撒施于表层土壤中，以消灭部分病菌。

（3）药剂喷淋或灌根：花生结荚期是果腐病发病高峰期，要注意早防早治。可在发病初期，选用 50%多菌灵悬浮剂 600~800 倍液，或 36%三氯异氰尿酸可湿性粉剂 1 000~1 500 倍液，或 3%甲霜・恶霉灵水剂 300~500 倍液，或 20%甲基立枯磷乳油 600~800 倍液，或 43%戊唑醇悬浮剂 2 000~3 000 倍液等，喷淋花生茎基部，或每穴 0.2~0.3kg 药液灌根，间隔 10~15 天防治 1 次，连续防治 2~3 次，注意药剂交替使用，以免产生抗药性。

13 花生冠腐病

分布与危害

花生冠腐病又称花生黑霉病、黑曲霉病等，在豫西各花生种植区均有发生。苗期发生较多，成株中后期也可发生，但较少，常造成花生缺苗、死株，一般发病田造成缺苗 10%，严重的可达 50%以上。此病菌除为害花生外，还为害棉花、苹果、石榴、柑橘、梨、酸枣、香蕉和无花果等多种植物。

症状特征

图 5-13-1　花生冠腐病为害茎基部

花生冠腐病主要为害茎基部，也可为害种子和子叶，造成死苗或烂种（图 5-13-1）。花生播种后出土前染病，果仁腐烂，病部长出黑色霉状物，造成烂种；出土幼苗或成株染病，病原体通常侵染子叶和胚轴结合部位，引起根冠或根茎部腐烂。茎基部初期出现黄褐色至黑褐色轻微凹陷斑，边缘呈褐色，病斑扩大后表皮组织纵裂，由湿腐变为干腐，仅剩破碎的纤维组织，植株地上部呈枯萎状，纵剖可见维管束髓部变紫褐色。拔起病株易断头，断口在根颈部，潮湿条件下，断口处和附近病部上着生黑色霉状物（病菌的分生孢子梗和分生孢子）（图 5-13-2）。病株由于水分营养受到阻断而失水，最后全株枯萎死亡（图 5-13-3）。

图 5-13-2　花生冠腐病病部黑色霉状物

图 5-13-3　花生冠腐病造成植株枯萎

发生规律

花生冠腐病病菌腐生性极强，以菌丝或分生孢子在土壤、病残体或种子上越冬，成为翌年初侵染源。花生播种后，越冬病菌产生分生孢子，分生孢子萌发产生芽管，从种皮、种脐和子叶间隙侵入子叶和胚芽，引起子叶感染，继而侵染茎基部，在团棵期达到发病高峰，严重者导致种苗死亡不能出土，轻者出土后根颈部病斑上产生分生孢子，借风雨、气流传播进行再侵染。花生团棵期发病最重，随着植株长大，抗性增强，死苗现象减少。

播种带菌种子易引起烂种，田间感染多发生在发芽 10 天内。高温多湿或间歇性旱湿交替有利于发病。管理粗放、播种过深、排水不良、土壤有机质缺乏、连作花生田等有利发病。品种间抗病性有一定差异，一般直生型品种较蔓生型品种抗病。

防治措施

坚持"预防为主，综合防治"的植保方针，在花生冠腐病未发生以前，采取农业防治减少初始菌量，提高花生植株抗病性，降低病菌的侵染几率；病害发生初期要及时喷施杀菌剂以降低病害发生程度，减少经济损失。

1. 农业防治

（1）精选种子：因地制宜选育抗病品种，无病田留种，选种籽粒饱满、色泽好、没有机械损伤的大粒作种，剔除小粒、霉烂、变色、秕伤的种子，播前晒种，浸种催芽，加快出苗速度。

（2）合理轮作：可与小麦、玉米等非寄主作物实行 2~3 年轮作，降低发病几率，减轻发病程度。

（3）加强田间管理：精细整地，适时播种，播种不宜过深；合理密植；施用充分腐熟的有机肥，增施磷钾肥，避免偏施氮肥，提高植株抗病力；及时松土，避免碰伤；适时灌溉，雨后及时排水，降低田间湿度；花生收获后及时清除病株残体，集中销毁，深翻土壤。

2. 生物防治

发病初期，可用 80%乙蒜素乳油 800~1 000 倍液，或 2%嘧啶核苷类农用抗生素水剂 100~150 倍液，喷雾防治。

3. 化学防治

（1）种子处理：播种前用种子种量 0.2%~0.5%的 50%多菌灵可湿性粉剂，或种子种量 0.2%的 50%福美双粉剂，或种子种量 0.6%~0.8%的 2.5%咯菌腈悬浮种衣剂，或种子种量 0.1%~0.3%的 50%异菌脲可湿性粉剂，或种子种量 1.7%~2%的 25%多 · 福 · 毒死蜱悬浮种衣剂，或种子种量 0.2%~0.4%的 3%苯醚甲环唑悬浮种衣剂，或种子种量 0.04%~0.08%的 35%精甲霜灵种子处理剂等包衣、拌种或药液浸种。

（2）药剂喷淋：花生齐苗后和开花前，可选用 50%多菌灵可湿性粉剂 600~800 倍液，或 70%甲基硫菌灵可湿性粉剂 600~1 000 倍液，或 50%福美双可湿性粉剂 600~800 倍液，或 50%苯菌灵可湿性粉剂 1 000~1 500 倍液，或 25%咪鲜胺乳油 600~800 倍液等喷淋花生茎基部，发病严重时，间隔 7~10 天再喷 1 次。对发病集中的植株，可用 50%多菌灵可湿性粉剂或 70%甲基硫菌灵可湿性粉剂 800 倍液灌根；或选用 40%丙环唑乳油 2 000~2 500 倍液，或 12.5%烯唑醇可湿性粉剂 1 000~2 000 倍液，从花生主茎顶部灌 200~250 mL/穴，顺茎蔓流到根部。切忌在中午烈日下施药，以免灼伤叶片。在用药过程中，严格按照各用药品种的施药要求用药，并注意科学合理轮换交替用药。

14 花生茎腐病

分布与危害

花生茎腐病又称烂脖子病、倒秧病等，在各花生种植区均有发生，一般田块发病率约为10%~20%，严重时可达50%~60%，甚至颗粒无收。该病寄主范围较广，除为害花生外，还可侵染棉花、绿豆、扁豆、豇豆、甜瓜、苕子、田菁等20多种作物。植株早期感病很快枯萎死亡，后期感病则造成果荚腐烂或种仁不满，严重影响花生的产量和品质。

症状特征

花生茎腐病在苗期和成株期均可发生，主要侵染茎部，引起茎枝腐烂，轻则造成局部茎枝枯死，重则致全株死亡（图5-14-1）。

图5-14-1　花生茎腐病为害状

图5-14-2　花生茎腐病病斑扩展环绕茎基

花生幼苗出土前即可发病，通常子叶先受害，变黑腐烂，随后蔓延至茎基部及地下根颈处，产生不规则的黄褐色水渍状病斑，逐渐绕茎或根颈扩展形成黑褐色病斑。病斑扩展环绕茎基时，植株地上部萎蔫枯死。成株期发病，先在主茎和侧枝茎基部产生略凹陷的黄褐色水渍状病斑，病斑向上、下发展，茎基部变黑枯死（图5-14-2），地下荚果腐烂、脱落或种仁不满，纵剖根颈部，髓部呈褐色干腐状。环境潮湿时，病部产生密集的黑色小突起，即病菌分生孢子器，病部表皮易剥落，纤维组织外露。环境干燥时，病部表皮凹陷，紧贴茎上，髓部干枯中空。发病部位多在茎基部贴近地面处。

发生规律

花生茎腐病病菌以菌丝和分生孢子器在种子和土壤病残株上越冬，成为翌年初侵染源。病菌在土中分布很深，可达30 cm，以0~15 cm的表层土内居多。主要从伤口侵入，也可直接侵入。苗期为最适侵染时期，其次为结荚期，花期不利于病菌的侵染。病害在田间主要借助风雨、流水和农事活动等传播，病株和粉碎的果壳饲养牲畜后的粪便，以及混有病残株的土杂肥也是传播蔓延的重要途径,远距离传播主要靠种子调运。

病菌生长温度范围为10~40℃,适温为23~35℃。病菌对低温和高湿的适应性很强,存活力也强(存放屋檐下2年多的病秧组织上的病菌仍具一定致病力),病害的发生同天气、土壤耕作、施肥、种子晒藏和品种等密切相关,气温较高的年份和季节,如经常大雨骤晴,土温变化剧烈,或气候干旱,土表温度高,植株易受灼伤的发病重;基肥不足或施用未腐熟土杂肥的地块发病重;整地粗放,地下害虫多,苗期生长不良,生长中后期易发病;种荚晒藏管理不善,荚果有发霉的,发病较重;品种间抗性存在一定差异。

防治措施

1. 农业防治

(1)选用抗病品种、无病种子,无病田留种:留种花生及时收获、及时摘荚晾晒,含水量在10%以下方可入库储藏,要防潮湿、防霉变;播种前要精选大粒饱满种子,剔除变色、秕伤的种子,选用无病种子;建议选择夏花生留种。

(2)合理轮作:轻病田可与玉米、高粱、谷子等禾谷类非寄主作物轮作1~2年,重病田轮作3~4年。

(3)清洁田园:花生生长季节及时中耕锄草,促进花生生长健壮;中耕时要避免造成伤口,减少病菌侵入;及时拔除田间病株,带出田外销毁;花生收获后要及时深耕深翻土地,以消灭部分越冬病菌。

(4)合理施肥:有机肥在施用之前要充分沤熟,增施腐熟的有机肥,追施草木灰。

2. 生物防治

发病地块,可喷施3亿CFU/g哈茨木霉菌可湿性粉剂500~1 000倍液,或1 000亿芽孢/g枯草芽孢杆菌可湿性粉剂2 000~3 000倍液,或4%嘧啶核苷类农用抗生素水剂200~400倍液防治。

3. 化学防治

(1)种子处理:用25%或50%多菌灵可湿性粉剂,按种子重量的0.3%~0.5%拌种或按种子量0.5%~1%的药剂兑水配成药液浸种,以完全淹没种子为宜,浸泡24小时后捞出播种;也可用种子量5%的50%多菌灵可湿性粉剂加新高脂膜,拌细土1.5~2 kg,分层喷水撒药,拌匀后催芽播种,以驱避地下病虫,隔离病毒感染,增加呼吸强度,提高种子发芽率。

(2)药剂喷洒:在花生齐苗期、开花前和盛花下针期等时期进行药剂防治。可亩用30%苯甲·丙环唑乳油20~30 g,或30%嘧菌酯悬浮剂50~70 mL,或50%氯溴异氰尿酸可溶粉剂40~80 g,或22.5%啶氧菌酯悬浮剂20~40 mL,兑水50~60 kg,喷雾防治;也可选用70%敌磺钠可湿性粉剂800~1 000倍液,或72.2%霜霉威水剂800~1 000倍液,或25%咪鲜胺乳油600~800倍液,或80%代森锰锌可湿性粉剂800倍液,在发病初期喷洒。所选药剂一般可于花生齐苗后的发病初期喷洒,每10天一次,连喷2次;开花前再补喷1次,可有效控制开花下针期发病,还可以结合防治虫害一并用药,达到虫病兼治。

15 银纹夜蛾

分布与为害

银纹夜蛾俗称黑点银纹夜蛾、大豆造桥虫、菜步曲、豆尺蠖、豌豆造桥虫等，属鳞翅目夜蛾科，在豫西地区广泛分布。该虫食性杂，除为害花生外，还为害豆类、烟草、茄子、甘蓝等农作物以及菊花、美人蕉、大丽花、一串红、海棠、香石竹、槐、竹、泡桐等花卉林木。银纹夜蛾主要以幼虫啃食作物叶片为害，将叶片吃成孔洞或缺刻，并排泄粪便污染植株。初孵幼虫有集群性，常数十头隐居于叶背剥食叶肉，残留表皮；3 龄后食量大增，分散为害，常爬到植株上部取食全叶和嫩荚，严重时可将叶片食尽，也可为害嫩茎、叶柄、花朵及果针等(图 5-15-1)。

图 5-15-1 银纹夜蛾田间为害状

形态特征

成虫：体长 12~17 mm，翅展 32~35 mm，体色为灰褐色。前翅为灰褐色，有蓝紫色闪光，具 2 条银色横纹，中央有 1 个马蹄形的银边白斑和 1 个近三角形银色斑点，两者相距很近但不相连。后翅为暗褐色，有金属光泽。胸部背面有两丛竖起的棕褐色鳞毛(图 5-15-2，图 5-15-3)。

卵：直径 0.4~0.5 mm，馒头形，初产时乳白色，后变为淡黄绿色，孵化前紫黑色，表面有网状条纹。

幼虫：共 5 龄。老熟幼虫体长 25~32 mm，体淡黄绿色，虫体前细后粗；头部绿色，两侧有黑斑；体背有纵向的白色细线 6 条，分布于体中线两侧，体侧有白色纵纹；气门线黑色，气门黄色；胸足、腹足皆为绿色，第 1、2 对腹足退化，行走时体背呈曲伸状(图 5-15-4)。

蛹：长 15~20 mm，体较瘦，纺锤形，初期背面褐色，腹面绿色，后期全体黑褐色，蛹外包被疏松的粉白色薄丝茧；腹部 1、2 节气门孔明显突出，且颜色较深；末端具尾刺一对。

图 5-15-2 银纹夜蛾成虫

图 5-15-3 银纹夜蛾成虫前翅斑纹

发生规律

银纹夜蛾在豫西地区一年发生5~6代，以蛹在作物枯枝落叶上或土缝中越冬。翌年4月成虫羽化，成虫有趋光性和趋化性，昼伏夜出，羽化后经4~5天进入产卵盛期。卵多散产或3~6粒成堆产于作物叶背，单雌产卵50~300粒，卵期2~3天。幼虫共5龄，有假死性，受惊后会卷缩掉地，幼虫期10~18天，初孵幼虫可吐丝下坠，多在夜间为害，老熟幼虫多在寄主叶背、土表等作茧化蛹。蛹期6~10天，11月底至12月初仍可见少量成虫出现。

图5-15-4 银纹夜蛾幼虫

防治措施

1. 农业防治

（1）加强田间管理：对银纹夜蛾发生重的田块，可在作物收获后进行深耕，将越冬蛹深埋于地下使其不能羽化，或使深翻出来的蛹暴露在地表，风干或被鸟类等天敌捕食。

（2）人工捕杀：利用幼虫的假死性，可根据残破叶片和虫粪，摇动植物，使幼虫掉落地面集中消灭。

（3）清洁田园：作物收获后，及时清除田间落叶，消灭越冬蛹，减少来年的虫口基数。

2. 理化诱控

（1）灯光诱杀：利用成虫的趋光性，可在成虫发生盛期用黑光灯、频振式杀虫灯、高压汞灯等诱杀成虫。

（2）性诱剂诱杀：在田间放置人工合成的银纹夜蛾性信息素诱捕器诱杀雄虫。

3. 生物防治

（1）保护和利用天敌：银纹夜蛾的天敌主要有瓢虫、蜘蛛、青蛙、鸟雀、螳螂、草蛉等，应加以保护利用。

（2）生物制剂防治：在幼虫发生初期或孵化盛期，喷施100亿个孢子/g苏云金杆菌可湿性粉剂800~1 000倍液，或400亿个孢子/g球孢白僵菌水分散粒剂1 500~2 000倍液，或25%灭幼脲3号悬浮剂500~1 000倍液；也可每亩用10亿PIB/ mL苜蓿银纹夜蛾核型多角体悬浮剂100~150 mL，兑水40~50 kg喷雾。

4. 化学防治

在幼虫孵化盛期至3龄幼虫前进行防治，此时虫口密度小，危害小，且抗药性相对较弱。可选用45%丙溴·辛硫磷乳油1 000倍液，或20%氰戊菊酯乳油1 500倍液+5.7%甲维盐乳油2 000倍混合液，或2.5%溴氰菊酯乳油2 000~3 000倍液，或40%菊·马乳油2 000~3 000倍液，或10%二氯苯醚菊酯乳油1 000~1 500倍液，或40%啶虫·毒死蜱乳油1 500~2 000倍液，或21%增效氰马乳油3 000~4 000倍液，或10%联苯菊酯乳油6 000~8 000倍液，或2.5%氟氯氰菊酯乳油3 000~4 000倍液，或10%吡虫啉乳油1 500倍液，或50%辛硫磷乳油1 000~1 500倍液等，均匀喷洒于叶片正反两面，施药时间选择在傍晚前后，间隔10~15天防治1次，连防1~2次，药剂可交替使用，以防产生抗药性。

16 斜纹夜蛾

分布与为害

斜纹夜蛾又名斜纹夜盗蛾、花虫等，属鳞翅目夜蛾科，是一种间隙性暴发的暴食性害虫，在豫西地区广泛分布。该虫寄生范围极广，除为害花生外，还为害玉米、水稻、高粱、大豆、甘薯、棉花、烟草、芋、白菜等300多种作物。以幼虫为害作物叶片为主，初孵幼虫群集叶背啃食叶肉，仅留下表皮；3龄后分散为害叶片、嫩茎，造成叶片缺刻、孔洞，甚至全部吃光，仅剩秆和叶脉；老龄幼虫可蚕食花蕾、蛀食荚果。因其食性杂，又可为害各器官，老龄时形成暴食，故是一种危害性很大的害虫(图5-16-1-图5-16-4)。

图5-16-1　斜纹夜蛾为害花生

图5-16-2　斜纹夜蛾为害大豆

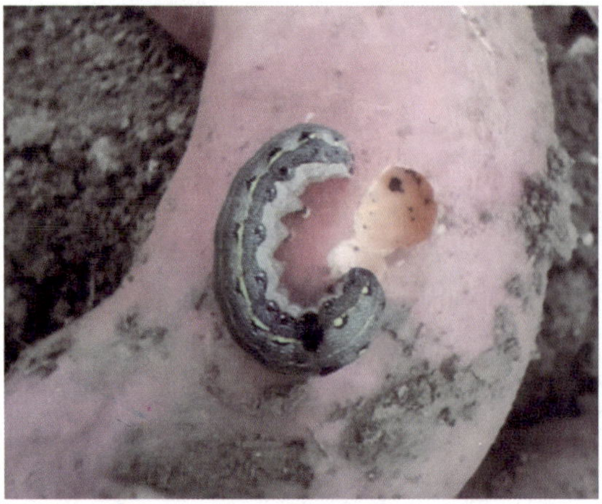

图5-16-3　斜纹夜蛾为害甘薯

图5-16-4　斜纹夜蛾为害烟草

形态特征

图 5-16-5　斜纹夜蛾成虫

成虫：体长 14~20 mm，翅展 35~40 mm，深褐色，前胸背面生有白色丛毛。前翅为灰褐色，斑纹复杂，内横线和外横线呈白色波浪状，从前缘基部斜向后方臀角有 1 条白色斜阔带纹，其间有两条纵纹，雄蛾的白色斜纹不及雌蛾明显。后翅灰白色，半透明，无斑纹（图 5-16-5）。

卵：扁平半球形，初产黄白色，后变为暗灰色，常 1~4 层重叠成卵块，表面覆盖有疏松的黄褐色绒毛。

幼虫：共 6 龄，老熟幼虫体长 33~50 mm，体色多变，胸部从土黄色到黑绿色都有，头部黑褐色。3 龄前第 1 腹节有 1 对三角形黑斑；4 龄后体线明显，背线及气门下线呈灰白色，从中胸至第 9 腹节在亚背线内侧各有 1 对近三角形或半月形的黑斑，其中第 1、第 7、第 8 腹节的黑斑较大（图 5-16-6）。

图 5-16-6　不同体色的斜纹夜蛾幼虫

蛹：长 15~20 mm，圆筒形，末端细小，赤褐色至暗褐色，腹部背面第 4~7 节近前缘处各密布圆形小刻点；气门黑褐色，椭圆形；腹端有 1 对强大的臀刺，短，尖端不成钩状（图 5-16-7）。

图 5-16-7　斜纹夜蛾蛹

发生规律

斜纹夜蛾在豫西地区一年发生 4~5 代，以老熟幼虫或蛹在土中或田基边杂草中越冬，翌年 3 月羽化。成虫昼伏夜出，飞翔力强，白天静伏在土表、土缝或躲藏在植株茂密的叶丛中，黄昏时开始活动，对光、糖醋液及发酵物质有趋性，寿命 5~15 天。成虫产卵前需取食蜜源补充营养，平均每头雌蛾产卵 3~5 块，400~700 粒。卵多产于植株中、下部叶片背面，多层排列，卵块上覆盖黄褐色绒毛。初孵幼虫在卵块附近昼夜取食叶肉，将叶片取食成不规则的透明白斑，遇惊扰后四处爬散或假死落地；2~3 龄开始分散转移为害，也仅取食叶肉；4 龄后食量骤增，昼伏夜出，晴天在植株周围的阴暗处或土缝里潜伏，傍晚后或阴雨天气出来为害，黎明前又躲回阴暗处，有自相残杀现象；田间虫口密度过高，食料不足时，幼虫可成群迁移至附近田块为害；幼虫老熟后，入土 1~3 cm，作土室或在枯叶下化蛹。

斜纹夜蛾属喜温性害虫，抗寒力弱，发生为害的最适气候条件为温度 28~32 ℃，相对湿度 75%~85%，土壤含水量 20%~30%，豫西地区盛发期在 8~9 月。高温年份和季节有利于其发育、繁殖，低温则易造成虫蛹大量死亡；间种、复种指数高或过度密植的田块发生重。

防治措施

1. 农业防治

（1）选用抗（耐）虫品种：培育抗（耐）虫性强的品种，选用优质、抗虫、耐害性强的品种。

（2）清洁田园：作物收获后，及时清除枯枝落叶和周边杂草，以破坏或恶化其化蛹场所，有助于减少虫源。

（3）加强田间管理：平衡施肥，作物收获后翻耕晒土或灌水，通过机械损伤、不良气候等影响，消灭部分越冬蛹。

（4）人工捕杀：结合农事操作随手摘除卵块和群集为害的初孵幼虫，以减少虫源。

2. 理化诱控

（1）性信息素诱杀：在田间放置人工合成的化学信息素引诱雄蛾，阻碍雌雄交配，降低后代种群数量。

（2）灯光诱杀：利用成虫趋光性，于盛发期利用黑光灯、频振式杀虫灯诱杀。

（3）糖醋诱杀：利用成虫趋化性配糖醋液（糖：醋：酒：水=3：4：1：2）加少量敌百虫

诱蛾。

(4)枝把诱杀:柳枝把蘸洒90%晶体敌百虫500倍液诱杀蛾子。

3. 生物防治

(1)利用自然天敌:斜纹夜蛾的自然天敌主要有草蛉、猎蝽、螳螂、步甲、蜘蛛、青蛙、蟾蜍等,尽量减少化学药剂的使用,以保护自然(图5-16-8)。

图 5-16-8　斜纹夜蛾天敌——蜘蛛

(2)人工释放赤眼蜂:于斜纹夜蛾成虫产卵初期至盛期,在田间放置松毛虫赤眼蜂等赤眼蜂卵卡或卵球。

(3)生物制剂防治:在幼虫进入3龄暴食期前,用20%灭幼脲悬浮剂800倍液,或6%乙基多杀菌素悬浮剂1 000倍液喷雾;或亩用10亿PIB/g斜纹夜蛾核型多角体病毒可湿性粉剂40~50 g,或16 000IU/mg苏云金杆菌可湿性粉剂125~250 g,或8%多杀霉素水乳剂15~30 g等,兑水40~60 kg,均匀喷雾。

4. 化学防治

卵孵化盛期至低龄幼虫期,交替喷施21%氰戊·马拉松乳油6 000~8 000倍液,或5%氟啶脲乳油2 000倍液,或50%氰戊菊酯乳油4 000~6 000倍液,或25%甲维·茚虫威水分散粒剂4 000倍液,或2. 5%溴氰菊酯乳油2 000~3 000倍液,或14%阿维·虫螨腈悬浮剂600~800倍液,或25%马拉硫磷乳油1 000倍液,或2. 5%高效氯氟氰菊酯乳油2 000~3 000倍液,或48%毒死蜱乳油1 000倍液,或5%虱螨脲乳油1 000~1 500倍液,隔7~10天喷施1次,连续防治2~3次。

17 蓟马

分布与为害

蓟马属昆虫纲缨翅目蓟马科,种类约有2 000余种,为害花生的主要有茶黄蓟马、端大蓟马等,豫西地区以茶黄蓟马为优势种。茶黄蓟马又名茶叶蓟马、茶黄硬蓟马等,除为害花生外,还可为害苹果、草莓、葡萄、月季等;端大蓟马又名端带蓟马、花生蓟马、花生端带蓟马、豆蓟马、紫云英蓟马等,除为害花生外,还为害水稻、小麦、大豆、菜豆、丝瓜、苜蓿、紫云英、白菜、油菜等多种作物。

图 5-17-1　蓟马为害花生叶片褪绿(正面)

图 5-17-2　蓟马为害花生叶片褪绿(背面)

蓟马以成虫、若虫群聚于花生未张开的复叶内或嫩叶背面、嫩茎、花器等,以锉吸式口器穿刺组织,吸食汁液,造成叶片出现褪绿、畸形、褐色斑纹等,导致花朵不孕或不结实(图 5-17-1,图 5-17-2)。受茶黄蓟马为害的叶片,叶脉两侧出现两条或多条纵向排列的红褐色条痕,叶面起包凸起,严重时叶背面出现一片褐纹,导致芽叶萎缩,叶片向内纵卷,僵硬变脆,叶柄和老叶也可受害(图 5-17-3,图 5-17-4);受端大蓟马为害的花生叶片呈现黄褐色褪绿小斑,心叶变细长,皱缩无法舒展,形成"兔耳状"畸形,茎秆扭曲,形成疙瘩状(图 5-17-5-图 5-17-7)。受害植株轻则影响生长、开花和授粉,重则造成植株生长停滞,矮小、黄弱,严重时整株卷缩、枯死。

图 5-17-3　茶黄蓟马为害叶片起包凸起

图 5-17-4　茶黄蓟马为害叶片向内纵卷

图 5-17-5　端大蓟马为害叶片呈黄褐色褪绿斑

图 5-17-6　端大蓟马为害叶片卷曲皱缩

图 5-17-7　端大蓟马为害叶片呈“兔耳状”畸形

形态特征

1. **茶黄蓟马**

成虫：体长 0.7~0.9 mm，橙黄色或黄色，头长约为宽的 1/2。触角 8 节，淡褐色，第 3~4 节有“U”形感觉器，第 4~5 节基部均具有 1 个细小环纹。复眼红褐色，略突出；单眼橙红色，排列成三角形。复眼、单眼后均有鬃 2 根，前胸背后侧角有粗鬃 1 根。前翅橙黄色，狭长，近基部具 1 个小浅黄色区；有纵脉 2 根，上脉鬃 10 根，其中基鬃 7 根，端鬃 3 根；下脉鬃 2 根。腹部共 10 节，腹部背片第 2~8 节具暗前脊，腹片第 4~7 节前缘具深色横线；第 2~7 腹节各有一囊状暗褐色斑纹，第 8 腹节后缘栉毛明显，腹部鬃毛较长（图 5-17-8）。

卵：长约 0.2 mm，肾形，初为乳白色半透明，后变为浅黄色。

若虫：共 4 龄。初孵若虫长约 0.3~0.5 mm，乳白色半透明，触角粗短，第 3 节最大，复眼红色，胸宽于腹部。2 龄若虫体长 0.5~0.8 mm，浅黄色，形似成虫，但体小于成虫，复眼黑色，无翅，胸与腹部等宽。3 龄若虫（前蛹）黄绿色，复眼灰黑色，触角第 1、2 节大，第 3~8 节渐尖；具白色透明翅芽，伸达第 3 腹节；各腹节两侧的齿状缘有 1 根白鬃。4 龄若虫（蛹）橘黄色，复眼前半部分红色，后半部分黑褐色；触角倒贴于头及前胸背面；翅芽伸达第 4 腹节（前期）至第 8 腹节（后期）。

图 5-17-8　茶黄蓟马成虫

图 5-17-9　端大蓟马成虫为害叶片

2. **端大蓟马**

成虫：雌成虫体长1.6~1.8 mm，深棕色或黑棕色。触角8节，暗棕色，第3、4节呈倒花瓶状，端部各有一叉状感觉锥。单眼间鬃位于3个单眼中心连线内缘，长接近后单眼。下颚须3节。前胸后角有2对长鬃。前翅暗棕色，基部和近端处色淡；上脉鬃20根（基中鬃18根，端鬃2根）；下脉鬃15~20根。腹部第2~7节背板近前缘有1条黑色横纹，第8节后缘仅两侧有梳。雄成虫明显小于雌成虫，且色淡、触角细。腹部腹板腺域不明显，但第2~8节除后缘鬃似矛形外，尚有附属矛形鬃，第2、8节有鬃40余根，第3~7节有鬃90余根（图5-17-9）。

卵：肾形。

若虫：共4龄，体黄色，无翅。

发生规律

1. **茶黄蓟马**

在豫西地区每年发生4代，保护地内可周年发生，世代重叠。以成虫潜伏在土块、土缝下或枯枝落叶间越冬，少数以若虫越冬。翌年3月越冬若虫开始羽化，4月上旬越冬成虫开始产卵，4月中旬第一代开始发生为害，虫口数量开始上升，4~7月、9~11月分别为夏、秋花生为害盛期，11月陆续进入越冬期。蓟马具有迁飞性、趋蓝性和趋嫩性，活跃、善飞、怕光，清晨10点以前和傍晚4点以后数量最多，午间多栖息于叶背和芽内，阴天可全天活动，雨天或低温下活动性差。田间雌雄比例差别大，绝大部分是雌虫，雄虫较少，以两性生殖为主，也可见孤雌生殖，繁殖能力极强。卵多散产于芽或嫩叶叶背表皮组织内，每雌平均产卵35~62粒，最高可达220粒。若虫怕光，初孵若虫在嫩叶背面锉吸汁液，3龄后停止取食，钻入土壤缝隙或枯枝落叶中蜕皮化蛹（4龄若虫）。27℃下，从卵到成虫仅需14天。

2. **端大蓟马**

以成虫在葱、蒜、萝卜等叶背或茎皮的裂缝中越冬。翌年5月下旬至6月为发生为害盛期，世代重叠，在作物生长期内，各虫态的虫体均可见到，成、若虫白天栖息在花器内和叶背面，行动迅速。卵常产在花萼或花梗组织里，卵期7天，若虫在花器中为害7天左右，钻入表土0.5~1 cm深处进行蜕皮，蜕皮时先变为预蛹，后再蜕皮化蛹，蛹经一周羽化为成虫。

蓟马远距离扩散主要依靠种苗、花卉及其他农产品的调运等人为因素，也可随风、衣服、运输工具等携带传播。干旱气候条件利于其发生，其正常发育的温度范围为15~32℃，空气湿度为35%~65%，土壤含水量以8%~18%最为适宜，较耐高温，花生苗期遇高温干旱发生重，开花期前后发生重，夏、秋两季发生重。

防治措施

蓟马个体较小，具有较强的隐蔽性，不宜发现虫情，成虫爬行迅速，擅长跳跃，一般杀虫剂难以接触虫体，一旦发展至猖獗为害，防治比较困难。所以要增强田间虫情调查，做到“早发现，早防治”。

1. **农业防治**

（1）培育和选用抗虫或对虫害有一定耐受性的花生新品种。

（2）地膜覆盖栽培，减少成虫出土或若虫落土化蛹。

（3）及时清除田间及田周杂草、枯枝等，消灭虫源。

（4）适时灌溉，调节田间小气候，压低虫基数。

2. 理化诱控

蓟马发生初期，田间悬挂蓝色黏虫板诱杀蓟马成虫，悬挂高度与植株顶端平齐或略高。

3. 生物防治

（1）保护利用蜘蛛、瓢虫、捕食性蓟马等天敌，也可人工放养小花蝽、草蛉、姬猎蝽、寄生蜂等天敌进行生物防治。

（2）生物药剂防治：蓟马发生初期，可喷施0.36%苦参碱乳油1 000倍液，或1%苦参素水剂800倍液，或34%烟碱川楝素水剂300倍液，或2.5%多杀霉素悬浮剂2 000倍液，或20%复方浏阳霉素乳油1 000倍液等；也可亩用60 g/L乙基多杀菌素悬浮剂30 mL，或1.5%除虫菊素水乳剂80~160 mL，或150亿孢子/g球孢白僵菌可湿性粉剂160~200 g，兑水50~60 kg，喷雾防治。

4. 化学防治

（1）种子处理：花生播种前，选用60%吡虫啉微囊悬浮剂按药种比1：（20~40），或30%吡虫·毒死蜱种子处理微囊悬浮剂按药种比1：（50~75）等进行种子包衣，以预防和减轻花生苗期蓟马为害。

（2）喷雾防治：根据蓟马发生情况，可选用50%辛硫磷乳油1 500倍液，或10%吡虫啉可湿性粉剂1 500倍液，或90%晶体敌百虫1 500倍液，或24%三氟氯菊酯乳油3 000倍液，或25%噻虫嗪水分散剂6 000倍液，或30%灭多威乳油2 000倍液，或10%氯噻啉可湿性粉剂2 000倍液，或40%乐果乳油500倍液，或20%氰戊菊酯乳油2 000倍液，或10%高效氯氰菊酯乳油5 000倍液，或48%毒死蜱乳油1 500倍液，或60%烯啶·呋虫胺可湿性粉剂3 000倍液，或3%啶虫脒乳油2 000倍液，或25%氰戊·辛硫磷乳油1 000~1 500倍液，喷雾防治；也可亩用10%吡虫啉可湿性粉剂30 g+25%氯噻啉可湿性粉剂30 g+5%啶虫脒可湿性粉剂30 g，或4%阿维·啶虫脒乳油30 mL，兑水60 kg，喷雾花生植株。喷药时间宜在早上10点以前或者下午4点以后，重点喷施叶背和心叶，兼顾植株下部、土壤表面，以叶片刚好出现水滴但不滴落为宜。视虫害情况每7~10天防治一次，连续防治2~3次。药剂交替使用，防止蓟马产生抗药性。

18 蜗牛

分布与为害

蜗牛又称蜗娄牛、驼包蜒蚰、水牛等，属于软体动物，腹足纲柄眼目巴蜗牛科，是豫西地区近几年新发生起来的一种有害生物，可为害花生、玉米、大豆、棉花、烟草、甘薯、谷类、白菜等多种作物的根、茎、叶、花和果实以及果树春芽、新梢、皮层等。初孵幼贝仅食叶肉、留下表皮，成贝、幼贝以齿舌刮食作物叶、茎，造成孔洞或缺刻（图5-18-1），常诱发病菌侵染腐烂；苗床上从种子萌发到子叶期被害，可被全部吃光，延误农时；大田里可咬断幼苗，造成缺苗断垄，严重时需毁种重播。一般年份可造成作物减产15%~25%，重发年份可造成减产40%以上（图5-18-2-图

5-18-4)。在玉米上为害叶片、苞叶及花丝、籽粒等。初期为害玉米下部叶片,造成叶片条状撕裂如麻;中期啃食中上部叶片及花丝,影响光合作用,造成授粉不良,严重时吃光全部花丝,使玉米不能授粉结实;后期为害籽粒造成雌穗秃尖,密度大时能够吃掉整个玉米籽粒(图 5-18-5,图 5-18-6)。

图 5-18-1　蜗牛为害花生造成孔洞或缺刻症状

图 5-18-2　蜗牛为害甘薯

图 5-18-3　蜗牛为害大豆

图 5-18-4　蜗牛为害桃树

图 5-18-5　蜗牛为害玉米叶片

图 5-18-6　蜗牛为害玉米雌穗

形态特征

在豫西地区农作物上为害的主要有灰巴蜗牛和同型巴蜗牛两种。

1. 灰巴蜗牛

图 5-18-7　灰巴蜗牛

壳质稍厚,坚固,呈圆球形,壳高 18~21 mm,宽 20~23 mm,有 5.5~6 个螺层,顶部几个螺层增加缓慢、略膨胀,体螺层急骤增加、膨大;壳面黄褐色或琥珀色,有暗色不规则斑点,并具有细致而稠密的生长线和螺纹;壳顶尖,缝合线深;壳口呈椭圆形,口缘完好,略外折,尖利,易碎;轴缘在脐孔处外折,略遮盖脐孔;脐孔狭小,呈缝隙状。个体大小、色彩变异较大(图 5-18-7)。卵圆球形,白色。

2. 同型巴蜗牛

成贝中等大小,爬行时体长 30~36 mm,身体由头、足和内脏囊三部分组成,体外有扁圆球形螺壳,壳质厚实,高 11~12 mm,宽 15~17 mm,有 5~6 个螺层,顶部几个螺层增长缓慢,略膨胀,螺旋部低矮,体螺层增长迅速、膨大;壳顶钝,缝合线深,壳面呈黄褐色或红褐色,有稠密而细致的生长线;体螺层周缘或缝合线处常有 1 条暗褐色带(有些个体无);壳口呈马蹄形,口缘锋利,轴缘外折,遮盖部分脐孔;脐孔小而深,呈洞穴状。头发达,位于体前端;头上有 2 对可转缩回的触角;眼位于后触角顶端;口位于头部腹面,口内有 1 个似锉刀的齿舌;足在身体腹面,跖面宽,适于爬行(图 5-18-8)。个体之间形态变异较大。幼贝体较小,行似成贝。卵圆球形,直径约 2 mm,乳白色有光泽,逐渐变为淡黄色,近孵化时变为土黄色。

图 5-18-8　同型巴蜗牛

发生规律

蜗牛为雌雄同体、异体受精,任何一个个体都能产卵。一般 1 年发生 1 代,以成贝、幼贝在沟渠旁杂草丛中、灌木丛或作物残株、草堆、石块下及房前屋后等潮湿阴暗处越冬。翌年 3 月下旬至 4 月上旬越冬蜗牛开始取食为害,4 月下旬至 5 月上旬成贝交配产卵,卵多成堆产于潮湿疏松的土里、枯叶下或沟渠边的杂草丛中(土壤干燥或卵裸露地表则不能孵化),成贝一生可产卵多次,每个成贝可产卵 30~300 粒,初产卵表面有黏液,干燥后将卵粒粘在一起成块状,卵期 15~25 天;初孵幼贝多群集在一起取食,长大后分散为害,6~7 月上旬形成全年第一个为害高峰;7 月下旬至 8 月份如遇高温、干旱便在潮湿的土缝中或茎叶下隐藏起来,不食不动并用蜡状白膜封闭壳口;9 月下旬以后,气温下降,蜗牛又恢复活动,11 月中旬后,陆续潜入越冬场所越冬。

蜗牛喜阴湿天气,如遇雨天,昼夜活动为害作物,雨过天晴的傍晚是为害高峰期。天气干旱时,昼伏夜出,一般傍晚 6 时后出土为害,晚上 9 时几乎所有蜗牛都在取食,午夜后,活动数量逐渐减少,直至清晨 5 时前陆续潜入土中。蜗牛行动迟缓,借足部肌肉伸缩爬行,并分泌黏液,黏液遇空气干燥发亮、污染作物叶面。

地势低洼、离河沟或水渠较近,管理粗放、周边杂草丛生,作物种植密度大、桐粮间作或周边种植树木较多的地块,蜗牛发生密度高,为害重。

防治措施

1. 农业防治

(1)合理轮作倒茬:与蜗牛忌食的蒜、葱、姜、韭菜、芫荽等作物实行 2~3 年的轮作。

(2)覆膜种植:采用地膜覆盖栽培技术,可有效抑制蜗牛的活动和为害。

(3)加强田间管理:及时中耕除草、排除积水,破坏蜗牛栖息和产卵的适生场所;秋后及时深翻土壤,变旋耕为犁耕,增加耕深,使卵在阳光下暴晒而亡,冬季则使部分成贝、幼贝冻死或被天敌取食。

(4)清洁田园:及时清除田间、地头、沟渠边杂草、小麦秸秆和其他覆盖物。

(5)人工捕杀:于上午 9 点以前或下午 5 点以后进行人工捕捉,集中处理,阴雨天可全天进行捕捉。

(6)石灰隔离:地头、地边或行间撒 10 cm 左右的生石灰带,杀死越过石灰带的蜗牛。每亩用生石灰 5~8 kg,下午或傍晚撒施效果好。

2. 理化诱控

(1)毒饵诱杀:用含 2.5%~6%有效成分的多聚乙醛的豆饼(磨碎)或玉米粉等毒饵,在傍晚时,均匀撒施在田垄上进行诱杀。

(2)诱集堆诱杀:用树枝、杂草、蔬菜叶等做成诱集堆放置田间,使蜗牛潜伏于诱集堆内,集中捕杀。

3. 生物防治

可亩用 95%松树油乳油 200 mL+90%茶皂素助剂粉剂 250 mL,兑水 40 kg 喷雾防治。

4. 化学防治

(1)撒施颗粒剂:在田间蜗牛活动为害盛期,亩用 10%多聚乙醛颗粒剂 2~2.5 kg,或 6%甲萘·四聚颗粒剂 0.4 kg,或 2%的灭害螺毒饵 400~500 g,或 6%四聚乙醛颗粒剂 500 g,或 6%除蜗净颗粒剂 600~750 g,拌细土 20 kg,于傍晚均匀撒施在作物根际行间。注意施药后不要在田间踩踏。

(2)喷洒药液:在蜗牛盛发期,当清晨蜗牛未潜入土时,选用 22%噻虫·高氯氟微囊悬浮剂 3 000 倍液,或 3%高氯·甲维盐乳油 600 倍液,或 80%四聚乙醛可湿性粉剂 1 000 倍液,或 98%的硫酸铜 800~1 000 倍液,或 70%杀螺胺可湿性粉剂 1 500~2 000 倍液,或氨水 70~100 倍液,或 1%食盐水,喷雾防治。也可亩用 40%四聚乙醛悬浮剂 75 mL,或 26%四聚·杀螺胺悬浮剂 75 mL,兑水 50 kg 喷雾防治。施药时间宜在上午 9 点以前或下午 5 点以后蜗牛活动为害时进行。注意轮换用药,药液均匀喷洒在作物叶片正反面及茎秆处,同时进行地面喷雾,使蜗牛活动时更容易接触药剂。发生严重田块,间隔 7~10 天再喷药防治 1 次。

19 蛴螬

分布与为害

蛴螬是鞘翅目金龟甲总科幼虫的总称,又名鸡母虫、白土蚕、蛴头、地狗子等,是世界性的地下害虫,在豫西地区分布广泛,为害最重的主要为大黑鳃金龟、暗黑鳃金龟和铜绿丽金龟 3 种。蛴螬食性广泛,食量大,为害花生、大豆、红薯、烟草、小麦、玉米等多种作物和花卉苗木,咬食刚播种的种子、根、块茎以及幼苗,切口比较整齐,轻则造成缺苗断垄,重则绝苗毁种,薯芋块根被钻蛀成孔眼,一般减产可达 50%左右,严重的甚至绝收(图 5-19-1-图 5-19-4)。其成虫还喜食作物的叶片、嫩芽、花蕾和幼果等,常将叶片咬成缺刻或孔洞,严重的只残留叶脉甚至全部吃光,危害极大(图 5-19-5)。

图 5-19-1 蛴螬

图 5-19-2 蛴螬为害花生荚果症状

图 5-19-3 蛴螬为害花生根系

图 5-19-4 蛴螬为害薯块症状

图 5-19-5 蛴螬成虫为害作物叶片

形态特征

1. 大黑鳃金龟

成虫:长椭圆形,体长 16~22 mm、体宽 8~11 mm,初羽化为红褐色,后变为黑色或黑褐色,有光泽(是区分于其同属暗黑鳃金龟的显著特征);触角 10 节,鳃片部 3 节的长度约占触角总长度的 3/4;唇基横长,近似半月形,前、侧缘上卷,前缘中间凹入;胸部腹面生有黄色长毛,前胸背板宽为长的 2 倍,其上密布刻点,前缘钝角、后缘角几乎成直角;鞘翅表面微皱,肩凸显,密布刻点,每鞘翅上具 3 条纵隆线,两翅会合处纵隆线宽;前足胫节外缘具 3 齿,内方距 1 根,中、后足胫节末端距 2 根,后足第 1 跗节短于第 2 节;各腹节中央界限消失,臀板相当隆起,末端较圆尖,两侧上方各具一圆形小坑;雄虫末节腹板中间具明显的三角形凹坑,雌臀板较长,末端浑圆,末前腹板中间无三角形凹坑,但具有 1 横向的枣红色棱形隆起骨片(图 5-19-6)。

卵:初产长椭圆,白色略带黄绿色光泽,卵面光滑,孵化前变黄白色,圆形。

幼虫:共 3 龄,老熟幼虫体长 35~45 mm,体乳白色,疏生刚毛。头部红褐色具光泽,前顶刚毛每侧 3 根(冠缝侧 2 根,额缝侧 1 根);臀节腹面无刺毛列,只具钩状刚毛散乱排列;肛孔 3 射裂缝状(图 5-19-7)。

蛹:宽椭圆形,长 20~24 mm,初产乳白色,渐变为淡黄至红褐色,腹末具 1 对角状突。

图 5-19-6 大黑鳃金龟成虫及卵

图 5-19-7 大黑鳃金龟幼虫

2. 暗黑鳃金龟

成虫:长卵形,体长 16~22 mm,体宽 9~11.5 mm,初为红棕色,后渐变为红褐至黑色,无光泽,体被黑色或黑褐色绒毛;触角 10 节,鳃状,红褐色;唇基前缘中央内弯上卷;前胸背侧中央呈锐角外突,刻点大而深,前缘具成列的黄褐色长毛,小盾片呈宽弧状三角形。鞘翅刻点粗大,伸长两侧缘几乎平行,每侧 4 条纵肋不显,肩瘤突出,缝肋较宽且隆;前足胫节外缘具 3 齿,内侧生一棘刺,后足胫节细长,端侧具 2 个端距;臀板长,几乎不隆起,雄虫后端尖,雌虫则浑圆(图 5-19-8)。

卵:初产乳白色,长卵形,后膨大,近球形。

幼虫:共 3 龄,老熟幼虫体长 35~45 mm,头宽 5.6~6.1 mm,头壳无光泽(图 5-19-9)。头部前顶刚毛每侧一根,位于冠缝侧(图 5-19-10)。臀节腹面无刺毛,仅具钩状刚毛,肛门孔三裂(图 5-19-11)。

图 5-19-8　暗黑鳃金龟成虫

图 5-19-9　暗黑鳃金龟幼虫

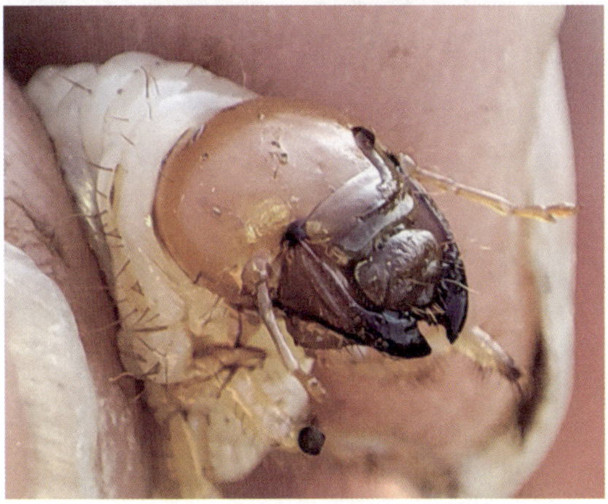

图 5-19-10　暗黑鳃金龟幼虫头部

图 5-19-11　暗黑鳃金龟幼虫臀部

蛹:体长约 18 mm,体宽约 8 mm,浅黄色或杏黄色。腹部背面具有 2 对发音器,腹末具有 1 对角状突起,尾节呈三角形,2 尾角呈钝角分开。

3. 铜绿丽金龟

成虫:长卵圆形,背腹扁圆,体长 19~21 mm,体宽 8~11.3 mm,体背铜绿色,有金属光泽,头、前胸背板、小盾片色深,鞘翅色浅,唇基前缘、前胸背板两侧呈浅褐色条斑。触角 9 节,鳃叶状,黄褐色;前胸背板发达,其上面具细密刻点,前缘弧形内弯,侧缘弧形外弯,前角锐、后角钝;

鞘翅每侧具 4 条纵隆脊,合缝隆较显,肩部具疣状突起;臀板三角形、黄褐色,具 1~3 个形状多变的铜绿或古铜色斑纹;腹面乳白色或黄褐色,胸下密被绒毛,每腹板具毛 1 排;足黄褐色,胫、跗节深褐色,前足胫节外侧具 2 钝齿、内侧 1 棘刺,前、中足大爪分叉,后足不分叉(图 5-19-12)。

卵:初产时乳白色,孵化前圆形,卵壳光滑。

幼虫:共 3 龄,老熟幼虫体长 29~33 mm、头宽约 4.8 mm。头部暗黄色,近圆形,前顶刚毛呈纵向排列,每侧各 6~8 根,后顶刚毛每侧 10~18 根,排成 4 个斜列,额中侧刚毛每侧 2~4 根。臀腹面具刺毛列,每侧多由 13~19 根长锥刺组成,两列刺尖相交或相遇,其后端稍向外岔开,钩状毛分布在刺毛列周围,刺毛列前端不达复毛区的前部边缘。肛门孔横裂状(图 5-19-13)。

蛹:裸蛹,长约 20 mm,宽约 10 mm,椭圆形,土黄色。体稍弯曲,腹部背面有 6 对发音器,雄蛹臀节腹面有 4 个疣状突起,雌蛹较平坦,无突起。

图 5-19-12　铜绿丽金龟成虫

图 5-19-13　铜绿丽金龟幼虫

发生规律

大多数种类的蛴螬成虫期在地上生活,幼虫期多隐蔽在土壤中栖息和为害。

1. 大黑鳃金龟

每 1~2 年发生 1 代,以成虫和幼虫交替在土壤中越冬。越冬成虫于翌年 4 月下旬开始出土,5 月中下旬为出土盛期,成虫白天潜伏土中,黄昏后出土活动、取食、交配、产卵,黎明前返回土内,具趋光性,但雌虫趋光性极差,成虫出土后可存活约 3~4 个月。6、7 月为产卵盛期,卵常散产于 5~10 cm 土中,单雌卵量约 40 粒,卵期 15~20 天,6 月上旬开始孵化,7 月中下旬为孵化盛期。幼虫具假死性,上下活动力较强,孵化后于耕作层为害,先取食腐殖质,后取食寄主地下部组织,3 龄食量最大,秋末深入 25~60 cm 的土层下造室越冬。翌年 4 月上中旬越冬幼虫升至耕作层为害,5 月中旬至 6 月上旬为取食为害高峰期,7~9 月份,老熟幼虫陆续化蛹,化蛹盛期为 8 月中旬前后。8 月上旬始见羽化,8 月下旬至 9 月初为羽化高峰期。羽化后的成虫当年不出土即于土室中过冬。成虫活动与交配的适温为 25℃左右,幼虫活动最适土温为 15℃左右,最适土壤含水量为 20%左右。

2. 暗黑鳃金龟

1 年发生 1 代,以老熟幼虫或少量当年羽化尚未出土的成虫越冬。成虫于翌年 4 月上旬出土活动，6月上旬至7月上旬为活动盛期，9月下旬绝迹。越冬幼虫则于翌年5月中旬至6月中旬化蛹，7月中下旬至8月上旬为羽化出土高峰期，7月中旬至8月中旬为产卵期，卵分批散产于5~10 cm土中，单雌平均卵量57粒左右，成虫寿命约70天。7月下旬卵孵幼虫为害至秋末，深入15~40 cm的土中越冬。成虫活动适宜气温为26.5℃左右，相对湿度在80%以上，具群集食叶习性。白天潜伏，黄昏活动、取食、交配、产卵。其具趋光性，有多次交尾习性。

3. 铜绿丽金龟

1年发生1代，以3龄幼虫在土壤中越冬。翌春4月迁至耕作层活动为害，5月老熟化蛹，5月下旬至6月中旬为化蛹盛期，预蛹期12天，蛹期约9天。5月下旬陆续羽化，6、7月为成虫发生最盛期，也是全年为害最严重时期，8月下旬渐退，9月上旬成虫绝迹。成虫高峰期开始产卵，6月中旬至7月上旬末为产卵盛期。成虫产卵前期约10天左右，卵期约10天。7月为卵孵化盛期。幼虫为害至秋末即下迁至30~70 cm的土层内越冬。

成虫羽化出土受温湿度的影响，5、6月份雨量充沛，则出土早，盛发期提前。成虫食性杂，食量大，有趋光性，白天潜伏，黄昏出土活动、为害，交尾后仍可取食，午夜以后逐渐潜返土中。成虫活动适温为25℃以上，相对湿度为70%~80%，低温与降雨天，成虫很少活动，闷热无雨夜间活动最盛。成虫一生可进行多次交尾，卵散产于寄主根际附近5~6 cm的土层内，单雌卵量40粒左右，卵孵化最适温度为25℃，相对湿度为75%左右。秋后10 cm内土温降至10℃时，幼虫下迁，春季10 cm内土温升至8℃以上时，向表层上迁。以3龄幼虫食量最大，为害最烈，亦即春、秋两季为害最严重，幼虫老熟后多在5~10 cm土层内做蛹室化蛹。

防治措施

防治蛴螬要从农田生态系统的整体观点出发，采用农业防治与化学防治相结合，作物播种期防治与生长期防治相结合，防治成虫与防治幼虫相结合，将蛴螬控制在为害允许水平以下，达到保护作物、增加产量的目的。

1. 农业防治

(1)选用抗虫品种：根据当地病虫害发生特点，种植适合当地的高产优质抗病虫品种。

(2)合理轮作倒茬：可与棉花、芝麻、油菜等直根系作物实行轮作，有条件的地方可进行水旱轮作，该措施可以明显减轻地下害虫为害。

(3)加强田间管理：深耕翻犁，将生活在深层的蛴螬翻到地表，通过人工捡拾、暴晒、鸟雀啄食等消灭一部分，深翻还可破坏蛴螬下潜的虫道，使其不能安全越冬，减少来年的虫口基数；施用充分腐熟的猪粪厩肥等有机农家肥料；作物生长期间适时灌溉，迫使生活在土表的蛴螬下潜或死亡。

(4)清洁田园：铲除田边地头的杂草，清理秸秆残茬，集中处理。

2. 理化诱控

(1)灯光诱杀：田间成虫盛发期，利用某些金龟子的趋光性，合理布置频振式杀虫灯或黑光灯进行诱杀，每30~50亩安装一盏。

(2)食饵诱杀：利用成虫嗜食杨、柳、榆等树木叶片的特性，在田间设置树枝把，诱集成虫后集中杀死。

(3)信息素诱杀:在田间安置人工合成的金龟子性诱剂诱捕器诱杀成虫。

3. **生物防治**

(1)保护利用天敌:蛴螬的寄生性天敌有黑土蜂、钩土蜂等,捕食性天敌有蚂蚁、食虫虻等,要注意保护利用。

(2)生物药剂防治:蛴螬发生严重地块,亩用10亿孢子/g金龟子绿僵菌CQMa128微粒剂3~5 kg,或150亿个孢子/g球孢白僵菌可湿性粉剂250~300 g防治。

4. **化学防治**

(1)种子处理:播种前,按药种比,可选用18%氟腈·毒死蜱悬浮种衣剂1:(50~100),或30%萎锈·吡虫啉悬浮种衣剂1:(100~130),或30%辛硫磷微胶囊悬浮剂1:(50~80),或23%吡虫·咯·苯甲悬浮种衣剂1:(500~600),或25%噻虫·咯·霜灵悬浮种衣剂1:(300~700),或38%苯醚·咯·噻虫悬浮种衣剂1:(288~432),或35%噻虫·福·萎锈悬浮种衣剂1:(500~570),或30%吡·萎·福美双种子处理悬浮剂1:(667~1 000),或27%精甲霜灵·噻虫胺·咪鲜胺铜盐悬浮种衣剂1:(1.5~2)等,进行种子包衣或拌种。

(2)土壤处理:整地前每亩撒施3%辛硫磷颗粒剂3 kg,或30%毒死蜱微囊悬浮剂0.5 kg+200亿孢子/g卵孢白僵菌粉剂0.5 kg,或5%阿维·二嗪磷颗粒剂1.5~3 kg,或5%丁硫克百威颗粒剂3~5 kg,拌干细土撒施;也可亩用48%毒死蜱乳油200 mL,或30%毒·辛微囊悬浮剂1 000~1 500 mL,加水10倍,均匀喷在30 kg细土上,制成毒土撒施,然后翻耕将毒土与土壤混合均匀。

(3)防治幼虫:作物开花期或卵孵化后低龄幼虫发生盛期,每亩可选用15%毒死蜱颗粒剂1~1.5 kg,或2%高效氯氰菊酯颗粒剂2.5~3.5 kg,或5%丁硫克百威颗粒剂3~5 kg,或3%辛硫磷颗粒剂4~5 kg,或3%阿维·吡虫啉颗粒剂1.5~2 kg等,撒施于花生根际并浅锄入土。也可选用30%毒·辛微囊悬浮剂1 000~1 500 mL,或30%辛硫磷微囊悬浮剂1 000~1 500 mL,或48%毒死蜱乳油300~600 mL,或48%噻虫啉悬浮剂60~80 mL等,拌毒土撒施或灌根,施药后浇水或抢在雨前施药。也可选用上述液体药剂在灌溉时顺水冲施,但用药量比灌根要增加1~2倍。发生严重的田块可间隔7~10天,再防治1次。

(4)防治成虫:成虫发生期,对作物田边金龟子喜欢取食的榆树、桑树、杨树等上喷洒4.5%高效氯氰菊酯乳油1 000~1 500倍液,或20%甲氰菊酯乳油1 500倍液,或48%毒死蜱乳油2 000倍液,或20%氰戊·马拉松乳油1 000~1 500倍液,或30%毒·辛微囊悬浮剂1 000~1 500倍液,或10%吡虫啉可湿性粉剂2 000~3 000倍液,诱杀成虫。

20 地老虎

分布与为害

地老虎又名切根虫、土蚕、夜盗虫、黑地蚕等,属鳞翅目夜蛾科,是我国农、林、牧业生产中的重要地下害虫,也是世界性的重大地下害虫。地老虎种类多,食性杂,我国目前已鉴定的地老虎有 170 余种，在豫西地区发生为害的主要为小地老虎、黄地老虎和大地老虎等。地老虎可为害花生、玉米、棉花、大豆、烟草及蔬菜、花卉、中草药等多种作物，主要以幼虫在地下和地表为害，1、2 龄幼虫昼夜活动，啃食心叶或嫩叶叶肉，仅残留表皮，往往把幼苗的嫩叶咬成针孔状的小洞或"天窗"，3 龄后食量猛增，在土中咬食种子，咬断幼芽、根茎和叶柄，造成缺苗断垄或毁种（图 5-20-1，图 5-20-2）。

图 5-20-1　地老虎田间为害状

图 5-20-2　地老虎为害烟草幼苗

形态特征

1. 小地老虎

成虫：体暗褐色，体长 16～23 mm，翅展 42～54 mm；雌蛾触角丝状，雄蛾基半部双栉齿状，端半部丝状；前翅暗褐色，内、中、外横线及亚缘线均为双线黑色，呈波浪形；前翅中室附近有 1 个肾形斑和 1 个环形斑，肾形斑外侧有 1 个明显的黑色三角形剑状纹，尖端向外，亚外缘线内有 2 个尖端向内的黑色剑状纹，三纹剑端相对；后翅灰白色，翅脉及外缘线黑褐色；腹部灰色（图 5-20-3）。

卵：半球形，直径约 0.5 mm，高 0.3 mm，表面有纵横的隆起线，初产时乳白色，后变为黄色，近孵化时呈淡灰紫色，卵顶上出现黑点。

图 5-20-3　小地老虎成虫

图 5-20-4　小地老虎幼虫

幼虫：共6龄，少数7~8龄，圆筒形。老熟幼虫体长37~50 mm。头黄褐色，具黑褐色不规则网纹；体灰褐色，体背粗糙，布满龟裂状皱纹和大小不一且彼此分离的黑色微小颗粒；前胸背板暗褐色，黄褐色臀板上具2条明显的深褐色纵带；腹部第1~8节背面各有两对毛片，呈梯形排列，后面1对的大小是前面1对的2倍以上；胸足与腹足为黄褐色（图5-20-4）。

蛹：长18~24 mm，赤褐色，有光泽，腹部第4~7节背面前缘深褐色，基部由小黑点组成1列黑纹，背面刻点较侧面大且明显；腹末具臀棘1对，呈分叉状。

2. 黄地老虎

成虫：全体黄褐色，体长14~19 mm，翅展32~43 mm。触角雌蛾丝状，雄蛾端部1/3为丝状，基部2/3双栉齿状；前翅黄褐色，其上散布小黑点，亚基线及内、中、外横线均为双曲线但多不明显，肾形纹、环形纹和棒状纹均较明显，且周围有黑褐色边（图5-20-5）；后翅灰白色，前缘略带黄褐色（图5-20-6）。

卵：半球形，直径约0.5 mm。初产时乳白色，卵壳表面有纵脊纹，孵化前变为黑色。

幼虫：共6龄，少数7龄。形态与小地老虎相似，其区别主要在：老熟幼虫体长33~43 mm，体黄褐色，体表颗粒不明显，有光泽，多皱纹；腹部背面各节有2对毛片，前方1对与后方1对大小相似；臀板中央有1条黄色纵纹，两侧各有1个黄褐色大斑；腹足趾钩12~21个。

蛹：体长16~19 mm，初为淡黄色，后变为红褐色，腹部背面第5~7节密布小而多的刻点，腹部末节有臀棘1对。

图5-20-5　黄地老虎成虫

图5-20-6　黄地老虎成虫后翅灰白色

3. 大地老虎

成虫：黑褐色，体长20~23 mm，翅展52~62 mm。雌蛾触角丝状，雄蛾双栉齿状；前翅褐色，前缘至基部2/3处黑褐色；内、外横线均为双曲线且明显，外缘线呈1列黑点；肾形纹、环形纹和棒状纹明显，且周围有黑褐色边，肾形纹外方有1个黑色条斑；后翅为淡褐色，外缘具较宽的黑褐色边。

卵：半球形，长1.8 mm，高1.5 mm，初产淡黄色，后变为黄褐色，孵化前变为灰褐色。

幼虫：共7龄，老熟幼虫体长40~60 mm，体色为暗褐色，二亚背线间为暗灰黄色；体表多皱纹，颗粒不明显。头部中央有1对黑褐色纵纹；腹部背面各节前后2个毛片大小相似；臀板除末端2根刚毛附近区域为黄褐色外，其他全为深褐色，且布满龟裂状皱纹。

蛹：黄褐色，长23~29 mm。腹部4~7节前缘具圆形刻点，背面中央刻点较大，腹端具臀棘1对。

发生规律

1. 小地老虎

小地老虎在豫西地区1年发生3~4代，一般在北纬33°以南地区以蛹或老熟幼虫在土内越冬。一代成虫随气流迁入，通常在3月初前后出现，3月下旬至4月上中旬为迁飞高峰期；幼虫一般于5月上旬出现，5月中下旬为为害盛期。成虫有趋光性，昼伏夜出，傍晚至前半夜活动最盛，交配产卵均在夜间进行；卵多散产于作物田边5 cm以下矮小杂草（刺儿菜、小旋花、灰菜等）、幼苗的叶背面、嫩茎及土块上，以肥沃湿润的地里卵较多，单雌产卵800~1 000粒，多者可达2 000粒；幼虫耐饥饿，有假死性，行动敏捷，受惊后缩成环形，有自相残杀的习性；初孵幼虫先取食卵壳，1~2龄幼虫群集幼苗顶心嫩叶，昼夜取食，3龄后开始分散为害，白天潜伏于根际表土下2~3 cm附近，夜间咬食幼苗，并能把咬断的幼苗拖入土穴内；老熟幼虫多在6~10 cm深的干燥土壤处筑土室化蛹。

小地老虎喜温暖潮湿，不耐高、低温，最适发育温度为13~25℃；成虫有强烈的趋化性，对糖蜜的趋性很强，喜食带酸、甜、酒味的发酵物、泡桐叶和各种花蜜；具有远距离南北迁飞习性，春季由低纬度向高纬度，由低海拔向高海拔迁飞，秋季则沿着相反方向飞回南方；微风有助于其扩散，风力在4级以上时很少活动。春季雨少，土壤湿度低，有利于卵的孵化和低龄幼虫成活，往往造成当年一代大发生；地势低洼、砂质土壤、植被茂密，田间及周边杂草多、蜜源植物多的地块，发生为害重。

2. 黄地老虎

黄地老虎1年发生3~4代，以老熟幼虫在土壤中越冬，越冬场所多在向阳面田埂及沟渠堤坡附近2~15 cm的土层中。越冬幼虫于3月上旬开始活动，3月下旬至4月下旬陆续在土表3 cm左右深处化蛹，蛹直立于土室中，头部向上，蛹期20~30天；4~5月为越冬代成虫羽化盛期，成虫昼伏夜出，在高温、无风、空气湿度大的黑夜最活跃，对黑光灯有趋性，对糖醋液趋性不明显，以吸食洋葱、大葱花蜜等补充营养；5月上旬为1代卵高峰期，卵多散产于低矮植物近地面的叶背上，单雌产卵量为300~600粒，卵期长短，因温度变化而异，一般5~9天，如温度在17~18℃时为10天左右，28℃时只需4天；第1代幼虫出现于5月中旬至6月上旬，幼虫不耐高温，自残习性不明显，1~2龄幼虫在植物幼苗顶心嫩叶处昼夜为害，3龄以后开始扩散，白天潜伏在被害作物或杂草根部附近的土层中，夜晚从接近地面的茎部蛀孔食害，造成枯心苗。秋季多雨，田间杂草多，翌年春季雨水适量，有利于其发生。

3. 大地老虎

大地老虎1年发生1代，以低龄幼虫在表土层或草丛根茎部越冬。翌年4月初开始活动为害，6月下旬以老熟幼虫钻入3~5 cm土层深处筑土室越夏，8月下旬开始化蛹，9月下旬成虫羽化，成虫趋光性不强，喜食蜜糖液；10月上旬为成虫及产卵盛期，卵多散产于表土层或幼嫩杂草茎叶上，单雌产卵量648~1 486粒，平均1 000粒，卵期7~24天；1~3龄幼虫常在草丛间取食叶片，4龄后白天潜伏于土表下，夜间出土活动，取食时仅将头胸部露出土外，其余部分仍留在土中，粪便排在土中；12 月幼虫陆续入土越冬。幼虫虽对高温有较高的抵抗力，但若是土壤过干或过湿，或土壤结构受耕作等生产活动所破坏，越夏幼虫死亡率很高；越冬幼虫无滞育和休眠现象，在气温上升到 6℃以上时，仍可活动取食。

防治措施

1. 农业防治

(1)轮作倒茬：优化种植制度，合理轮作，有条件的地方可实行水旱轮作。

(2)清洁田园：播种前、收获后及时清除农田作物残梗及周围杂草，防止地老虎成虫产卵和越冬。

(3)加强田间管理：针对地老虎幼虫在土壤中栖息、为害和在地下越冬化蛹的习性，在地老虎盛发期或越冬期结合农事需要进行大水浇灌，使土中部分幼虫和蛹窒息死亡；地老虎发生期可铲埂灭蛹；深秋或初冬深耕翻土，可杀灭部分越冬蛹和幼虫，还可将蛹和幼虫暴露于地表，使其被冻死、风干，或被天敌昆虫捕食或寄生，以压低越冬虫口发生基数。

2. 理化诱控

(1)灯光诱杀：利用地老虎成虫的趋光性，可利用黑光灯、频振杀虫灯等进行诱杀。于地老虎成虫发生期，在作物田距离地面 1.0~1.5 m 处，每 30~50 亩安装 1 台频振式杀虫灯，隔 1~2 天收集清理一次昆虫袋和杀虫电网。

(2)糖醋液诱杀：在春季或地老虎盛发期利用糖醋液诱杀越冬代成虫或其他世代成虫，按糖：醋：酒：水=3：4：1：2，再加 1 份菊酯类等杀虫剂调匀配成诱液，将诱液放于盆内。傍晚时距离地面 1m 左右放于作物田间，翌日清晨检查并去除杀死的地老虎和其他害虫。

(3)食饵诱杀：利用地老虎对一些寄主植物(或场所)有趋性的特点进行诱杀。如用新鲜杨树或柳树的枝叶扎成把，每亩插 10 把；或把老桐树叶浸以药液后，于傍晚插放入田间，每亩 60~80 片，翌日清晨捕捉幼虫；或用泡菜水或发酵变酸的甘薯、胡萝卜、烂水果等加适量杀虫剂诱杀成虫；在作物苗定植前，地老虎幼虫仅以田中杂草为食，因此可选择在作物田周围堆放其喜食的灰灰菜、刺儿菜、苦荬菜、小旋花等杂草，诱捕幼虫，集中消灭。

(4)性诱剂诱杀：在田间安置地老虎性信息素诱捕器，每亩 1 套，高度为距离地面 1.0~1.5 m，定期更换诱芯。

3. 生物防治

利用地老虎天敌和生物制剂进行防治，如寄生蝇、步甲、寄生蜂、蜘蛛、线虫等天敌和黄地老虎颗粒体病毒、甘蓝夜蛾核多角体病毒、苏云金杆菌、微孢子虫等生物制剂。

4. 化学防治

1~3 龄幼虫的耐药性差，且暴露在寄主植物或地面上，是喷药防治的最佳时期，3 龄后幼虫开始隐蔽为害，只能采用撒毒饵和药液浇灌的方式进行防治。

(1)种子处理：播种前，可用种子重量 0.3%的 70%噻虫嗪干粉种衣剂，或种子重量 0.5%的 60%吡虫啉悬浮种衣剂，或种子重量 1.7%~2.4%的 39%氟氯·毒死蜱种子处理剂，或种子重量 1%~2%的 5%氟虫腈悬浮种衣剂，或种子重量 2%~3%的 16%克·醇·福美双悬浮种衣剂，或种子重量 2%~2.5%的甲硫·福美双悬浮种衣剂，或种子重量 0.4%~0.5%的 50%氯虫苯甲酰胺悬浮种衣剂等进行种子包衣或拌种。

（2）撒施毒土：亩用 3%辛硫磷颗粒剂 4~5 kg，或 3%阿维·吡虫啉颗粒剂 1.5~2 kg，或 15%毒死蜱颗粒剂 1~1.5 kg，或 3%甲·克颗粒剂 4~5 kg，或 0.2%联苯菊酯颗粒剂 3~5 kg，或 5%二嗪磷颗粒剂 2~3 kg，拌细土或细沙 30 kg，播种时顺垄撒在种子上，或在地老虎为害期均匀撒在幼苗根际附近。

（3）毒饵诱杀：利用地老虎幼虫对香甜物质有强烈趋性的特点，将炒香的麦麸、谷子、豆饼、玉米碎粒等饵料，拌入适量 90%晶体敌百虫，或 30%毒死蜱微囊悬浮剂，或 30%毒·辛微囊悬浮剂等，加适量水配成毒饵，于傍晚撒施在农作物的苗间或畦面上，引诱毒杀。

（4）药液喷灌：在地老虎严重为害期，可选用 20%氰戊菊酯乳油 3 000 倍液，或 90%晶体敌百虫 800 倍液，或 20%菊·马乳油 3 000 倍液，或 2.5%氯氰菊酯乳油 2 000 倍液，或 50%二嗪磷乳油 2 000 倍液，或 50%辛硫磷乳油 1 000 倍液，或 5%氟铃脲乳油 400~600 倍液，或 48%毒死蜱乳油 1 000 倍液，或 24%灭多威可溶液剂 600 倍液，或 20%氰·马乳油 1 500 倍液，或 85%甲萘威可湿性粉剂 500 倍液，或 50%杀螟硫磷乳油 1 500 倍液，或 30%毒·辛微囊悬浮剂 1 500 倍液，或 40%乐果乳油 1 000 倍液等，进行喷雾或灌根防治。

第六部分　芝麻病虫害

01 芝麻细菌性角斑病

分布与危害

芝麻细菌性角斑病又称芝麻假单胞叶斑病、芝麻斑点细菌病，该病在豫西芝麻产区普遍发生，芝麻生育后期多雨天气发病重，导致叶片提早脱落，影响产量(图 6-1-1)。

图 6-1-1　芝麻细菌性角斑病大田为害症状

症状特征

芝麻细菌性角斑病在苗期、成株期均可发病，以为害叶片为主(图 6-1-2，图 6-1-3)。幼苗刚出土即可染病，近地面处的叶柄基部变黑枯死。成株期染病，叶片上病斑呈多角形，大小 2~4 mm，黑褐色，初期有黄色晕圈，后期不明显。病斑常沿叶脉连成条斑，湿度大时，叶背有菌脓溢出；干燥时，病斑脱落或穿孔，造成早期落叶。

图 6-1-2　芝麻细菌性角斑病病叶正面

图 6-1-3　芝麻细菌性角斑病病叶背面

发生规律

播种带菌种子是该病主要初侵染源，病菌在种子和叶片上越冬，也可在病残体中越冬，在土壤中能存活 1 个月，4~40℃条件下病菌可在病残体上存活 165 天，在种子上能存活 11 个月，降雨多的年份发病重。

防治措施

1. 农业防治

(1)选用抗耐病品种。

(2)温汤浸种:播前进行种子处理,将种子置入48~53℃温水中浸种30分钟以消灭种子上携带的病原菌,防效可达80%以上。

(3)合理轮作:避免连作,与小麦、玉米等禾本科作物实行轮作。

(4)清洁田园:生长期及时摘除病叶,收获后及时清除田间病残体,带出田外,集中销毁。

2. 化学防治

(1)种子处理:播种前药剂浸种,用种子重量0.5%的96%硫酸铜或0.025%硫酸链霉素浸种。

(2)药液喷洒:发病初期喷洒1∶1∶100波尔多液,或30%碱式硫酸铜悬浮剂300倍液,或47%春雷·王铜可湿性粉剂700~800倍液,或12%松脂酸铜乳油600倍液,或20%噻菌铜悬浮剂500倍液。

02 芝麻叶斑病

分布与危害

芝麻叶斑病又称芝麻尾孢灰星病、芝麻蛇眼病、角斑病、灰斑病。豫西各芝麻产区普遍发生,一般发病田病叶率30%~50%,严重时,整株叶片提早脱落,是芝麻高产稳产的重要限制因素之一。

症状特征

主要为害叶片,也可侵染茎和蒴果。叶部症状常见有两种:一种叶斑多为直径1~3 mm圆形小斑,中间灰白色,四周紫褐色,病斑背面生灰色霉状物,后期多个病斑融合成大斑块,干枯后破裂,严重时导致落叶。另一种叶斑为蛇眼状病斑,中间生一灰白色小点,四周浅灰色,外围黄褐色,圆形至不规则形,直径3~10 mm。茎部染病产生褐色不规则形斑,湿度大时病部生黑色霉点。蒴果染病生浅褐色至黑褐色病斑,易开裂(图6-2-1)。

图6-2-1 芝麻叶斑病田间为害状

发生规律

病原菌以菌丝在种子和病残体上越冬，翌年春季产生新的分生孢子，借风雨传播。始发期在7月上中旬，盛发期在8月中下旬，9月上旬后病害进入末期。芝麻叶斑病发展快慢，与芝麻生长中期降雨量和相对湿度密切相关，雨水偏多，相对湿度80%以上时病害发展快。早播芝麻发病重，而且病害发展快。

防治措施

1. 农业防治

（1）选用无病种子，并用53~55℃温汤浸种10分钟，杀灭种子上菌丝，晾干后播种。

（2）清洁田园：芝麻收获后及时清洁田园，清除病残体，并带出田外销毁。

（3）合理轮作：避免连作，与小麦、玉米等禾本科作物实行轮作。

（4）加强田间管理：合理密植，科学施肥，增施有机肥及磷、钾肥；适时深翻土地；雨后及时排除积水，降低田间湿度。

2. 化学防治

田间发病重时，在花期和封顶前喷药防治。药剂可选用50%苯菌灵可湿性粉剂1 500倍液，或50%多菌灵可湿性粉剂700倍液，或12%松脂酸铜乳油600倍液，或70%代森锰锌可湿性粉剂600倍液，或70%甲基硫菌灵可湿性粉剂800倍液，或75%百菌清可湿性粉剂800倍液。

03 芝麻茎点枯病

分布与危害

芝麻茎点枯病又叫黑秆疯、黑根疯、茎枯病、茎腐病，是豫西芝麻产区的主要病害。发病田，轻者减产15%~20%，重者减产40%~80%（图6-3-1）。

图6-3-1　芝麻茎点枯病大田为害状

症状特征

芝麻茎点枯病主要为害植株的根、茎及蒴果，多在苗期和开花结果期发病。种子带菌可引起烂种、烂芽。苗期染病，幼苗根部变褐腐烂，地上部萎蔫枯死，幼茎上密生黑色小点（图6-3-2）。开花结果期染病，从根部开始发病，后向茎扩展，有时从叶柄基部侵入后蔓延至茎部。根部染病则主根、支根变褐，剥开皮层可见布满黑色小菌核,可致根部枯死。茎部染病多发生在中、下部,病部初呈黄褐色水浸状,后扩展为害绕茎一周,黑褐色中心有银灰色光泽,其上密生黑色小粒点,表皮下及髓部产生大量小菌核,茎秆中空、易折断。病部以上茎秆枯死,蒴果呈黑褐色干枯,病种子上生有小黑点状菌核(图6-3-3)。

图 6-3-2　芝麻茎点枯病密生黑色小点

图 6-3-3　芝麻茎点枯病致茎部枯死

发生规律

病菌以分生孢子器或小菌核在种子、病残体及土壤中越冬。病株的种子带菌率48%,越冬病株上的病菌87%可存活,土壤中的小菌核能存活2年。湿度大、气温25℃时菌核萌发,以菌丝进行初侵染,以分生孢子进行再侵染,病菌主要从伤口、根部及叶痕处侵入,条件适宜时分生孢子萌发后直接侵入。均温25℃时,潜育期6~8天。该病在芝麻生长期间有感病、抗病、感病三个阶段:即苗期处在感病阶段,现蕾至结顶前进入抗病阶段,结顶后又感病。每年的发病高峰期都出现在高温季节,发病后8~10天产生分生孢子器。芝麻品种抗病性差异明显,生产上种植感病品种、菌源量大、气温高于25℃,利于病菌侵入和扩展。7~8月雨日多、降水量大,发病重。7~8月降水量50~70 mm,雨日3~8天,平均发病率低于5%,属小发生年;降水量130 mm以上,雨日7天左右,发病率高于20%,为大发生年。种植过密、偏施氮肥、种子带菌率高,发病重,连作地、低洼地及其他病虫害发生严重等,均有利于茎点枯病发生。

防治措施

1. 农业防治

(1)选用抗病品种。

(2)合理轮作:避免连作,与禾本科作物实行轮作倒茬。

(3)清洁田园:芝麻收获后,及时清除病株残体,带出田外销毁。

(4)加强栽培管理:深翻土壤;施足基肥,增施磷钾肥;合理密植,适时间苗和中耕除草,抗旱排涝。

2. 化学防治

(1)种子处理:用种子重量 0.2%的 50%苯菌灵可湿性粉剂或 50%多菌灵可湿性粉剂或 80%代森锰锌可湿性粉剂拌种,对控制苗期茎点枯病有效。

(2)喷雾防治:发病初期可选用 50%苯菌灵可湿性粉剂 1 500 倍液,或 36%甲基硫菌灵悬浮剂 600 倍液,70%甲基硫菌灵可湿性粉剂 800 倍液,或 80%代森锰锌可湿性粉剂 1 500 倍液,或 50%多菌灵可湿性粉剂 600~700 倍液,或 40%百菌清悬浮剂 600 倍液喷施茎、荚,防效可达 90%以上。此外喷洒 1:1:150 波尔多液,或 47%春雷·王铜可湿性粉剂、12%松脂酸铜乳油 600 倍液也有效。

04 芝麻枯萎病

分布与危害

芝麻枯萎病又称半边黄,是由尖孢镰孢芝麻专化型病菌引起的发生在芝麻上的病害,主要为害芝麻根系和茎秆,是豫西芝麻产区的主要病害之一。田间发病率一般为 10%~20%,严重时达 30%,病株全株或半边植株枯萎,引起种子不能成熟、瘦瘪、蒴果炸裂,严重者可减产 30%左右,使芝麻的品质严重下降。

症状特征

芝麻枯萎病是一种典型的维管束病害,在各生育期均可感病。幼苗受害时,根部腐烂,出现猝倒或枯死;成株受害时,叶片自下而上逐渐变黄枯萎,叶缘内卷,最后变褐枯死(图 6-4-1)。有的整株枯死,也有仅茎秆半边叶片或半片叶片变黄枯死,俗称半边黄。茎上病斑呈褐色,长条形,湿度大时病斑上出现粉红色霉层(即病原的分生孢子梗和分生孢子)。剖开病茎,可见维管束变褐。发病株蒴果较小,歪嘴,提早开裂,种子瘦瘪。

图 6-4-1 芝麻枯萎病为害症状

发生规律

芝麻枯萎病病菌以菌丝体在种子、病株残体或土壤中越冬,成为翌年的初侵染源。播种带菌种子,可引起幼苗发病。一般于 7 月上旬开始发病,8 月底为发病盛期。芝麻生长季节,病菌通过根毛、根尖和伤口侵入,沿导管蔓延至植株各部。连作地、土温高、湿度大的瘠薄砂壤土易发病。田间操作以及虫害造成伤口时,病菌易于侵入。不同芝麻品种抗病性也有一定差异。

防治措施

1. 农业防治

(1)选用抗病品种或无病种子,并进行种子处理,用 51~55 ℃温汤浸种 30 分钟。

(2)合理轮作:严重发病地块,与小麦、玉米、谷子等禾本科作物轮作 4~5 年。

(3)清洁田园:清除田间病株残体,减少发病源。

(4)加强田间管理:科学配方施肥,增施磷钾肥,避免偏施氮肥或缺肥;适时播种;注意清沟排渍,降低田间湿度。

2. 化学防治

(1)种子处理:可用 50%多菌灵可湿性粉剂,或 70%甲基硫菌灵可湿性粉剂按种子重量的 0.2%~0.3%%拌种;或用 80%乙蒜素乳油 1 000 倍液浸泡半小时,浸泡时药液温度维持在 55~60 ℃。

(2)药剂喷雾:及时防治地下虫,减少虫伤;病害发生初期,可选用 2.5%咯菌腈悬浮剂 1 000 倍液,或 50%乙烯菌核利可湿性粉剂 1 000 倍液,或 50%异菌脲可湿性粉剂 1 000 倍液喷雾防治。也可用 50%多菌灵可湿性粉剂 1 000 倍液+70%敌磺钠可溶性粉剂 1 000 倍液灌根,每株灌药液 500~700 mL,间隔 7~10 天灌 1 次,连续 2~3 次。

05 芝麻白粉病

分布与危害

芝麻白粉病是一种真菌性病害,广泛分布在豫西各芝麻种植区,常导致芝麻品质和产量下降,影响种植收益。

症状特征

芝麻白粉病主要为害叶片、叶柄、茎及蒴果。叶表面生白色粉状霉层即病菌菌丝和分生孢子(图 6-5-1,图 6-5-2),严重时白色粉状物覆盖全叶,导致叶片变黄,影响植株光合作用,使植株生长不良,叶片枯死脱落。茎、蒴果染病亦产生类似症状。种子瘦瘪,产量降低。

图 6-5-1　芝麻白粉病初期症状

图 6-5-2　芝麻白粉病后期症状

发生规律

芝麻白粉病在豫西地区以闭囊壳随病残体在土表越冬。翌年条件适宜时产生子囊孢子进行初侵染，病斑上产生分生孢子借助气流传播，进行再侵染。温暖多湿、雾大或露水重易发病，高温高湿与高温干旱交替发病重。生产上土壤肥力不足或偏施氮肥的地块易发病。

防治措施

1. 农业防治

选用抗病品种，适时播种；科学配方施肥，增施磷钾肥，避免偏施氮肥或缺肥；加强栽培管理，注意清沟排渍，降低田间湿度。

2. 生物防治

发病前或初期，可喷洒1%武夷菌素水剂或2%抗霉菌素水剂150倍液，视病情，间隔10~15天防治1次，共防治2~3次。

3. 化学防治

发病初期，及时喷洒40%氟硅唑乳油8 000倍液，或25%三唑酮可湿性粉剂1 000~1 500倍液，或50%硫磺悬浮剂300倍液，或60%多菌灵盐酸盐水溶性粉剂2 000~3 000倍液，发病严重时，隔10~15天再防治1次。

06 芝麻疫病

分布与危害

芝麻疫病是由芝麻疫霉引起的一种毁灭性病害，除为害芝麻外，还可为害茄子、番茄等农作物。在芝麻整个生育期均可发病，严重时发病率达30%。该病常造成植株连片枯死，病株种子瘦瘪，严重影响产量和种子含油量。

图 6-6-1　芝麻疫病病叶

症状特征

芝麻疫病主要为害芝麻叶片（图 6-6-1）、茎秆和蒴果。叶片染病时，初生褐色水渍状不规则形病斑，湿度大时，病斑扩大为黑褐色湿腐状，边缘伴有白色稀薄霉状物。茎部染病时，病斑初为墨绿色水渍状，随后逐渐变为深褐色，病斑环绕茎部。蒴果染病后，病斑为墨绿色水渍状，后变褐并缩缢凹陷（图 6-6-2，图 6-6-3）。

图 6-6-2　芝麻疫病病叶正面

图 6-6-3　芝麻疫病病叶背面

发生规律

芝麻疫病以菌丝在病残体上或以卵孢子在土壤中越冬，并可在土壤中存活 3~5 年。苗期进行初侵染，病菌从茎基部侵入，在潮湿的条件下，经 2~3 天病部孢子囊大量出现，从裂开的表皮或气孔成束伸出，并释放出游动孢子，经风雨、流水传播蔓延，进行再侵染。7 月芝麻现蕾时、出现病株，8 月上旬开始流行。高温高湿病情扩展迅速，大暴雨后降温利于发病。土壤温度在 28℃左右，病菌易于侵染植株和引起发病；土温达 37℃时，病害延迟。

防治措施

1. 农业防治

（1）选用抗病品种。

（2）温汤浸种：播种前可用 55℃温水浸种 10 分钟，或 60℃温水浸种 5 分钟，晾干后播种。

（3）合理轮作：发病田与禾本科作物进行 2 年以上轮作。

（4）加强田间管理：采用高畦栽培，宽行条播，合理密植，改善通风透光条件；雨后及时清沟排水，降低田间湿度。

（5）清洁田园：芝麻收获后及时清除田间病残株，带出田外销毁，防止病菌扩散蔓延。

2. 化学防治

发病初期，可选用 58%甲霜灵·代森锰锌可湿性粉剂 600 倍液，或 50%甲霜灵·氧氯化铜可湿性粉剂 500 倍液，或 58%甲霜锰锌可湿性粉剂 500~700 倍液，或 36%三唑酮·多悬浮剂 600~800 倍液，或 72%霜脲·锰锌可湿性粉剂 800~900 倍液，或 64%恶霜·锰锌可湿性粉剂 500 倍液，或 69%烯酰吗啉·代森锰锌可湿性粉剂 1 000 倍液，或 75%百菌清可湿性粉剂 600 倍液喷雾防治，间隔 7~10 天防治 1 次，连喷 2~3 次。

07 芝麻天蛾

分布与为害

芝麻天蛾别名芝麻鬼脸天蛾，属鳞翅目天蛾科。其除为害芝麻外，也可为害茄子和马铃薯、豆科等作物。以幼虫取食叶部为害，食量很大，严重时可将整株叶片吃光，有时也为害嫩茎和嫩荚，导致芝麻不能结荚，发生数量多时，对产量有很大影响。

图 6-7-1 芝麻天蛾成虫

形态特征

成虫：体长约 50 mm，翅展 100~120 mm；头胸部褐黑色，胸部有黑色条纹、斑点及黄色斑组成的骷髅状斑纹；腹部背面有蓝色中背线及黑色环状横带，两旁及侧面土黄色，各节后缘黑色；腹面黄色；胸足较短，黑色，各节间具黄色环纹；前翅狭长，棕黑色，翅面混杂有微细白点及黄褐色鳞片，呈现天鹅绒光泽，上具的横线及外横线由数条黑色波状线组成，横脉上具 1 黄色斑，近外缘有橙黄色丛条；中室有 1 灰白小圆点；后翅杏黄色，有 2 条粗黑横带（图 6-7-1）。

图 6-7-2 芝麻天蛾低龄幼虫

图 6-7-3 芝麻天蛾老熟幼虫

卵：淡黄色，球形，直径约 2 mm。

幼虫：低龄幼虫体色较淡，头、胸部有明显的淡黄色颗粒（图 6-7-2）；老熟幼虫体长 92~110 mm；头部深绿色，两侧具黄、黑纵条，前胸较小，体色青绿，第 1~8 腹节具黄色至灰褐色斜纹，斜纹上缘蓝色，背面有蓝色点，胸足褐绿色；气门黑色，外具黄色环（图 6-7-3）。该幼虫还有一色斑型：体色暗褐色略带紫色，前胸有黑点，中、后胸背上有许多黑条，腹部 1~8 节两侧有灰色斜纹,背面具灰黄色散点。

蛹:长 55~60 mm,红褐色,后胸背面有 1 对粗糙雕刻状纹,腹部 5~7 节气门各具 1 横沟纹(图 6-7-4,图 6-7-5)。

图 6-7-4　芝麻天蛾初化蛹

图 6-7-5　芝麻天蛾蛹

发生规律

芝麻天蛾在豫西地区一年发生一代,以蛹在土下 6~10 cm 深的土室中越冬。通常成虫于 6 月上旬羽化,6 月中、下旬产卵,7 月中、下旬为幼虫为害盛期,8 月上旬至 9 月上旬老熟幼虫入土化蛹越冬。成虫昼伏夜出,有趋光性,受惊后,腹部环节间摩擦可吱吱发声。卵散产于寄主植物的叶面或叶背。低龄幼虫晚间取食,白天栖息在叶背;老龄幼虫昼夜取食,常将叶片吃光。幼虫随龄数的增加,有转株为害的习性。

防治措施

1. 农业防治

结合田间管理和农事操作,人工捡杀幼虫。

2. 理化诱控

在成虫盛发期尚未产卵前,可用振频式杀虫灯、黑光灯、糖醋液进行诱杀;用杨树枝捆扎成束,喷上敌敌畏插在田间,每亩 10~15 把,每天清晨日出之前集中捕杀成虫。

3. 生物防治

幼虫盛发时,可用 25%灭幼脲悬浮剂 500~600 倍液喷雾防治。

4. 化学防治

可选用 50%杀螟丹可湿性粉剂 1 000 倍液,或 10%吡虫啉可湿性粉剂 1 500 倍液,或 2. 5%氯氟氰菊酯乳油 2 000 倍液,或 2. 5%溴氰菊酯乳油 1 500~2 000 倍液,或 25%喹硫磷乳油 1 500 倍液,或 80%敌敌畏乳油 1 000~1 500 倍液,或 90%晶体敌百虫 800 倍液等药剂喷雾防治。

08 小绿叶蝉

分布与为害

小绿叶蝉又名小浮尘子，幼虫爬行迅速，成虫飞行能力强，主要以若虫、成虫刺吸芝麻芽、叶和花汁液为害。被为害叶片初期出现黄白色斑点，逐渐扩大成片，严重时全株叶片苍白，提早落叶（图 6-8-1）。

图 6-8-1　小绿叶蝉大田为害状

形态特征

成虫：体长 3.3~3.7 mm，淡黄绿至绿色。头背面略短，向前突，喙微褐，基部绿色；复眼灰褐至深褐色，无单眼，触角刚毛状，末端黑色；前胸背板、小盾片浅鲜绿色，常具白色斑点；腹部背板色较腹板深，末端淡青绿色；前翅半透明，略呈革质，淡黄白色，周缘具淡绿色细边；后翅透明膜质，各足胫节端部以下淡青绿色，爪褐色；跗节 3 节；后足跳跃足（图 6-8-2）。

卵：长椭圆形，略弯曲，长径 0.6 mm，短径 0.15 mm，乳白色。

若虫：体长 2.5~3.5 mm，与成虫相似（图 6-8-3）。

图 6-8-2　小绿叶蝉成虫

图 6-8-3　小绿叶蝉若虫

发生规律

小绿叶蝉年发生 4~6 代，世代重叠，以成虫在落叶、树皮缝、杂草丛中越冬。翌年 3 月中旬越冬代开始活动，4 月上旬于叶背面主脉中产卵。6 月中旬至 10 月中旬为发生高峰期。若虫孵化后喜群集在叶片背面刺吸为害，被害叶片正面出现失绿小点。成虫善跳，能借风力扩散，在叶背刺吸汁液或栖息。高温、多雨不利于该虫的发生。

防治措施

1. 农业防治

芝麻收获后及时彻底清除田间及附近杂草，减少害虫的越冬场所。

2. 理化诱控

在成虫发生期，利用小绿叶蝉的趋光性、趋黄性和趋化性，在田间设置杀虫灯、黄色黏虫板或信息素黄板（在黄板中央留小孔或用细绳、细铁丝固定，安置小绿叶蝉诱芯）诱杀成虫。

3. 生物防治

（1）保护利用天敌：要注意保护利用卵寄生蜂、缨小蜂、蜘蛛、草蛉等天敌或释放天敌。

（2）生物制剂防治：可亩用2.5%鱼藤酮乳油120 mL，或0.5%藜芦碱可溶液剂90 mL，兑水60kg均匀喷雾防治；或选用球孢白僵菌、金龟子绿僵菌进行防治。

4. 化学防治

发生严重时可亩用15%茚虫威乳油25 mL，兑水50 kg均匀喷雾防治；也可喷洒10%吡虫啉可湿性粉剂2 000倍液，或20%氰戊菊酯乳油2 000倍液，视虫情隔10天左右防治1次，连续防治2~3次。

第七部分　甘薯病虫害

01 甘薯腐烂茎线虫病

分布与危害

甘薯腐烂茎线虫病又叫糠心病、空心病、糠梆子、糠裂皮等，是豫西地区甘薯生产上危害最重的一种病害，可为害薯块和地上茎蔓，造成烂种死苗。轻发病田造成红薯减产5%~10%，重病田减产50%以上，甚至绝收(图7-1-1)。

症状特征

苗床上为害薯苗，可在薯苗地下白色部分产生块状或条状褐色晕斑，纵向剖开茎基部，可见褐色空隙，剪断后很少流白浆或不流白浆，重病苗内部糠心可达到秧蔓顶部(图7-1-2)。大田发病，病薯茎蔓基部表皮产生褐色龟裂斑，髓部褐色干腐，叶片发黄，生长缓慢(图7-1-3)。

图7-1-1　大田中受甘薯腐烂茎线虫病为害的薯块

图7-1-2　甘薯腐烂茎线虫病苗床上发病症状

图7-1-3　受甘薯腐烂茎线虫病为害的甘薯茎蔓基部症状

图7-1-4　薯拐受害症状

为害薯块时，因侵染途径不同，主要表现为糠心型与糠皮型 2 种类型。糠心型病薯在生产上多见，是由种薯、薯苗带病或线虫经薯拐侵入形成的（图 7-1-4），发病部位由上向下、由内向外扩展，薯肉被线虫为害后形成不规则的孔洞，加之其他微生物侵染，受害甘薯内部呈褐白相间的干腐症状（图 7-1-5，图 7-1-6），病薯与健薯外表无明显差别，但受害薯块重量明显变轻，用手指弹有空响，放入水中会上浮，俗称“褐心”或“糠心”红薯；糠皮型病薯是土壤中的腐烂茎线虫经薯皮直接侵入薯块形成的，发病部位一般由下向上、由外向内扩展，初期在薯块表皮产生青色至紫色稍凹陷小斑，之后因其他微生物侵染呈黑褐色，后期病薯表皮可见龟纹状裂口（图 7-1-7），皮下组织变褐发软，皮层内部呈褐白相间的干腐。有时糠心型和糠皮型两种症状可发生在同一薯块上（图 7-1-8-图 7-1-10）。

图 7-1-5　受害薯块内部呈褐白相间的干腐症状

图 7-1-6　受害薯块内部呈褐白相间的干腐症状

图 7-1-7　病薯表皮可见龟纹状裂口

图 7-1-8　糠皮型为主的发生症状

图 7-1-9　混合发生症状

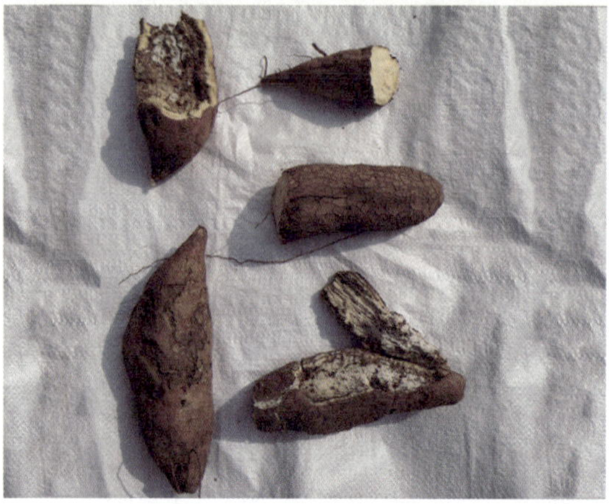

图 7-1-10　混合发生症状

发生规律

腐烂茎线虫常以卵、幼虫、成虫形态在病薯块内越冬，或以成虫形态在土壤内越冬，耐低温、耐干燥，存活能力较强，在田间土壤中可存活 5~7 年，零下 15℃停止活动但不死亡，田间缺少高等植物寄生时，腐烂茎线虫则在土壤中的杂草和真菌寄主上存活。

带虫种薯育苗后，腐烂茎线虫从种薯芽苗的着生点侵入，沿髓或皮层向上移动。病秧苗栽入大田，茎线虫随之传入，在秧薯内生长发育，顺着根基朝薯块纵深处为害。甘薯收获前一个月是为害盛期，线虫沿着薯块向上移动为害薯蔓基部。无病秧苗栽入病田后，腐烂茎线虫大都可以从薯秧末端新生白根处侵入。在适宜条件下，腐烂茎线虫不断产卵繁殖为害。收获时成虫、幼虫和卵都可存活于被害薯块内和薯茎拐子内。在贮藏窖期内或加工食用前还可继续为害，造成更大损失。

防治措施

1. 植物检疫

切实做好种薯、种苗的检疫，严禁从病区调薯买苗，对调进的可疑薯苗要进行药剂除害处理。

2. 农业防治

（1）选用抗耐病品种：根据当地病虫害发生特点，种植适合当地的健康优质高产抗病品种和无病种薯种苗。

（2）轮作、倒茬：无病区连种 2~3 年甘薯后换茬，病区应与玉米、小麦、谷子、棉花等非寄主作物进行 3~4 年的轮作，以减轻病菌积累量，注意不能与马铃薯、豆类作物轮作。

（3）高剪苗栽插：采用高剪苗栽插措施，离薯床地面 3 cm 以上剪下秧苗，可去除易感病的白色地下部分，降低秧苗带病入田机率，同时推荐覆膜种植，提高移栽成活率（图 7-1-11~图 7-1-13）。

图 7-1-11　甘薯育苗大棚剪苗

图 7-1-12　高剪薯苗

图 7-1-13　甘薯覆膜移栽

(4)水肥管理:加强肥水管理,使用50℃以上高温发酵处理的腐熟有机肥,重病区尽量不施土粪,以氮肥配合磷酸二氢钾补施,防止土粪传病;使用清洁水源灌溉,不应使用淀粉加工废水回田。

(5)清洁田园:收获后,及时中耕除草,清理田间带病的薯块、薯秧、笼头、薯根,带出田外集中销毁,降低病源基数;甘薯田栽苗、收获机械转场时,机具上粘附的碎薯渣、薯苗病残体和泥土,要清除干净;严禁用病薯、病蔓沤肥。

(6)建立无病留种田:选多年未种过甘薯的田块或无病田,施不含烂薯块、病秧蔓沤制的无病肥,浇无病水,种植健薯育的无病苗。

(7)培育无病壮苗:在选用无病种薯的基础上,育苗时用50~55 ℃温水浸种薯10分钟,杀死种薯表皮下7 mm深处的线虫。

3. **化学防治**

根据病害发生种类与发生时期,合理选用高效、低毒、低残留农药,合理混配药剂,确保农药施用的安全间隔期(图 7-1-14)。

图 7-1-14　甘薯腐烂茎线虫病防治药剂

图 7-1-15　移栽前药液浸苗

(1)苗床药剂处理

育苗前用 50%辛硫磷乳油 50 mL+50%多菌灵可湿性粉剂 130 g,兑水 100 kg 均匀泼浇苗床;种薯整齐摆放在苗床上后,用 50%辛硫磷乳油 50 mL+或 70%甲基硫菌灵可湿性粉剂 110 g+碧护 20 g,兑水 100 kg,泼浇种薯;薯苗移栽前再用 50%辛硫磷乳油 50 mL+50%多菌灵可湿性粉剂 130 g(或 70%甲基硫菌灵可湿性粉剂 110 g)+碧护 10 g,兑水 100 kg 泼浇薯苗。

(2)移栽期药剂处理

移栽前,可用 20%三唑磷微囊悬浮剂或 21%阿维·噻唑膦水乳剂,稀释 5 倍摇匀,将甘薯秧基部理齐插入药液 10 cm 以上深度浸泡 10 分钟,取出沥干栽插;也可用 50%辛硫磷乳油或 30%辛硫磷微囊悬浮剂 150~200 倍液,加入适量的泥土,成泥浆状,蘸薯苗茎基部 10 cm,10 分钟后栽种,注意随蘸随栽,不可放置(图 7-1-15)。

(3)大田药剂防治

在浸苗、蘸根的基础上,还要结合灌穴、毒土穴施等措施,提高防效。灌穴:在栽种甘薯时,每穴浇灌 50%辛硫磷乳油 2 000~2 500 倍液 0.5 kg;毒土穴施:薯苗栽种前,亩用 10%噻唑膦颗粒剂 2 kg,或 30%三唑磷微胶囊剂 1 kg,对细沙 30 kg 拌匀,每穴施毒土 10 g,先浇水栽秧,后施药土再覆土。

02 甘薯病毒病

分布与危害

甘薯病毒病又称花叶病，在豫西甘薯种植区均有发生，可引起植株严重矮化，叶片扭曲、畸形、褪绿等，光合作用受到抑制，对甘薯产量影响极大，可造成减产50%~90%，甚至绝收，是甘薯上的毁灭性病害（图7-2-1）。

图7-2-1 甘薯病毒病苗床为害状

症状特征

甘薯病毒病根据表现症状可以分为褪绿斑点型、花叶型、卷叶型、叶片皱缩型、叶片黄化型和薯块龟裂型6种类型。

1. 叶片褪绿斑点型：苗期及发病初期叶片产生明脉或轻微褪绿半透明斑，生长后期，斑点四周变为紫褐色（图7-2-2）或形成紫环斑（图7-2-3），多数品种沿脉形成紫色羽状纹（图7-2-4）。

2. 花叶型：苗期染病初期叶脉呈网状透明，后沿叶脉形成黄绿相间的不规则花叶斑纹。

3. 卷叶型：叶片边缘向内翻卷，严重时卷成杯状（图7-2-5）。

4. 叶片皱缩型：病苗叶片少，叶缘不整齐或扭曲（图7-2-6，图7-2-7），有与中脉平行的褪绿半透明斑。

5. 叶片黄化型：叶片黄色，形成网状黄脉（图7-2-8）。

6. 薯块龟裂型：薯块上产生黄褐色至黑褐色、呈横带状排列的龟裂纹，或甘薯贮藏期内部薯肉木栓化，剖开可见薯肉具黄褐色斑块。

图7-2-2 斑点四周变为紫褐色

图7-2-3 甘薯病毒病紫环斑

图 7-2-4　沿脉形成紫色羽状纹

图 7-2-5　叶片边缘上卷

图 7-2-6　叶片扭曲

图 7-2-7　苗床上叶片大面积扭曲

图 7-2-8　网状黄脉

图 7-2-9　健薯(上)、病薯(下)对照

发生规律

甘薯病毒病近距离传播主要依靠机械或蚜虫、烟粉虱及嫁接等途径,远距离传播主要依靠薯苗和薯块随调运传播,种薯带毒,培育出来的种苗出土后即可表现症状。其发生和流行程度取决于种薯、种苗带毒率和各种传毒介体种群数量、活力、传毒效能和甘薯品种的抗性,此外还与气候条件、土壤类型、耕作制度、栽植期等有关。

防治措施

1. 加强检疫

禁止调运含有病毒病的种薯和薯苗。

2. 农业防治

(1)培育和推广脱毒种苗、种薯。

(2)加强田间管理,施足基肥,增施有机肥;苗床上、大田中发现病株要及时连种薯带苗全部剔除、销毁(图 7-2-9)。

3. 生物防治

发病初期立即喷洒 8%宁南霉素水剂 200~400 倍液,或 0.06%甾烯醇微乳剂 1 000~2 000 倍液,或 0.5%菇类蛋白多糖水剂 200~300 倍液。

4. 化学防治

(1)消灭传毒昆虫:及时施药防治飞虱、蚜虫,特别是苗期烟粉虱的防治,可选用 24%噻嗪酮可湿性粉剂 1 000~1 500 倍液,或 3%啶虫脒微乳剂 1 000 倍液,或 2.5%联苯菊酯乳油 1 000 倍液,或 25%噻嗪酮·啶虫脒微乳剂 3 000~5 000 倍液,或 10%吡虫啉可湿性粉剂 2 000~3 000 倍液,或 1.8%阿维菌素乳油 1 500 倍液等,喷雾防治。

(2)防治病毒病:可选用 5%菌毒清可湿性粉剂 200 倍液,或 30%盐酸吗啉胍可溶性粉剂 900~1 200 倍液等,喷雾防治,间隔 7 天防治 1 次,连续防治 2~3 次。

03 甘薯根腐病

分布与危害

甘薯根腐病俗称烂根病,是豫西甘薯种植区发生较普遍的一种病害。该病为典型的土传、毁灭性病害,蔓延迅速,防治困难,一般发病地块可造成减产 10%~20%,重者减产 40%~50%,甚至成片死亡,造成绝收,对甘薯生产安全造成严重威胁。

症状特征

地上部分:轻病株茎蔓伸长较健株缓慢,植株矮小,分枝少,秧蔓节间缩短、矮化,遇日光暴晒呈萎蔫状,但茎蔓仍能生长,入秋后秧蔓上可能出现大量现蕾开花现象。重病株叶片自下而上变黄、增厚、反卷,干枯脱落,主茎自上而下逐渐干枯死亡,引起全株枯死,造成种植前期缺苗断垄。

图 7-3-1　地下根茎变黑腐烂状

地下部分:大田期秧苗受害,先在须根中部或根尖出现赤褐色至黑褐色病斑,中部病斑横向扩展绕茎一周后,病部以下的根段很快变黑腐烂，拔苗时易从病部拉断。地下茎受侵染，形成褐色凹陷纵裂的病斑，病部多数表皮纵裂，皮下组织发黑疏松，严重时，地下根茎全部变黑腐烂，自下而上干枯，导致全株枯死（图 7-3-1）。

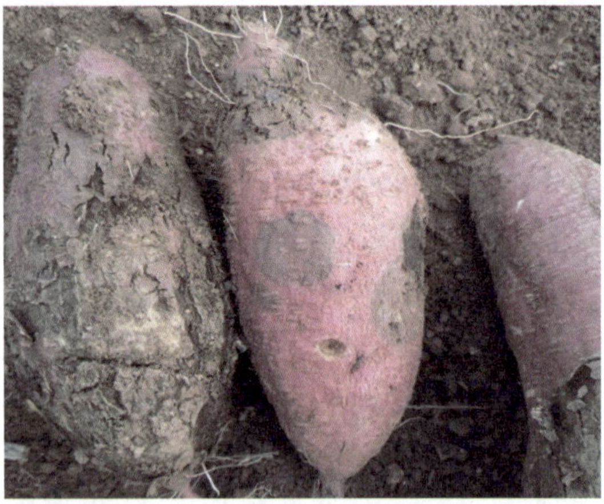

图 7-3-2　甘薯根腐病初期黑褐色凹陷斑

图 7-3-3　甘薯根腐病中后期薯块表皮龟致

病株不结薯或结畸形薯，薯块小，毛根多。块根受侵染初期表面产生大小不一的褐色至黑褐色病斑，稍凹陷（图 7-3-2），中后期表皮龟致（图 7-3-3），易脱落。皮下组织变黑疏松，底部与健康组织交界处可形成一层新表皮。贮藏期病斑并不扩展。病薯不硬心，煮食无异味。

发生规律

甘薯根腐病病菌借助土壤传染，病菌分布以耕作层密度最高，发病也重；田间病害扩展主要靠流水和农事活动。遗留在田间的病残株也是初次侵染来源；用病株喂牲口，其排出的粪便仍能致病；带病种薯也可传病。甘薯根腐病发病温度为 21~29℃，最适温度为 27℃左右，土壤含水量在 10%以下，对病害发生发展有利。一般砂土地保肥保水差，植株生长衰弱发病较重；黏性、肥沃土壤发病轻；轮作地发病轻，连作地发病重；春薯发病轻，夏薯发病重；不同品种耐病性也有明显的差异。

防治措施

1. 农业防治

（1）选用抗病品种，建立无病留种田，精选无病块根做种薯。

（2）合理轮作：重病田可与水稻、玉米、花生、豆类等非寄主作物实行 2~3 年轮作。

（3）加强田间管理：深翻改土，及时清除田间病残体，适时灌溉，增施有机肥料与钾肥，适当提早栽期。

2. 物理防治

采用自走式精旋火焰土壤消毒机消毒，利用近 2 000℃的高温火焰杀灭土壤中的病原微生物，具有节水、高效、稳定、无残留的优点。

3. 化学防治

育种前用 50%多菌灵可湿性粉剂 500 倍液，或 70%甲基硫菌灵可湿性粉剂 800 倍液，浸种薯 3~5 分钟；栽种前用 70%甲基硫菌灵可湿性粉剂 800 倍液，或 50%多菌灵可湿性粉剂 250~300 倍药液，浸蘸苗基部 6~10 cm、2~3 分钟；栽种后用 96%恶霉灵可湿性粉剂 3 000 倍液，或85%三氯异氰尿酸可溶性粉剂1 500~2 000倍液灌根，可兼治甘薯黑斑病；田间出现病株时，可选用80%代森锰锌可湿性粉剂500倍液，或25%苯醚甲环唑乳油1 500倍液，或50%氟啶胺悬浮剂1 000~1 500倍液喷雾防治。

04 甘薯软腐病

分布与危害

甘薯软腐病俗称水烂、软烂、脓烂等，是甘薯采收和贮藏期的主要病害之一，豫西各甘薯种植区均有发生。在甘薯贮藏期含水量高时，极易发生，严重时造成全窖腐烂，损失严重。

症状特征

薯块染病，病组织初为暗黑色，后变为淡褐色水浸状，破皮后流出黄褐色汁液，略带酒香味，病部表面长出灰白色霉状物（图7-4-1），上生黑色粒点，随后产生大量黑色霉毛污染周围病薯，形成一大片霉毛，适宜条件下病情扩展迅速，约2~3天整个薯块即呈软腐状，如伴有其他微生物的生长，会发出恶臭味和酸霉味，以后干缩成硬块。（图7-4-2–图7-4-4）。

图7-4-1　苗床薯块表面长出灰白色霉状物

图7-4-2　受害薯苗及软腐薯块

图7-4-3　病部表面长出大量灰黑色菌丝及孢子囊

图7-4-4　甘薯贮藏期软腐病和多种病害混合发生症状

发生规律

甘薯软腐病病菌存在于空气中或附着在被害薯块上或在贮藏窖内越冬，由伤口侵入。病部产生孢子囊借气流传播进行再侵染，受冻或有伤口的薯块易发病。发病适温为15～25 ℃，相对湿度为76%～86%。气温29～33 ℃，相对湿度高于95%不利于孢子形成及萌发，但利于薯块愈伤组织形成，因此发病轻。

防治措施

1. 适时收获，避免机械损伤和冻害：夏薯应在霜降前后收完，秋薯应在立冬前收完，收薯宜选晴天，挖薯时小心从事，避免产生伤口。

2. 精选健薯，安全入窖：淘汰剔除病、残、烂薯，待水气晾干后适时入窖。提倡用新窖，旧窖要清理干净，或把窖内旧土铲除露出新土，必要时每立方米用硫磺15g熏蒸消毒。

3. 科学贮藏：一是甘薯入窖前期，可用2%福尔马林喷洒墙壁、地面、覆盖物等，然后密闭2～3天，以杀灭室内病菌；贮藏初期，即甘薯入窖30天，应打开窖门、通风孔或窗户换气，有条件的话可以打开排风扇，加强通风、散湿，待窖内薯堆温度降至12～14 ℃时可不再通风；贮藏中期，即12月至翌年2月低温期，是薯块最宜受冻害的时期，窖温应保持在10～14 ℃，封闭通风孔或门窗，加厚窖外保温层，薯堆上可覆盖棉被或草垫；贮藏后期，即3月以后，外界气温逐渐升高，要经常检查窖温，及时放风或关门，使窖温保持在10～14 ℃。

05 甘薯黑斑病

分布与危害

甘薯黑斑病又叫黑膏药、黑疮、黑疤病，是甘薯生产上的一种重要病害，在豫西各甘薯种植区均有发生。甘薯黑斑病在幼苗期、大田期和贮藏期均可发病，主要为害薯块和幼苗茎基部，不侵染地上茎蔓部分，发生严重时，可引起死苗、烂床、烂窖。另外，受害薯块含有毒素，人、畜误食量大时可引起中毒，以致死亡。

图 7-5-1　茎基部出现近圆形凹陷小黑斑

症状特征

薯苗染病，多在近地白色茎基部出现梭形褐色斑，逐渐发展为近圆形凹陷小黑斑（图 7-5-1），严重时病斑环绕幼茎形成黑脚状，病苗长势衰弱，矮小，叶片发黄，须根变黑腐烂，最终导致死苗“烂床”；大田期薯块染病时，病斑多发生在伤口和根眼上，初为黑色小点，逐渐扩大后呈圆形、椭圆形或不规则形膏药状病斑，中央稍凹陷，轮廓清晰（图 7-5-2，图 7-5-3），病变组织坚硬，薯肉呈黑绿色，味苦，潮湿时，病斑上常产生灰色霉层（病菌的菌丝体和分生孢子），后期出现黑色刺毛状物和粉状物（病菌的子囊壳和厚垣孢子）。贮藏期染病，会产生甘薯酮等毒素，影响食用，引起人畜中毒。

图 7-5-2　甘薯黑斑病薯块病斑

图 7-5-3　甘薯黑斑病病薯块

发生规律

病菌以厚垣孢子、子囊孢子和菌丝体在病薯、土壤、病残体及粪肥中越冬。病菌多从伤口侵入,也可通过根眼、皮孔从薯苗的白色部分直接侵入,带病的种薯、种苗以及带菌的土壤和肥料是甘薯黑斑病的主要侵染源,重病苗移栽后短期内可死亡,轻病苗上的病菌扩展传播后可侵染新薯块。病菌通过产生孢子在苗床、大田和贮藏期不断扩散和多次侵染,灌溉水、农具、人、畜活动会助长病菌传播。

黑斑病的发生与温、湿度有密切关系,田间病菌适宜发病的土壤温度为 15~30 ℃,以 25 ℃最适宜。连作,地势低洼,排水不良,土壤黏重潮湿,地下害虫发生严重,有利于发病;品种间抗病性存在差异,薯块易发生裂口、薯皮较薄易破裂、伤口愈合速度较慢的品种发病重;生育早期干旱,后期雨水增多,薯块猛长引起的生理性裂伤,也会造成病菌侵入,引起发病。贮藏期如果高温多湿,薯块大量堆积,加之有大量伤口存在,病害迅速蔓延,易引起全窖发病腐烂。

防治措施

1. 农业防治

(1)合理轮作:重病田应与小麦、玉米、豆类等轮作 3 年以上,避免连作或与番茄、辣椒、马铃薯等作物轮作。

(2)选用抗病品种,建立无病留种田,对入窖种薯要精选,用无病块根做种薯,培育壮苗。

(3)加强田间管理:增施有机肥与钾肥,及时追肥,适时浇水,提高植株的抗病性。

(4)高剪苗:离苗床 3 cm 左右剪苗,除去易感病的地下白色部分。

(5)温汤浸种:育苗前将薯块放在 51~54 ℃温水中浸泡 10 分钟,捞出后立即上苗床排种盖土,以杀死附着在种薯表面及潜伏在种皮下的病菌。由于甘薯不同品种耐热性存在差异,因此,温汤浸种要注意控制好温度和浸泡时间,以免影响出芽率。

2. 化学防治

（1）种薯消毒：用 50%多菌灵可湿性粉剂 1 000 倍液，或 50%甲基硫菌灵悬浮剂 800 倍液，或 80%乙蒜素乳油 1 500 倍液，浸薯块 10 分钟，捞出育种。一次配药液可连续浸种薯 10~15 次，药剂浸种较温汤浸种简便易行（图 7-5-4）。

图 7-5-4 种薯消毒

（2）药剂浸苗消毒：用 70%甲基硫菌灵可湿性粉剂 800~1 000 倍液，或 50%多菌灵可湿性粉剂 2 500~3 000 倍药液，浸蘸苗基部 6~10 cm、2~3 分钟，然后栽种。

（3）土壤和苗床处理：用 96%恶霉灵可湿性粉剂 3 000 倍液浸苗、灌根、处理土壤和苗床，防治甘薯黑斑病效果好。

（4）入窖处理：甘薯入窖时，用多菌灵、甲基硫菌灵或醚菌酯等泼洒或浸蘸甘薯，晾干后入窖。贮藏初期，温度应控制在 10~14 ℃、相对湿度在 80%左右，必要时采取高温愈合等处理措施，即用 1~2 天加温到平均堆内温度 34~37 ℃，并保持 96 小时，再用 1~2 天恢复到正常贮藏温度。

06 甘薯紫纹羽病

分布与危害

甘薯紫纹羽病俗称抹帽坏、红络、留皮，该病发展蔓延快，防治困难，是当前甘薯生产中为害较大的病害之一。一般受害田块减产 15%~30%，严重者达 50%，甚至绝收。

图 7-6-1 块根外表生有病原菌的菌丝

图 7-6-2 病薯块根外表披白色蛛网状菌索

症状特征

甘紫纹羽病主要发生在大田期，为害薯块和根系，病株地上叶片自茎基部自下而上渐次萎黄脱落；须根染病的皮层易脱落，病蔓易拔起；块根、薯拐的外表被白色或紫褐色的根状菌索缠绕，似蛛网状，病症明显（图 7-6-1-图 7-6-3）。病薯肉自下而上，从外向内逐渐腐烂，后仅残留外壳，糜烂薯肉从破裂表皮流出（图 7-6-4，图 7-6-5），发出酒糟气味，薯皮因包有羽绒状菌膜而质地坚硬，病薯块最后成空心僵壳（图 7-6-6）。

图 7-6-3　甘薯紫纹羽病病蔓

图 7-6-4　甘薯紫纹羽病致使薯肉糜烂

图 7-6-5　糜烂薯肉从破裂表皮流出

图 7-6-6　病薯块成空心僵壳

发生规律

菌丝体、根状菌索和菌核依附在病根或土壤中越冬，成为翌年初侵染源。条件适宜时，根状菌索和菌核产生菌丝体，菌丝体集结形成菌丝束，接触寄主根系后即可侵入为害。一般先侵染新根的柔软组织，然后再蔓延到主根。健根与病根接触可引起健根发病；病菌也可靠雨水、灌溉水流、土壤、带菌肥料和病残体等传播。秋季多雨、潮湿年份发病重。连作地、砂土地、低洼潮湿、积水的地块发病重。

防治措施

1. 农业防治

（1）严格选地，轮作倒茬：不在发生过紫纹羽病的桑园、果园以及大豆、山芋等地栽植甘薯，最好选择与禾本科作物实行 3 年以上轮作。

（2）培育无病种苗、壮苗、高剪苗，提倡施用腐熟有机肥或酵素菌调制的堆肥育苗。

（3）发现病株及时挖除销毁，四周开沟阻隔，或用 20%石灰水浇灌，防止菌丝体、菌索、菌核随土壤或流水传播蔓延。

（4）清洁田园：甘薯收刨后，将田间病薯块、薯笼头、薯蔓等病株残体集中清理烧毁或深埋，减少土壤菌源，防止再侵染。

2. 化学防治

取苗前两天用 40%五氯硝基苯粉剂 200 倍液泼浇苗床，栽前再用 1 200 倍液蘸根。大田发病初期及时喷淋或浇灌 36%甲基硫菌灵悬浮剂 500 倍液，或 70%甲基硫菌灵可湿性粉剂 700 倍液，或 50%苯菌灵可湿性粉剂 1 500 倍液；也可亩用 70%代森锰锌可湿性粉剂 1.5 kg 加细土 30 kg，拌匀穴施。

07 甘薯白绢病

分布与危害

甘薯白绢病从育苗期至收获期均可发生，发病田块甘薯产量损失 20%以上，严重者甚至绝收。甘薯贮藏和销售时，白绢病菌常导致薯蒂和薯尾腐烂，影响甘薯的品质和商品性。

症状特征

发病部位主要在接近地表 1～2 cm 的甘薯茎基部，不同茎色表现症状各不相同，茎色为绿色的品种初现黄褐色水渍状病斑，茎色为紫色的品种初现紫红色病斑，随后逐渐变褐腐烂，呈湿腐状。潮湿条件下，病部及地表产生大量白色绢状菌丝（图 7-7-1），菌丝体呈辐射状扩展，环绕整个茎基部，整株萎蔫，易从基部腐烂处折断、倒伏，并在表面或基部附近形成菌核。菌核初为白色，渐变为米黄色，最后变为棕褐色（图 7-7-2）。收获期发病，薯块表面密生白色菌丝（图 7-7-3），紧贴

图 7-7-1　苗床地上部分白色绢状菌丝

于薯块表皮并呈扇形扩展，产生白色至棕褐色菌核，紫色薯块受害，则在薯尾和茎基部出现鲜艳的紫红色。

图 7-7-2　薯苗茎基部的白色菌核

图 7-7-3　薯块表面白色菌丝

发生规律

甘薯白绢病的病原菌是一种根部习居菌，其以菌丝体或菌核在土壤中或病根上越冬，第二年温度适宜时，产生新的菌丝体，病菌在土壤中可随地表水流进行传播，菌丝在土中生长蔓延，侵染苗木根部或根茎。

甘薯白绢病的病原体，抗逆性强，耐低温，在-10 ℃或通过家畜消化道后仍可存活，自然条件下经5~6年仍具萌发力。在pH值为5.9的土壤中，活性能力最强，传播速度最快。温、湿度越高，越有利于发病。

防治措施

1. 农业防治

(1)合理轮作：在发病重的地块选择与小麦、玉米和其他农作物进行科学轮作，并采用3~5年轮作周期。

(2)施用充分腐熟的有机肥，适当追施硫酸铵、硝酸钙。

(3)收获后深翻土地，把病菌翻到土壤下层。

(4)在菌核形成前，拔除病株，病穴撒石灰消毒。

(5)调整土壤酸碱度，结合整地，每亩施消石灰100~150 kg，使土壤呈中性至微碱性。

(6)育苗时地膜覆盖，采用滴灌或膜下暗灌，加强棚内通风，控制棚内湿度。

2. 化学防治

发病地区应从育苗期开始防治，每平方米用50%福美双可湿性粉剂10 g与500 g细土混匀后，育苗时底部先垫1/3药土，另2/3覆盖在种薯上。田间发病初期，喷施40%五氯硝基苯悬浮剂400倍液，或50%腐霉利可湿性粉剂1 000倍液，或50%异菌脲可湿性粉剂1 000倍液，或50%苯菌灵可湿性粉剂500倍液，或80%多菌灵可湿性粉剂600倍液，或36%甲基硫菌灵悬浮剂400倍液等。隔7~10天后再施1次。

08 甘薯瘟病

分布与危害

甘薯瘟病又名甘薯细菌性枯萎病、甘薯青枯病、甘薯细菌性萎蔫病等，是一种极具侵染力的毁灭性病害，一般发病田产量损失20%~30%，重病田达70%~80%，个别严重田块甚至绝收。

症状特征

甘薯瘟病在甘薯整个生育期均可发病，各生育期表现症状有一定差异。苗期染病，当株高20 cm左右，顶端1~3片叶开始萎蔫，随后整株枯萎褐变，病苗维管束变为黄褐色，地下细根变黑，脱皮腐烂，基部水渍状黑烂脱皮，只残留丝状维管束组织，茎变中空。成株期染病见于定植后，病苗栽后不发根，很快死亡；健苗栽后半个月前后显症，病菌从伤口侵入，病部呈黄褐色或黑褐色水渍状，病株于晴天中午萎蔫呈青枯状，发病后期各节上的须根黑烂，易脱皮，纵切基部维管束可见黄褐色条纹。薯块染病轻者薯蒂、尾根呈水渍状变褐，较重者薯皮现黄褐色斑，横切面生黄褐色斑块，纵切面有黄褐色条纹（图7-8-1），严重时薯肉变为黄褐色，维管束四周组织腐烂成空腔或全部烂掉，有略带刺鼻臭味的淡黄色菌脓流出。染病成株叶色不变黄，不萎蔫下垂，茎部不膨大，无纵裂。

图7-8-1　甘薯瘟病切面黄褐色斑块和条纹

发生规律

病原细菌可在土中存活1~3年，病苗、病薯、病土是远距离传播的主要途径，也是主要初侵染源，灌溉水、粪肥亦可传病。病菌经由伤口和侧根侵入，进入维管束组织繁殖并向植株上部扩展。从发病的地下茎部蔓延到藤头，进而侵入薯块，引起薯块发病。高温高湿适宜病菌繁殖为害，发病适温为20~40 ℃，其中温度27~35 ℃、湿度80%以上，雨水多的条件下繁殖最快。山坡旱地发病轻，平地洼地发病重，黏重地、微酸性的土壤发病较重；连作地、与茄科作物轮作的地块发病重。

防治措施

1. 加强检疫

严格控制病区种薯、种苗外调。

2. 农业防治

（1）选用抗病品种。

（2）建立无病留种田，繁育无病种苗。

（3）合理轮作：实行2年以上的水旱轮作或旱地轮作，旱地可与高粱、甘蔗、大豆等轮作，避免与马铃薯、番茄、辣椒、茄子等茄科作物轮作。

(4)加强田间管理:清除病薯、病苗,集中销毁,病穴撒施石灰;不用病藤、病薯作牲畜饲料或堆沤土杂肥;配方施肥,增施磷钾肥,提倡使用酵素菌沤制的堆肥;合理灌溉,忌漫灌和串灌,以防止水流传病;发病重时开隔离沟封锁发病中心。

3. 化学防治

注意防除甘薯小象甲等传病害虫。瘟病发生初期喷洒或淋施70%代森锰锌可湿性粉剂1 000倍液,或20%噻菌悬浮剂1 000倍液,或30%氧氯化铜悬浮剂600~800倍液,或77%氢氧化铜可湿性粉剂600~800倍液,或33.5%喹啉铜悬浮剂1 000倍液。

09 甘薯黏菌

分布与危害

黏菌是一群类似霉菌的原始生物,会形成具有细胞壁的孢子,生活史中没有菌丝的出现,但有一段黏黏的时期,因而得名。黏菌常在作物茎、叶表面附生,不直接为害作物,但是大量黏菌的附着影响植株的呼吸作用和光合作用,严重时造成作物生长衰弱甚至死亡。

图7-9-1 黏菌在茎和叶柄上呈念珠状密集排列

症状特征

黏菌为害甘薯茎蔓、叶柄和叶片,由茎向叶片扩展,病部表面初期布满胶黏的淡黄色液体,后期茎和叶柄上长出呈念珠状密集排列,不相互黏连,又似被白膜的黑粉包,用手碾磨即成黑色粉末;叶背及叶缘部位着生呈盘(碗或环)状的白色、灰色或褐色泡沫状斑块或突起(子实体破裂),其内密生小黑点,叶面亦有散生的小黑点(图7-9-1-图7-9-3)。

图7-9-2 甘薯茎部黏菌为害状

图7-9-3 甘薯叶片着生的黏菌

发生规律

黏菌多发生在潮湿、雨水多或施用未充分腐熟有机肥料的田块，一般为腐生菌。该菌主要以孢子囊在植物体、病残物或地表等处越冬。孢子囊有极强的抗低温、耐干旱能力。凉爽潮湿的气候利于孢子向叶缘和叶面扩散运动，在田间主要借助气流、雨水、田间农事操作等传播，也可随繁殖材料传播。一般从近地面部位向上爬升，可到达上层叶片，进而使植株各部位发病。

甘薯栽植过密，田间高温、高湿，土壤有机质丰富，杂草丛生等都有利于该病的发生和蔓延。

防治措施

1. 农业防治

选择砂性土壤栽植甘薯；雨后及时排水，防止大水漫灌；精耕细作，合理密植，施用充分腐熟的有机肥。

2. 生物防治

可用10%多抗霉素可湿性粉剂300~500倍液，或41%乙蒜素乳油500~800倍液等生物制剂喷雾防治。

3. 化学防治

发病初期，选用75%百菌清可湿性粉剂300~500倍液，或80%代森锰锌可湿性粉剂600~800倍液，或70%百·福可湿性粉剂600~800倍液，或70%甲基硫菌灵可湿性粉剂500~700倍液，或25%戊唑醇可湿性粉剂1 500~2 000倍液等喷雾防治。

10 甘薯麦蛾

分布与为害

甘薯麦蛾又名甘薯卷叶虫，属鳞翅目麦蛾科，豫西地区甘薯种植区均有分布，主要为害甘薯、蕹菜和其他旋花科植物。以幼虫吐丝卷叶为害，幼虫啃食叶片、幼芽、嫩茎、嫩梢，或把叶片卷起咬成孔洞，发生严重时仅残留叶脉，近年来有为害加重的趋势，一般田块受害后卷叶率为20%~30%，重发田可达80%以上，严重影响甘薯产量。

形态特征

成虫：体长4~8 mm，黑褐色。前翅狭长，黑褐色，中央有2个褐色环纹，翅外缘有1列小黑点；后翅宽，淡灰色，缘毛较长（图7-10-1）。

卵：椭圆形，初产乳白色，后变为淡黄褐色，表面有细网纹。

幼虫：老熟幼虫纺锤形，长约15 mm，体细长，头稍扁，黑褐色；前胸背板褐色，两侧黑褐色呈倒“八”字形纹；中胸至第二腹节背面黑色，第三腹节之后各节底色为乳白色，亚背线黑色（图7-10-2）。

蛹：纺锤形，黄褐色（图7-10-3，图7-10-4）。

图 7-10-1　甘薯麦蛾成虫

图 7-10-2　甘薯麦蛾幼虫

图 7-10-3　甘薯麦蛾蛹

图 7-10-4　甘薯麦蛾蛹

发生规律

甘薯麦蛾在豫西地区 1 年发生 3~4 代,世代重叠。以蛹在田间残株和落叶中越冬,越冬蛹于 6 月上旬开始羽化,6 月下旬在田间即见幼虫卷叶为害,8 月中旬后田间虫口密度增大,为害加重,10 月后老熟幼虫化蛹越冬。成虫趋光性强,行动活泼,白天潜伏,夜间交尾、产卵,卵常散产于嫩叶背面的叶脉之间,少数产于新芽和嫩茎上。幼虫共 4 龄,行动活泼,一触碰即跳跃落地。1 龄幼虫只在叶面剥食叶肉,吐丝下坠但不卷叶(图 7-10-5);2 龄幼虫开始吐丝作小部分卷叶,并在卷叶内取食叶肉为害(图 7-10-6,图 7-10-7);3 龄以后,食量大增,卷叶程度也增大,且有转移为害的习性,一头幼虫一生可为害十几片叶子。被害叶片叶肉被食尽,仅留下白色的皮层,似薄膜状(图 7-10-8)。严重时,大部分叶片的叶肉被卷食,呈现"火烧"现象(图 7-10-9),严重时,仅剩网状叶脉。甘薯植株在生长前期受害会影响营养的供应,生长缓慢,9~10 月份块根膨大期,大量的叶片被害,光合作用降低,薯块膨大受阻,产量损失可达 10%以上。温度 25~28 ℃,相对湿度 60~65%,最适宜其发生繁殖,温度偏高、湿度偏低年份常引起大发生。

图 7-10-5 甘薯麦蛾幼虫叶面为害状

图 7-10-6 甘薯麦蛾幼虫卷叶取食叶肉

图 7-10-7 甘薯麦蛾幼虫卷叶取食叶肉

图 7-10-8 甘薯麦蛾取食叶片仅留薄膜状白色皮层

防治措施

根据甘薯麦蛾的发生规律和为害特点，可采用农业防治、理化诱控和化学防治等综合防治。

1. 农业防治

初见幼虫卷叶为害时，结合栽培管理，随手捏杀新卷叶中的幼虫；秋后及时清洁田园，处理残株落叶，清除杂草，消灭越冬蛹，降低田间虫源。

图 7-10-9 叶肉被卷食后呈“火烧”现象

2. 理化诱控

（1）灯光诱杀：利用成虫趋光性，用频振式杀虫灯、高压汞灯或黑光灯等诱杀成虫，每 30~60 亩 1 盏，悬挂高度 1.5~2 m，成虫盛发期，于每天天完全黑后开灯，次日清晨关灯。

(2)性诱剂诱杀:在成虫羽化期,在田间设置甘薯麦蛾性诱剂诱杀成虫,每个诱捕器装1枚诱芯,50亩以上连片使用,每亩放置1~2枚,诱捕器间隔30~50 m,呈外密内疏放置,诱捕器下沿一般距地面0.5~1 m高度为宜。

3.化学防治

在幼虫发生初期尚未卷叶时(即1龄期)喷雾防治,药剂可选用12%甲维·虫螨腈悬浮剂500~800倍液,或48%毒死蜱乳油1 000~1 500倍液,或25%甲维·茚虫威水分散粒剂3 000~4 000倍液,或0.5%甲氨基阿维菌素乳油1 500~2 000倍液,或24%甲氧虫酰肼悬浮剂2 000~2 500倍液,或15%茚虫威悬浮剂3 000~3 500倍液,或10%虫螨腈悬浮剂2 000~2 500倍液,或10%联苯菊酯乳油1 500~2 000倍液,或2.5%氟氯氰菊酯乳油2 000~3 000倍液,或20%氰戊菊酯乳油3 000倍液,或40%乐果乳油1 000倍液,或20%除虫脲悬浮剂1 500倍液,或20%氯虫苯甲酰胺悬浮剂3 000倍液,或60g/L乙基多杀菌素悬浮剂1 000倍液,或50%辛硫磷乳油1 500倍液。施药时间以下午4~5时为宜,甘薯收获前15天停止用药。

11 甘薯烦夜蛾

分布与为害

甘薯烦夜蛾又称甘薯黑白夜蛾,属鳞翅目夜蛾科,主要为害甘薯,亦可取食空心菜、牵牛花等旋花科植物,近年来在豫西甘薯种植区均有不同程度发生。甘薯烦夜蛾以幼虫取食甘薯叶片,初龄幼虫取食叶肉,叶片呈膜状斑;3龄以后食量加大,叶片啃食成缺刻或孔洞(图7-11-1),严重时叶片全被吃光,仅剩叶脉、茎秆,甚至转而啃食嫩茎梢和嫩茎皮层。对甘薯中、后期薯块膨大影响较大,严重影响甘薯产量和品质(图7-11-2)。

图7-11-1　甘薯烦夜蛾食叶成缺刻或孔洞

图7-11-2　甘薯烦夜蛾大田为害状

形态特征

成虫：体长 25～27 mm，翅展 33～35 mm，中型黑褐色蛾子。前翅黑褐色，具黑色斑纹，内横线为双条波状纹，环状纹有黑边；肾状纹大而弯，外侧有白点 3 个；外横线为双条锯齿形。后翅白色，翅尖至臀角处的缘毛白色，其余缘毛黑色，外缘有一宽形黑带。胸部黑褐色，被鳞片，后胸有明显的毛簇。

图 7-11-3　甘薯烦夜蛾幼虫（灰色）

卵：半球形，初产乳白色，后变为灰褐色，表面有放射状纵隆线。

幼虫：老熟幼虫体长 45～50 mm，体灰色或深灰色，背线黄色。头部密生蓝黑色小点；第 8 腹节略向上隆起，背面有 1 灰白色斑块，同缘具有 6～8 个蓝黑色小点。身体腹面具有黑斑；腹足灰色，外侧具有小黑点，第 1 对腹足较小；气门黑色（图 7-11-3–图 7-11-5）。

蛹：14～19 mm，初产黄绿色，后变红褐色，末端有臀棘 3 对。

图 7-11-4　甘薯烦夜蛾幼虫背线黄色

图 7-11-5　背面有 1 灰白色斑块

发生规律

甘薯烦夜蛾在豫西地区一年发生 3～4 代，5 月上旬至 6 月中旬出现第 1 代，7 月上旬至 8 月中旬出现第 2 代，9 月中旬至 11 月出现第 3 或第 4 代幼虫。以老熟幼虫在土壤中越冬，春季化蛹。成虫昼伏夜出，夜间交尾产卵，卵单粒散产于叶背或田间枯草等线状物上。幼虫共 6 龄，初孵幼虫先啃食部分卵壳，爬动一段时间后取食甘薯叶片，若龄幼虫从叶背取食，只留下叶脉，老熟幼虫食叶片仅剩叶柄。幼虫在田间具有明显的群集性，1～2 龄幼虫较活跃，爬行似尺蠖，遇震动能吐丝下垂，迅速爬向周围枝叶；高龄幼虫有假死性，遇震动能弹落地表，蜷缩成一团；老熟幼虫体色变深,钻入地表做土室化蛹或在薯叶遮蔽处化蛹。一般长势好、嫩绿、阴湿的薯田发生严重。

防治措施

1. 农业防治

铲除甘薯地和近旁的落叶、枯秆、杂草等;栽培管理上注意氮磷钾肥的配合施用;做好薯田排灌工作;结合田间管理,人工捕杀幼虫,降低虫口密度。

2. 理化诱控

在成虫盛发期用黑光灯、频振灯或高压汞灯诱杀成虫。

3. 生物防治

保护利用烦夜蛾茧蜂等天敌昆虫;也可喷施烦夜蛾核多角体病毒等生物药剂进行防治。

4. 化学防治

可在幼虫发生盛期喷施80%敌敌畏乳油1 000倍液,或20%氯虫苯甲酰胺悬浮剂3 000~5 000倍液,或2.5%氯氰菊酯可湿性粉剂1 000倍液,或18%杀虫双水剂800倍液,或12%甲维·虫螨腈悬浮剂1 500~2 000倍液,或9%甲维·茚虫威悬浮剂2 000~3 000倍液,或1.7%阿维·高氯乳油2 000~2 500倍液。施药应选择在下午5时以后,此时幼虫多在叶面活动,防治效果最好。

12 甘薯天蛾

分布与为害

甘薯天蛾又名旋花天蛾、白薯天蛾、甘薯叶天蛾、豆虫等,属鳞翅目天蛾科,主要为害甘薯、绿豆、葡萄等作物,在豫西甘薯种植区均有发生。以幼虫咬食叶片或嫩茎为害,初孵幼虫潜入尚未展开的甘薯嫩叶内啮害,或吐丝把薯叶卷成小虫苞匿居其中啃食,轻者薯叶皱缩或被食成缺刻、孔洞,重者叶片无法展开而枯死或仅剩表皮,严重的可将叶片吃光仅剩薯蔓,影响甘薯产量。

形态特征

成虫:体长47~50 mm,翅展90~120 mm(图7-12-1);体翅暗灰褐色;前翅内横线、中横线及外横线各为2条深棕色的不规则锯齿状纹,顶角有黑色斜纹;后翅有4条黑褐色横带,缘毛白色与暗褐色相杂;肩板有黑色纵线;胸背有2丛呈“八”字形生长的鳞毛,腹部背面中央有1条较宽的灰黑色纵带(图7-12-2),每节两侧依次有白、红、黑3条横带,似虾壳状。

图 7-12-1　甘薯天蛾成虫

图 7-12-2　成虫腹部背面中央有 1 条较宽的灰黑色纵带

卵：球形，直径 2 mm，淡黄绿色。

幼虫：初孵幼虫淡黄白色，头乳白色，1~3 龄体黄绿至绿色（图 7-12-3），老熟幼虫体长 60~100 mm，体表密布小颗粒，虫体有许多环状皱纹。体色有两种：一种体背绿色，头淡黄绿色，两侧有淡黄色斜纹，胸部淡绿色，背线、亚背线、气门下线黄色，腹部 1~7 节两侧有黄白色斜纹；气门橘黄色，围气门片棕褐色，尾角黄褐色，尖端黑色，胸足黄褐色；另一种体背土黄色，侧面黄绿色，杂有粗大眼状斑，头黄褐色，两侧各具 1 条黑色纵条纹，胸部亚背线呈较宽的浅色条，臀板呈黄色带，腹部两侧斜纹淡黄色，气孔红色，外有黑轮，足黑色（图 7-12-4）。

图 7-12-3　甘薯天蛾低龄幼虫

蛹：长约 56 mm，朱红色至暗红色，喙长，卷曲呈象鼻状，与体相接。翅达第 4 腹节末，臀刺三角形，表面有许多颗粒状突起（图 7-12-5）。

图 7-12-4　甘薯天蛾老熟幼虫

图 7-12-5　甘薯天蛾的蛹

发生规律

甘薯天蛾在豫西地区 1 年发生 4 代,以老熟幼虫在土中 5~10 cm 深处作土室或在薯叶、枯草下化蛹越冬。成虫飞翔力强,有趋光性,昼伏夜出,以取食棉花、烟草、瓜类、芝麻、葱、木槿等多种植物的花蜜补充营养,白天隐藏于作物叶下、草丛、树冠中及其他隐蔽处,黄昏后外出觅食、交配和产卵。卵多散产于甘薯叶背叶缘处,少数产于叶正面和叶柄上,单作薯田较间作薯田落卵量多,单雌产卵 1 000~1 500 粒,最高可达 2 800 粒。幼虫共 5 龄,初孵幼虫先食卵壳,继而爬至叶背剥食叶肉成若干仅留上表皮的小"窗"斑;1~2 龄后食叶成小孔洞,2~3 龄后蚕食叶缘成缺刻,4 龄后食量大增,5 龄进入暴食期,单头虫可食叶 29~38 片,占总食量的 90%,当虫量达每平方米 15 头时,可在 3 天内吃光全田薯叶,造成严重减产;薯田叶片食尽后,幼虫常成群迁至邻近薯田为害;10 月下旬,老熟幼虫陆续化蛹。

防治措施

1. 农业防治

结合冬耕或整地培土,人工捡拾越冬蛹,减少虫源;幼虫零星发生时,结合农事操作人工捏杀新卷叶幼虫。

2. 理化诱控

(1)糖醋液诱杀:利用成虫吸食花蜜习性,在成虫盛发期用糖浆(糖:酒:醋:水=6:1:3:10,加入少许敌百虫)毒饵诱杀,以降低田间的卵量。按每亩 8 盆放置于田间,容器底部距地面 1~1.2m,每 5 天添加 1/2 糖醋液,每 10 天全部更换糖醋液。

(2)灯光诱杀:利用成虫趋光特性,在田间设置黑光灯等诱杀成虫。

3. 化学防治

当甘薯天蛾幼虫达到 3 龄盛期前,喷施 2.5%溴氰菊酯乳油 2 000 倍液,或 Bt 乳剂 600 倍液,或 50%辛硫磷乳油 1 000 倍液,或 30%甲维·毒死蜱乳油 1 500 倍液,或 20%虫酰·毒死蜱乳油 800~1 000 倍液,或 40%毒死蜱乳油 1 000 倍液,或 1%甲维盐乳油 1 000 倍液,或 10%虫螨腈悬浮剂 2 000 倍液,或 20 %氯虫苯甲酰胺悬浮剂 5 000~7 000 倍液,药剂交替使用,以防产生抗药性。

13 甘薯蜡龟甲

分布与为害

甘薯蜡龟甲又名甘薯褐龟甲、甘薯大龟甲等,属鞘翅目铁甲科。豫西甘薯种植区均有分布,主要为害甘薯等旋花科作物。以成、幼虫食叶片成缺刻或孔洞状(图 7-13-1),边食边排粪便,虫量大时满田薯叶穿孔累累,影响甘薯生长。

图 7-13-1　甘薯蜡龟甲食叶片成缺刻或孔洞

形态特征

成虫:体长 7.5~10 mm,体宽 6.4~8.6 mm,茶褐色,体近三角形;前胸背板上有很多弯曲纵隆脊;前胸背板和两鞘翅向外延伸部分为黄褐色半透明,有网状纹;鞘翅上生有很多小刻点,驼顶通常无黑斑且突起较高,四周有明显的隆起脉纹;鞘翅边缘近肩角处生 1 黑斑并向盘区中部延伸向敞边处靠近,后侧角、缝角也有 1 黑斑,肩瘤上一般无黑斑。在两鞘翅背面有呈“干”字纹的黑色或黑褐色斑。触角 11 节,黄褐色,雌虫末端 3 节为黑色,雄虫末端 5 节为黑色。

图 7-13-2　甘薯蜡龟甲幼虫

卵:长约 1.5 mm,宽 0.5~0.7 mm,单生(也有 2 粒并列在一起的),褐色,椭圆形,两端细小,覆于黄褐色胶膜中。

幼虫:老熟幼虫体长 7.5~8 mm,椭圆形,黑褐色。在胸、腹部两侧各有 8 对黄褐色棘刺;前胸背板前方有 1 对不规则的半圆形凹陷眼斑,尾叉翻卷于背上,尾叉上黏留有各龄幼虫的蜕皮壳和略呈等腰三角形的大粪疤,尾部上举;具尾须 1 对(图 7-13-2)。

蛹:淡黄褐色,前胸背板扁平,周缘生有硬刺;腹节两侧扩展成板状刺,蜕皮壳成串翻卷于蛹体背面。

发生规律

豫西地区一年发生 2~4 代,世代重叠。以成虫在杂草、土缝或越冬薯的茎蔓处越冬。幼虫移动性小,活动范围不大,蜕下的皮和排泄物贴伏背上。9 月上中旬成虫盛发,高温干旱气候利于该虫大发生。成虫产卵于叶背,呈鞘块状,每鞘内有卵 2~4 粒。

防治措施

1. 农业防治

(1)清洁田园:甘薯收获后及时清洁田园和田边杂草,消灭部分越冬虫源。

(2)人工捕杀:人工摘除卵块,捕捉成虫,减轻田间受害程度。

2. 化学防治

在甘薯蜡龟甲盛发时,于黄昏喷洒40%乐果乳油1 500倍液,或10%氟氯·噻虫啉悬浮剂1 500倍液,或90%晶体敌百虫1 200倍液,或50%氟啶虫胺腈水分散粒剂4 000倍液,或50%杀螟硫磷乳油900倍液,或45%马拉硫磷乳油1 000倍液,或25%噻虫嗪水分散粒剂1 200倍液等防治。

14 甘薯小象甲

分布与为害

甘薯小象甲又名甘薯蚁象甲、甘薯小象鼻虫,属鞘翅目锥象科,是甘薯生长和贮藏期的重要害虫,豫西地区在甘薯调运时偶有发现。成虫啃食甘薯的嫩芽、茎蔓和叶柄,咬食块根成孔洞,影响甘薯生长发育,幼虫则藏匿于薯块内蛀食为害,被害薯块变为黑褐色,虫道内的粪便助长其他病菌的侵染,造成薯块腐烂霉坏,并伴有恶臭和苦味,失去食用和饲用价值(图7-13-1,图7-13-2)。

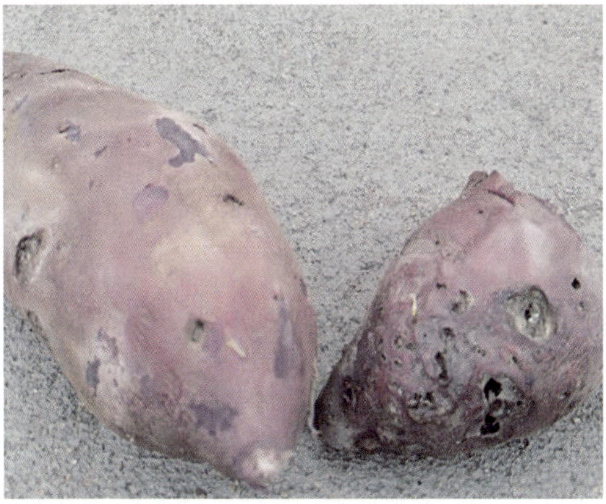

图7-13-1　甘薯小象甲为害薯块状

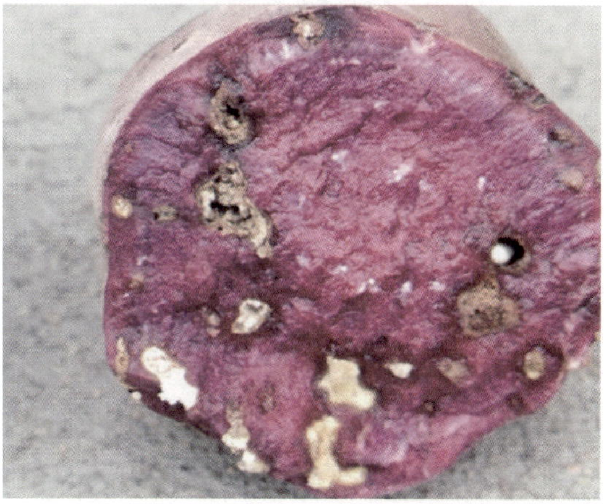

图7-13-2　受甘薯小象甲为害的薯块内部

形态特征

成虫:体长5~8 mm,体形狭长,状如大蚂蚁。触角末节、前胸和足桔红色,其余均为蓝黑色,具金属光泽。头部延伸成细长的喙,状如象鼻。咀嚼式口器着生于喙的末端。触角膝状,共10节,末节较长,雄虫触角末节呈棍棒状,雌虫则呈鼓槌状。前胸狭长,长为宽的2倍,在后部1/3凹处缩如颈状。两鞘翅重合呈长卵形,背面显著隆起,表面具不明显的小刻点。足红褐色,细长,腿节末端膨大。

卵：长约 0.6 mm，椭圆形，初产时乳白色，后变为淡黄色，表面散布小刻点。

幼虫：体长 5~8.5 mm，圆筒形，两端略小；背面隆起向腹面稍弯曲；体表生少许白色细毛；头淡褐色，胴体乳白色；胸腹足退化。

蛹：长 4.7~5.8 mm，长卵形，初为乳白色，渐变为黄色；复眼淡褐色；腹部各节背面具 1 对小突起，尾端具刺突 1 对，向侧下方弯曲。

发生规律

甘薯小象甲的发生代数因地而异，以成虫在薯块、薯蔓、田间杂草、土缝或甘薯窖内越冬，也可以幼虫、蛹在薯块或薯茎内越冬。成虫善爬行，但飞翔能力较弱，怕强光和烈日，多在清晨和傍晚活动；有假死性和趋甜性。单雌约产卵 30~200 粒，卵多散产在薯块皮层下或薯秧茎基部，产卵孔口一般盖有胶质物。幼虫孵化后，在薯块或藤头内活动为害，将薯块内部蛀食成不定形的弯曲虫道，虫道内充满虫粪。每个虫道中一般仅有 1 头幼虫，每个薯块少的有 1~2 头，多的几十头。甘薯小象甲发生为害程度与气候、栽培、肥水等关系密切。干旱造成薯垄开裂，利于成虫钻到薯块上产卵；暖冬和向阳山坡有利于成虫越冬，因此为害较重；连作地、早栽甘薯受害重；土层浅、肥不足、生长差的地块受害重。

防治措施

1. 加强检疫

从虫害发生区调运种薯、种苗和薯蔓时，严格检疫，带虫种薯或薯苗要用溴甲烷熏蒸处理。

2. 农业防治

（1）加强田间管理：多施有机肥，及时灌水，防止土地龟裂；适时中耕培土，防止薯块外露。

（2）清洁田园：甘薯收获后，及时清理坏薯、遗株、残蔓，带出田外，集中销毁，防止成虫逃逸。

（3）合理轮作：重发生田块可与花生、甘蔗、烟草、玉米、高粱、大豆等作物进行轮作，有条件的地方可实行水旱轮作，效果更佳。

3. 理化诱控

成虫盛发期，在薯田放置甘薯小象甲诱芯，每亩设置 3 个，2~3 个月更换一次，诱杀雄虫。

4. 化学防治

（1）毒饵诱杀：秋季甘薯收获时，由于刈蔓和挖薯的震动，大部分成虫掉落田间，此时可利用鲜薯蔓扎或将鲜薯蔓团用毒死蜱、辛硫磷等药液浸泡 3~6 小时后捞起晾干，放入田间进行诱杀；也可在春季气温达到 15℃，越冬成虫开始活动觅食时，用小薯块浸 95% 晶体敌百虫 500~800 倍液，诱杀。

（2）栽前浸苗：栽种前，将薯苗在 40%辛硫磷乳油或 50%杀螟松乳剂 500 倍液中浸湿后，取出晾干栽插，防止成虫产卵。

（3）喷雾防治：薯田有虫害发生时，可选用 2.5%氯氟氰菊酯乳油 1 000 倍液，或 25%亚胺硫磷乳油 500 倍液，或 60%烯啶虫胺可湿性粉剂 1 500 倍液+5%高效氯氰菊酯乳油 400 倍液，或 50%辛 · 氰乳油 2 000 倍液等喷施防治，以薯苗的根基部和主茎部为喷药重点。

第八部分　棉花病虫害

01 棉花黄萎病

分布与危害

棉花黄萎病是棉花“第一大病害”，在各棉区均有发生。传播途径广泛，棉籽、病株残体、土壤、肥水、农具等多种媒介都可传播。该病为害严重，轻者叶片失绿变黄，蕾铃脱落严重减产，重者整株成片死亡，绝产绝收。因该病不易控制，被称作棉花的“癌症”。

症状特征

棉花黄萎病是一种在棉花整个生育期都可能发生的真菌性病害。一般在3~5片真叶期开始显症（图8-1-1），生长中后期棉花现蕾后田间大量发病，初在植株下部叶片上的叶缘和叶脉间出现浅黄色斑块（图8-1-2），后逐渐扩展，叶色失绿变浅，主脉及其四周仍保持绿色，病叶出现掌状斑驳，叶肉变厚，叶缘向下卷曲（图8-1-3），叶片由下而上逐渐脱落，仅剩顶部少数小叶，蕾铃稀少，棉铃提前开裂，后期病株基部生出细小新枝（图8-1-4）。纵剖病茎，木质部上产生浅褐色变色条纹。夏季暴雨后出现急性型萎蔫症状，棉株突然萎垂，叶片大量脱落，发病严重地块惨不忍睹，造成严重减产。由于病菌致病力强弱不同，症状表现亦不同。

图8-1-1　棉花黄萎病显病初期

图8-1-2　棉花黄萎病叶片浅黄色斑块

图 8-1-3　棉花黄萎病在棉株下部叶片发病

图 8-1-4　棉花黄萎病病株后期症状

根据病症的不同,可划分为:(1)落叶型。该菌系致病力强。病株叶片叶脉间或叶缘处突然出现褪绿萎蔫状,病叶由浅黄色迅速变为黄褐色,病株主茎顶梢侧枝顶端变褐枯死,病铃、苞叶变褐干枯,蕾、花、铃大量脱落,仅经 10 天左右病株成为光秆,纵剖病茎维管束变成黄褐色,严重的延续到植株顶部。(2)枯斑型。叶片症状为局部枯斑或掌状枯斑,枯死后脱落,为中等致病力菌系所致。(3)黄斑型。病菌致病力较弱,叶片出现黄色斑块,后扩展为掌状黄条斑,叶片不脱落。在久旱高温之后,遇暴雨或大水漫灌,叶部尚未出现症状,植株就突然萎蔫,叶片迅速脱落,棉株成为光秆,剖开病茎可见维管束变成淡褐色,这是黄萎病的急性型症状。

根据发病时期的不同,可划分为:(1)幼苗期。一是病叶边缘褪绿发软,呈失水状,叶脉间出现不规则淡黄色病斑,病斑逐渐扩大,变褐色干枯,维管束明显变色(图 8-1-5)。二是有些病株在苗期不明显,外观看上去正常,但切开棉花横截面,部分木质部和维管束已变成暗褐色(图 8-1-6)。(2)成株期。黄萎病在现蕾期后才逐渐发病,一般在 6 月下旬,黄萎病病株出现逐渐增多,7~8 月开花,结铃期发病达到最高峰。

图 8-1-5　棉花黄萎病病茎与健株对照

(右:健株,左:病株)

图 8-1-6　棉花黄萎病部分木质部和维管束变暗褐色

发生规律

棉花黄萎病病菌以菌丝体、菌核、厚垣孢子等在土壤中越冬，也可在棉籽内外、病残体中越冬。翌年条件适宜，浸没在土壤中的病菌从伤口侵入根部，通过棉花皮层细胞进入导管，然后繁殖。棉花的各部位组织都可能受到病菌的侵染，病叶片是棉花黄萎病传播的重要途径。棉籽的带菌率很低，是一种远距离传播的重要途径。此外，水和农事操作也会导致病害的传播。6 月，当棉花幼苗长出 4～5 片真叶时，就会开始发病，长出零星的病株。花芽期进入适宜阶段，病害迅速发展，在 7～8 月份，花铃期达到高峰。适宜发病温度为 25～28℃，高于 30℃、低于 22℃发病缓慢，高于 35℃出现隐症。在温度适宜范围内，湿度、雨日、雨量是决定该病消长的重要因素。地温高、日照时数多、雨日天数少发病轻，反之则发病重。在田间温度适宜，雨水多且均匀，月降雨量大于 100 mm，雨日 12 天左右，相对湿度 80%以上发病重。连作棉田、施用未腐熟的带菌有机肥及缺少磷、钾肥的棉田易发病，大水漫灌常造成病区扩大。

防治措施

1. 加强检疫

不从病区调种，不在病田繁殖。

2. 农业防治

（1）种植抗病品种。

（2）合理轮作：轮作换茬可减少土壤病源，起到防病效果。

（3）清洁田园：及时清洁发病田，清除病株枝叶，在田外深埋或销毁，减少病菌在土壤耕层的积累，降低发病程度。

（4）加强田间管理：开沟浇水，切勿大水漫灌，防止病菌随流水蔓延造成棉花黄萎病大面积发生流行；增施有机肥，提高棉花的抗性；勤深中耕，增加土壤通透性，促进根系发育，使全株健壮，增强棉株抗病性。

3. 生物防治

用 80%乙蒜素乳油 2 000 倍液加温水 55～60℃，浸种 30 分钟后，晾干播种。

4. 化学防治

（1）种子处理：种子带菌是造成棉花黄萎病扩展的最主要、最直接的原因。用 50%多菌灵胶悬剂 375g，加清水 50kg 制成药液，浸泡未脱绒棉种 20 kg，常温下浸种 14 小时。

（2）土壤处理：每平方米用 50%福美双可湿性粉剂 10～15 g 与土充分拌匀制成药土，将药土制成苗钵备用；或按 50%福美双可湿性粉剂 10 g 拌 10 kg 土制成盖种用土，播种时做到用药土对种子下垫上盖。对零星病点土壤消毒，可用 98%棉隆颗粒每平方米 140g 与病土混拌均匀。

（3）灌根处理：发病初期及时用 12.5%多 · 水杨酸悬浮剂 250 倍液，或 50%多菌灵可湿性粉剂 500 倍液，或 70%甲基硫菌灵可湿性粉剂 800 倍液，或 3%甲霜・噁霉灵水剂 400 倍液，或 5%菌毒清水剂 300 倍液灌根，每株用药液 50 mL，可减轻危害。

（4）喷雾防治：发病初期用 3%甲霜・噁霉灵水剂 300~500 倍液，或 12.5%多・水杨酸悬浮剂 250 倍液喷雾防治，隔 7 天一次，连喷 2~3 次。

02 棉花枯萎病

分布与危害

棉花枯萎病是棉花生产中为害最严重的病害之一，在豫西棉区均有分布，与棉花黄萎病同称为棉花的“癌症”。棉花枯萎病对棉株生育影响很大，在苗期即可发生，严重时大量死苗，造成缺株断垄。特别是在定苗以后，发病严重田块，病株叶片变黄、干枯脱落、直至萎蔫枯死，导致结铃稀少，铃重减轻，影响棉花产量，降低纤维品质（图 8-2-1）。

症状特征

棉花枯萎病在苗期和成株期可表现出多种明显不同的症状，其共同特点是维管束出现深褐色条纹（图 8-2-2），但以定苗后至现蕾阶段发病最盛，随着夏季温度的升高，病势发展稍趋缓和，症状出现隐蔽现象，至秋季多雨，气温下降，再度出现发病高峰，但较第一个发病高峰不明显，且有的年份出现，有的年份不出现。幼苗期为发病高峰期，棉苗在大田中，遇气温较低时，病株会出现紫红型或黄化型，而在气温急骤变化的条件下，如雨后迅速转晴、变暖、日照暴晒强烈，则容易出现青枯型的病株。

图 8-2-1　棉花枯萎病田间为害症状

图 8-2-2　棉花枯萎病维管束现深褐色条纹

（1）黄色网纹型：是受害棉株的早期典型症状，叶脉失绿，幼苗子叶或真叶褪绿变黄，叶肉保持绿色，有时叶片的局部或全部成网纹状，最后叶片凋萎、干枯、脱落，整株死亡。黄色网纹型的症状发展较慢。发病至棉苗枯死，一般需要 10 多天。

(2)黄化型：子叶或真叶先从叶尖或叶缘部分开始变黄，逐渐向内扩大，最后可造成叶片脱落。

(3)紫红型：早春气温偏低，且不稳定时，棉株的子叶或真叶局部或全部变成紫红色，随着病程的发展，叶片枯萎、脱落，植株死亡，紫红色叶部症状的叶脉也多变色，呈现深紫红色。

(4)青枯型：病株的子叶或真叶突然失水叶色变为深绿色，叶片变软、下垂，最后整株叶片青枯干死。

(5)皱缩型：植株矮小、主茎、果枝、节间显著缩短，叶片深绿、皱缩不平、增厚，叶缘向下卷曲。轻病株能存活，重病株叶片萎蔫干枯脱落，提前枯死。

发生规律

棉花枯萎病的初侵染来源主要来自带菌的棉籽、棉籽壳、棉籽饼、病残体和病田土壤。病菌以菌丝体、分生孢子和厚垣孢子在土壤、粪肥内越冬，翌年棉花播种后，遇适宜环境条件，病菌开始萌发，从棉株根部伤口或直接从根的表皮及根毛侵入，并在寄主维管束组织内繁殖扩展，直至进入枝叶、铃柄和种子等部位。带菌的肥料和其他感病寄主也是该病的初侵染源。病菌在土壤中可存活 6~10 年，可通过中耕、浇水、农事操作等近距离传播，病残体遇高湿条件也可长出孢子，借助气流或风雨传播，从而进行侵染。附着在棉花种子上的病菌和带菌的棉籽饼，可引起棉花枯萎病菌的远距离传播。

棉花枯萎病是典型积年流行病害。温度和湿度是影响枯萎病发生发展的主要因素。通常当土壤温度达 20 ℃左右时，田间棉苗开始发病，其后随着土温的升高，病情逐趋加重，当达到 25~30 ℃时，形成发病高峰。夏季当土温升高到 33~35 ℃时，病害停止发展，秋季随着温度的下降，田间可出现第二次发病高峰。土壤湿度大、线虫多，有利于病菌的繁殖扩展；连作、地势低洼、排水不良、地下水位高、偏施氮肥和缺钾棉田，发病较重。

防治措施

1. 农业防治

(1)种植抗耐品种。

(2)合理轮作：与小麦、谷子等禾本科作物轮作换茬，可明显减轻发病。

(3)加强田间管理：合理密植，及时整枝、化控，提高抗逆性；适时播种、起垄种植；增施优质农家肥作基肥，合理施用氮、磷、钾肥；深翻土壤，加强中耕，提高土壤通透性；雨后及时排水，散墒降湿。

(4)清洁田园：及时清除病株，控制病情。

2. 生物防治

棉种经硫酸脱绒后用种子重量0.2%的80%乙蒜素乳油兑适量水，加温至55~60℃温汤浸种30分钟；也可每亩用30%乙蒜素乳油55~78 mL，或41%氯霉·乙蒜乳油34~68 mL，兑水80~100 kg灌根，每株100 mL，20天后再灌1次，有较好的效果。

3. **化学防治**

（1）种子处理：每100 kg种子选用25%多菌灵可湿性粉剂200~300 g，或2%戊唑醇种子处理可分散粉剂200~400 g拌种，防效较好。每100 kg种子也可用20%多菌灵·福美双悬浮种衣剂1~2 kg，或20%多菌灵·甲基立枯磷·克百威悬浮种衣剂3~5 kg进行种子包衣。

（2）土壤处理：可用98%棉隆颗粒每平方米70 g拌入30~40 cm土中进行消毒，再浇水封盖健土，也可用浓氨水消毒。

（3）灌根处理：发病初期及时用12.5%多菌灵·水杨酸悬浮剂500倍液，或70%甲基硫菌灵可湿性粉剂800倍液，或3%甲霜·噁霉灵水剂400倍液，或5%菌毒清水剂300倍液灌根，每株用药液50 mL，可减轻危害。

（4）喷雾防治：发病初期可选用25%咪鲜胺乳油800~1 500倍液，或50%多菌灵可湿性粉剂600~800倍液，或3%甲霜·噁霉灵水剂300~500倍液，或12.5%多菌灵·水杨酸悬浮剂250倍液喷雾，隔10天喷1次，连喷3~4次。

03 棉花炭疽病

分布与危害

棉花炭疽病是豫西棉区普遍发生的一种主要苗期病害，该病除侵染棉花幼苗外，还能侵害子叶、叶片、茎及后期棉铃，个别年份发生较重。受害棉苗严重影响齐苗、健苗、早发。一般苗期发病率为20%~70%，严重时可达90%以上。

症状特征

棉籽发芽后被侵染，可在土中腐烂；幼苗出土后，在茎基部或稍偏上部产生紫红至紫褐色条纹，后扩大成梭形病斑，稍凹陷，严重时失水纵裂，幼苗萎倒死亡。潮湿时，病斑上产生桔红色黏物质即分生孢子。子叶受害时，多在叶缘生半圆形或圆形褐色病斑，边缘深红褐色，严重时枯死早落（图8-3-1）。成株期棉叶及茎部发病并不常见，受害后，叶部病斑呈不整圆形，易干枯开裂。茎部被害呈红褐色至暗黑色圆或长形病斑，中央凹陷，表皮常破裂露出木质部，病

图8-3-1 棉花炭疽病叶部症状

株遇风易折断。棉铃染病初呈暗红色小点，扩展后呈褐色凹陷病斑，病斑可相互连接扩大至全铃，铃内未成熟的纤维腐烂为暗黄色僵瓣。

发生规律

棉苗炭疽病主要由种子传染，病菌主要以分生孢子和菌丝体在种子或病残体上越冬，翌年棉籽发芽后侵入幼苗，在病株上产生大量分生孢子，随风雨、昆虫、灌溉水等传播，形成再次侵染。此外，带菌棉籽还能通过轧花机将病菌传染到无病棉籽上，扩散传播。

棉花炭疽病的发生受气象因子的影响很大。土壤水分过多，相对湿度在85%以上时，炭疽病就会加剧为害，湿度低于70%时，则不利于发病；连阴雨天，温度下降，不利于棉苗生长，易于诱致病害流行。

除气象因素外，苗龄与发病也有关。一般在棉苗出土后15天内是死苗高峰期。棉苗长出真叶后，随着茎组织木栓化，死苗即显著减少。种子质量差，整地质量差、播种过早、过深，栽培管理粗放、田间通风透光差或多年连作等，都能加重炭疽病的发生。

防治措施

1. 农业防治

（1）种植抗病品种。

（2）合理轮作：可与玉米、小麦等禾本科作物进行轮作倒茬。

（3）温汤浸种：在55～60℃温水中，浸种30分钟，待温度降低后，再继续浸泡24小时，可杀死种子上的病原菌。

（4）加强田间管理：适期播种，合理密植；培育壮苗，促进棉苗早发，提高抗病力；搞好田园清洁，雨后及时排水，降低田间湿度，防止棉苗生长过旺，并注意防止铃早衰。

2. 化学防治

（1）种子处理：每100 kg棉籽可选用70%甲基硫菌灵可湿性粉剂0.5 kg，或45%溴菌腈·五氯硝基苯粉剂0.2～0.4 kg，或70%代森锰锌可湿性粉剂0.5 kg，或10%福美双·拌种灵悬浮种衣剂0.2 kg进行拌种。

（2）喷雾处理：苗期如遇连阴雨天气时，田间出现病株，可选用50%多菌灵可湿性粉剂800倍液，或70%甲基硫菌灵可湿性粉剂1 000倍液，或40%炭疽福美可湿性粉剂600～800倍液，或20%氟硅唑·咪鲜胺水乳剂600倍液，或25%咪鲜胺乳油1 000倍液，或40%氟硅唑乳油600～800倍液，或25%嘧菌酯悬浮剂1 500倍液，或38%恶霜嘧铜菌酯水剂800倍液均匀喷雾。

04 棉花立枯病

分布与危害

棉花立枯病俗称黑根病、烂根病，是豫西地区常见的棉花苗期病害之一，常造成整穴棉苗死亡，棉田缺苗断垄，严重影响产量。

症状特征

棉花立枯病病菌在种子萌发前侵染可造成烂种，萌发后未出土前被侵染可引起烂芽。棉苗出土后受害，初期在近土面茎基部产生黄褐色病斑，病斑逐渐扩展包围整个基部，呈“蜂腰状”缢缩，病苗萎蔫倒伏枯死(图 8-4-1)。拔起病苗，茎基部以下的皮层均遗留在土壤中，仅存尖纫的鼠尾状木质部。子叶受害后，多在子叶中部产生黄褐色不规则形病斑，常脱落穿孔。此病发生后常导致棉苗成片死亡。在病苗、死苗的茎基部及周围、土面常见到白色稀疏菌丝体。

图 8-4-1　棉花立枯病植株枯萎

发生规律

棉花立枯病病菌主要营寄生生活，也可腐生，以菌丝体或菌核在土壤中或病残体上越冬，在土壤中形成的菌核可存活数月至几年。棉苗未出土前，立枯丝核菌可侵染幼根和幼芽，造成烂种和烂芽。棉苗立枯菌适应性很强，可抵抗高温、冷冻、干旱等不良环境条件，一般能存活 2~3 年或更长时间，但在高温高湿条件下只能存活 4~6 个月。棉花立枯病的初次侵染主要来自土壤中的菌丝、菌核和担孢子，特别是菌丝和菌核。带菌种子也可传染。这些初侵染的菌源在萌动的棉籽和幼苗根部分泌物的刺激下开始萌发，直接侵入或从自然孔口和伤口侵入寄主。棉苗子叶期最易感病，棉苗出土的一个月内如果土壤温度持续在 15 ℃左右甚至遇到寒流或低温多雨，立枯病就会严重发生，造成大片死苗。病组织上的菌丝可以向四周扩散，继续侵染为害，引起成穴或成片的棉苗发病甚至死亡。若收花前低温多雨，棉铃受害，病菌还可侵入种子内部，成为下一年的初次侵染来源。播种过早，气温偏低，棉花萌发出苗慢，病菌侵染时间长，发病重。多年连作棉田发病重。地势低洼，排水不良和土质黏重的棉田发病较重。

防治措施

1. 农业防治

(1)选用质量好的抗病棉种。

(2)合理轮作:轮作倒茬防病,发病重的田块与禾本科作物轮作 2~3 年以上。

(3)加强田间管理:深耕冬灌,精细整地;深沟高畦,排水降渍;平均气温在 20℃以上时播种为宜;加强苗期管理,适时中耕,适当早间苗。

(4)温汤浸种:可用 55℃的热水浸种 30 分钟,或 60℃的热水浸种 20 分钟,发病率可降低 50%左右。

2. 化学防治

(1)种子处理:用种子重量 0.5%~0.8%的 50%多菌灵可湿性粉剂,或种子重量 0.6%的 70%甲基硫菌灵可湿性粉剂进行种子包衣,或用精甲霜灵纯药 20 g 拌 100 kg 棉种。

(2)喷雾防治:苗期连遇阴雨天,田间出现病株时可选用 50%多菌灵可湿性粉剂 600 倍液,或 70%甲基硫菌灵可湿性粉剂 800~1 000 倍液,或 25%溴菌腈可湿性粉剂 500 倍液,或 65%代森锰锌可湿性粉剂 800~1 000 倍液,或 70%百菌清可湿性粉剂 600~800 倍液,对准根茎部喷雾防治,每周喷 1 次,连喷 2~3 次。

05 棉花红叶茎枯病

分布与危害

棉花红叶茎枯病又称红叶枯病或凋枯病,是棉花生长中后期经常发生的非侵染性生理性病害,在棉花种植区发生普遍,重发田块会造成棉株提前枯死,棉铃不能成熟(图 8-5-1)。

图 8-5-1　棉花红叶茎枯病造成叶片干枯

图 8-5-2　棉花红叶茎枯病早期症状

图 8-5-3　棉花红叶茎枯病病叶缩小、叶缘下卷

图 8-5-4　棉花红叶茎枯病后期造成棉叶脱落

症状特征

棉花红叶茎枯病一般从蕾期开始显症，结铃吐絮期发病最重。发病初期，叶片边缘稍带黄色，叶肉组织褪绿，除叶脉及其附近保持绿色外，其余均呈紫红色或红褐色（图 8-5-2）。病情较重时，全叶均呈红褐色或褐色，叶片缩小，边缘向下卷曲（图 8-5-3），自下而上干枯凋落，终致全株枯死（图 8-5-4）。发病大多是自下而上、从外向内发展的，也有的病株症状是自上而下变红或先变黄再变红，有时可出现叶柄基部变软，失水干缩，致使叶片萎蔫下垂。病株矮小，根系发育不良，主根短而细，常成“鸡爪根”，支根、侧根数量和长度显著减少，且颜色深褐色，尖端变褐色或腐烂。掰开茎秆，维管束不变色，可以与棉花枯、黄萎病区别开。叶片枯落时，叶柄与茎秆连接处留下干缩褐斑，茎秆顶部呈干焦状，蕾铃大量脱落。发病早的，可以结少数小铃。

发生规律

土壤板结、透气性差、有机质含量低及偏施氮肥、耕作粗放，尤其是缺钾以及田间排灌不畅，棉根发育不良，长期干旱后突降暴雨或雨后长期积水可引起该病的发生，长期阴雨也能加剧危害。植株长势过旺，田间郁蔽，前期结铃早且多，后期衰败过早的棉田发病严重。

防治措施

1. 农业防治

（1）实行轮作倒茬。

（2）深耕细作，配方施肥，增施有机肥；培育健壮植株。

（3）结合整枝修棉，适量摘除早蕾，保证棉花养分、水分的合理应用。

（4）改善棉田排灌条件，做到旱能浇、涝能排。

2. 合理管控

对生长旺盛的棉田，每亩用 50%矮壮素水剂 8～12 mL，或 98%甲哌鎓（缩节胺）可溶性粉剂 2～3 g，兑水 50 kg 喷雾。缺钾棉田，每亩可增施钾肥 10～15 kg，对常年发病地块施草木灰等肥料，以满足棉花对钾元素的需求。发病初期，每亩用腐植酸活性液肥农施宝 100 mL，兑水 45 kg

喷雾，可快速供肥，改善土壤供氧状况。也可采用0.2%～0.3%磷酸二氢钾液，或2%尿素+0.2%磷酸二氢钾+叶面微肥混合液进行叶面喷施，重点喷中、上部叶片背面，隔7～10天喷1次，共喷2～3次。

06 棉花角斑病

分布与危害

棉花角斑病又叫角点病、黑臂病，是棉花上一种常见的细菌性病害，可造成幼苗死亡，叶片枯死，落蕾、落花、落铃、枯叶、枯茎、烂铃等。受害严重时，造成棉株死亡，影响棉花的产量和品质。

症状特征

棉花角斑病在棉花整个生育期均可发病，造成烂籽、烂芽，不能出苗。病菌初侵入时，仅为害气孔四周的组织，出现油渍状小圆点，后病菌繁殖增大，破坏周围组织，扩大为圆形或不规则形的黑褐色病斑。子叶发病背面先出现水浸状透明圆形斑，后扩大变为黑褐色，并能扩展到幼茎上，使棉茎收缩变细，幼苗折断死亡。真叶上病斑开始为灰绿色、水渍状小斑，后扩展为暗褐色、半透明的多角形或不规则形病斑；有时沿叶脉发展为条状黑褐色病斑，使叶片皱缩歪扭；严重时蔓延到叶柄，使叶片脱落；病株矮小，生长停滞（图8-6-1）。蕾和苞叶上出现不规则油渍状透明、深绿色到红褐色病斑，造成蕾铃脱落。铃壳上产生深绿色小点，后发展为透明油渍状病斑。病斑近圆形，数个病斑连在一起，呈不规则形，感病组织死亡，病斑变为褐色或红褐色的凹陷。棉铃各个时期都能受到侵害，尤以幼铃受害重，受害幼铃，病菌侵入内部，导致其他病菌的入侵，促使棉铃腐烂；受害成铃，多限于铃室，只侵害铃壳，内部纤维略变黄。高温、高湿环境下，病部可分泌出乳白色菌脓，风干后形成一层淡灰色薄膜。

图8-6-1　棉花角斑病叶部病斑

发生规律

带菌棉籽为主要侵染源，其次是病残体。病菌主要在棉籽内外越冬，以棉籽外部短绒带菌率最高，可潜伏1～2年。幼苗子叶发病后，病部产生的带菌“溢脓”经风雨、虫等媒介传播，从气孔、虫伤处侵入寄主组织，可引起再侵染。病菌生长适温为25～30 ℃，最高为36～38 ℃，土温为10～15 ℃时角斑病极少发生。土温24～28 ℃或相对湿度85%以上或土壤含水量40%左右时角斑病可严重发生，若土温30 ℃以上或大气相对湿度85%以下时发病明显减轻。风雨、害虫等造成的伤口多，发病重。

防治措施

1. 农业防治

(1)精选、暴晒种子。

(2)清除棉田病株和病残体,集中深埋或销毁。

(3)加强田间管理:适期播种,合理密植;结合间苗、定苗去除病株;控制水肥,防止棉株徒长;适当增施磷、钾肥,合理控制氮肥;避免漫灌串灌,雨后及时排水;加强中耕,保墒提温。

2. 化学防治

(1)硫酸脱绒:每 1kg 种子加入比重 1.8 左右的硫酸 70~100 mL,边倒边搅拌,直到短绒全部脱光,随后立即用清水反复冲洗,直到水色不显黄、水味不显酸为止。

(2)药剂拌种:可选用 20%三氯酚酮可湿性粉剂,或 50%多菌灵可湿性粉剂按药种比 1∶100,或 40%拌种双可湿性粉剂按药种比 0.5∶100 拌种。

(3)喷雾防治:发病后,选用 70%代森锰锌可湿性粉剂 600~800 倍液,或 20%噻菌铜悬浮剂 500 倍液,或 65%代森锌可湿性粉剂 600 倍液均匀喷雾防治。

07 棉铃疫病

分布与危害

棉铃疫病又称雨湿铃、棉铃湿腐病,是造成棉花烂铃的主要病害,是由苎麻疫霉引起的真菌性病害,棉田常有发生。铃期多雨及棉株生长旺盛、通风不畅的棉田发病严重。

图 8-7-1　棉铃疫病为害症状

症状特征

棉铃疫病多发生于中下部果枝的棉铃上,多从棉铃苞叶下的果面、铃缝及铃尖等部位开始发生(图 8-7-1)。初生淡褐、淡青至青黑色水浸状病斑,湿度大时病害扩展极快,经 3~5 天,整个棉铃变为光亮的青绿至黑褐色病铃。多雨潮湿时,棉铃表面可见一层稀薄白色霜霉状物,即病菌的孢囊梗和孢子囊,剥开棉铃可见内部纤维变为黄褐色。青铃染病,易腐烂脱落或成为僵铃。疫病发生晚者虽铃壳变黑,但内部籽棉洁白,及时采摘剥晒或天气转晴仍能自然吐絮。

发生规律

遗留在棉田土壤烂铃壳组织中的卵孢子、厚垣孢子和孢子囊是翌年初侵染源。越冬形态以卵孢子、厚垣孢子为主。病原菌在棉田土壤中普遍存在,存活时期长,存在于棉铃壳中的病菌能存活3年以上,并有较久的耐水能力;病菌可随田间流水及灌溉等进入棉田。雨水的流、溅可传播病菌,雨水积留较多的部位,疫菌容易萌发侵染;棉花铃期高温、高湿、多雨,棉株生长过旺、虫害和其他损伤有利于疫菌侵染棉铃。

防治措施

1. 农业防治

(1)在多雨天气及时排除积水,降低田间湿度,降低病菌孳生和侵染机会。

(2)加固棉株,培土垫根,减轻棉株铃期倒伏。

2. 化学防治

发病初期可选用1∶1∶200倍波尔多液,或50%福美双可湿性粉剂500倍液,或65%代森锌可湿性粉剂300~350倍液,或69%安克·锰锌可湿性粉剂900~1 000倍液,或50%多菌灵可湿性粉剂800~1 000倍液,或58%甲霜灵·锰锌可湿性粉剂700倍液,或64%恶霜·锰锌可湿性粉剂600倍液喷雾防治,隔7~10天左右喷施1次,连续防治2~3次,交替使用延缓抗性产生,有较好的效果。

08 棉铃红腐病

分布与危害

棉铃红腐病也叫烂根病,豫西各棉区都有发生,棉花苗期、铃期均可染病,苗期红腐病发病率一般在20%~50%,最高可达80%以上(图8-8-1)。

图8-8-1　棉铃红腐病易发生在受伤的棉铃上

图8-8-2　棉铃红腐病引起棉铃僵瓣

症状特征

棉铃红腐病可在棉花苗期幼芽未出土前侵害，芽变为红褐色腐烂。出土后受害棉苗根部的根尖、侧根变黄，后变为黑褐色腐烂。幼茎染病导管变为暗褐色，近地面的幼茎基部出现黄色条斑，后变褐腐烂，幼根、幼茎肿胀，子叶、真叶边缘产生灰红色不规则斑，湿度大时其上面产生粉红色霉层，即病原菌的分生孢子。生产上早播的棉田或遇低温多雨天气，根部腐烂严重的，造成死苗。成株茎基部染病产生环状或局部褐色伤痕，皮层腐蚀，木质部呈黄褐色。棉铃染病后初生不规则的病斑，遇潮湿天气或连阴雨时病情扩展，迅速遍及全铃，有的波及棉纤维上，产生均匀的粉红色或浅红色霉层，雨后易粘连在一起，成为粉红色的块状物，重病铃不能开裂，成为僵瓣（图 8-8-2）。

发生规律

棉铃红腐病病菌随病残体或在土壤中腐生越冬，病菌产生的分生孢子和菌丝体成为翌年的初侵染源。苗期初侵染源还可以是附着在种子短绒上的分生孢子和潜伏于种子内部的菌丝体，播种后即侵入为害幼芽或幼苗。该菌在棉花生长季节营腐生生活。铃期分生孢子或菌丝体借助风、雨、昆虫等媒介传播到棉铃上，从伤口侵入造成烂铃，病铃使种子内外部均带菌，形成新的侵染循环。红腐病菌在 3～37℃温度范围内均能生长活动，最适温度 20～24℃，高温对侵染有利。潜育期 3～10 天，其长短因环境条件而异。日照少、雨量大、雨日多可造成大流行。苗期低温、高湿发病较重。铃期多雨低温、湿度大也易发病。棉株贪青徒长或棉铃受病虫为害、机械伤口多，病菌容易侵入，发病重。棉铃开裂期气候干燥，发病轻。

防治措施

1. 农业防治

（1）选种无病棉种或隔年棉种。

（2）加强田间管理：适期播种、合理密植，保持田间良好的通风透光性，以降低病菌繁衍的有利环境；加强棉株苗期管理，适时喷洒新高脂膜以隔绝病菌侵染，提高其抗自然灾害能力和光合作用强度，保护植株健壮生长；及时防治棉花铃期病虫害，避免造成伤口。

（3）清洁田园：做好园间清洁措施，及时清除田间枯枝、落叶、烂铃等，带出田外集中销毁，以降低田间红腐病侵染源。

2. 化学防治

（1）种子处理：用棉花种子重量 0.5%的 70%代森锰锌可湿性粉剂，或种子重量 0.5%的 50%多菌灵可湿性粉剂拌种。

（2）喷雾防治：发病初期可选用 70%代森锰锌可湿性粉剂 500～800 倍液，或 50%多菌灵可湿性粉剂 1 000 倍液，或 50%甲基硫菌灵可湿性粉剂 800 倍液，或 15%三唑酮可湿性粉剂 800～1 000 倍液，或 50%福美双可湿性粉剂 500 倍液，或 58%甲霜灵·代森锰锌可湿性粉剂 700 倍液，或 50%苯菌灵可湿性粉剂 1 500 倍液喷施，隔 7 天喷 1 次，连续 2～3 次。

09 棉铃黑果病

分布与危害

棉铃黑果病是引起棉花烂铃的初侵染病原之一，病菌为棉色二胞，是一种专门针对棉铃的真菌病害。该病会致棉铃僵化、棉花减产。

症状特征

棉铃黑果病病菌只侵染棉铃，可致全铃受害，主要在铃尖、铃壳裂缝或铃基部发病。铃壳初淡褐色，全铃发软，后铃壳呈棕褐色，僵硬多不开裂，铃壳表面密生突起的小黑点，即病菌分生孢子器。发病后期铃壳表面布满煤粉状物，棉絮腐烂成黑色僵瓣状（图 8-9-1）。

图 8-9-1　棉铃黑果病为害状

发生规律

棉铃黑果病病菌以分生孢子器的形式在病残体上越冬。翌年条件适宜，残留的分生孢子器产生分生孢子，进行初侵染和再侵染。多雨高湿有利于发病；棉铃伤口多，如虫伤、机械伤、阳光灼伤等可诱发棉铃黑果病大发生。

防治措施

1. 农业防治

（1）选用健康无病的种子。

（2）加强田间管理，早中耕、勤整枝；尽可能避免棉铃损伤，及时防治铃期害虫，及时摘除病铃。

（3）科学合理施肥，培养健壮的棉花植株。

（4）在播种之前可以再对棉籽进行杀菌消毒处理，可以使用 55℃左右的温水浸泡棉籽半个小时左右。

2. 化学防治

发病初期，可喷洒 1∶1∶200 倍波尔多液，或 70%代森锰锌可湿性粉剂 500 倍液，或 40%氟硅唑乳油 800～1 000 倍液，或 25%吡唑醚菌酯悬浮剂 1 000 倍液，或 70%甲基硫菌灵可湿性粉剂 800 倍液，或 50%咪鲜胺锰盐可湿性粉剂 1 000～2 000 倍液，或 40%吡唑·戊唑醇悬浮剂 1 500 倍液，或 50%异菌脲可湿性粉剂 600～800 倍液，或 40%苯甲嘧菌酯悬浮剂 1 500 倍液等进行防治。

10 棉叶螨

分布与为害

棉叶螨又叫棉花红蜘蛛，是棉花上普遍发生的一种虫害，主要有朱砂叶螨和截形叶螨2种。棉叶螨主要以成螨、幼螨、若螨在棉叶的背面吸食营养汁液(图8-10-1)，为害初期叶片正面出现较多黄白或黄褐色斑点，几天后叶柄处变红(图8-10-2)，严重时则落叶垮秆，叶片呈红褐色卷缩干硬，状如火烧，造成大面积减产或绝收(图8-10-3)。结铃初期为害，嫩铃全部脱落，甚至全株枯死，对产量影响较大。棉叶螨为害还可造成棉株组织机械伤害，分泌的有害物质进入棉株，导致光合、蒸腾强度下降，棉株营养恶化，生长调节失衡，抗病力降低。

图8-10-1 棉叶螨在棉叶背面为害

图8-10-2 棉叶螨致叶柄处变红

图8-10-3 棉叶螨叶正面为害状

形态特征

1. 朱砂叶螨

成螨：椭圆形，雌成螨体长0.48~0.55 mm，体宽0.32 mm，体色常随寄主而异，多为锈红色至深红色，体背两侧各有1对黑褐色斑，肤纹突三角形至半圆形。雄螨体形略小，体色较雌螨淡。

卵：球形，直径约0.13 mm，淡黄色，孵化前变为微红色。

幼螨：近圆形，有足3对。

若螨：有足4对，形态与成螨相似。

2. 截形叶螨

成螨：椭圆形，雌成螨体长0.55 mm，体宽0.3 mm，体色深红，足及颚体白色，体侧具黑斑；

须肢端感器柱形，长约为宽的2倍，背感器约与端感器等长；气门沟末端呈“U”形弯曲；各足爪间突裂开为3对针状毛，无背刺毛。雄成螨体长0.35 mm，体宽0.2 mm；阳具柄部宽大，末端向背面弯曲形成一微小端锤，背缘平截状，末端1/3处具一凹陷，端锤内角钝圆，外角尖削。

幼螨、若螨与朱砂叶螨相似。

发生规律

棉叶螨在豫西棉区1年发生10~15代，以雌成螨在杂草、枯枝落叶及土缝中越冬。春季气温达10℃以上时开始活动，先在杂草或其他寄主上取食和繁殖，5月中旬迁入棉田，6月上旬至8月中旬在棉田为害。先为害下部叶片，后向上蔓延，虫量过多时可在叶端群集成团，滚落地面，随风向四周扩散，也可随水流、人为携带和近距离爬行扩散。单头雌螨可产卵50~110粒，多产于叶背，也可孤雌生殖，其后代多为雄性。幼螨和前期若螨基本不活动，后期若螨活泼贪食。朱砂叶螨发生适温为25~30℃、相对湿度为35%~55%，温度30℃以上和相对湿度70%以上时，不利于其繁殖。高温低湿、干旱季节发生重，暴雨有抑制作用。连作棉田、旱地、贫瘠地、前作和邻作有豆类和瓜类的棉田发生较重。

防治措施

1. 农业防治

（1）清洁棉田，清除田间和田边杂草，可消灭大量越冬雌螨；秋耕冬灌，压低棉叶螨的越冬基数。

（2）棉田合理布局，避免与大豆、菜豆、茄子等寄主作物连作、邻作和间套作。

2. 生物防治

（1）保护利用自然天敌：棉叶螨自然天敌较多，如捕食螨、瓢虫、草蛉、小花蝽、肉食蓟马、蜘蛛等，要保护利用自然天敌，尽量减少棉田前期用药或不用农药。

（2）人工释放天敌：在棉叶螨点片发生期，人工释放捕食螨，在中心株上挂1袋，中心株两侧棉株各挂1袋，每亩约放置1 500~3 000头捕食螨。

（3）生物药剂防治：可用1.8%阿维菌素乳油3 000~4 000倍液，或10%浏阳霉素乳油1 000倍液进行喷雾防治。

3. 化学防治

采取点片挑治，即发现1株打1圈，发现1点打1片。连片发生时，可选用73%炔螨特乳油1 000~1 500倍液，或15%哒螨灵可湿性粉剂2 500倍液，或20%阿维·乙螨唑乳油3 000~4 000倍液，或10%甲氰菊酯水乳剂500~1 000倍液，喷雾防治。

11 棉小造桥虫

分布与为害

棉小造桥虫又名棉夜蛾、步曲、量地虫，在各棉花种植区均有分布。该虫除为害棉花外，还为害木槿、蜀葵、烟草、木耳菜等多种植物。以幼虫啃食棉花叶片，造成孔洞或缺刻，甚至全叶被吃光仅留叶脉，严重时不留叶片，连同所有蕾、花和苞叶也全部食尽。棉铃受害后青铃不能充分成熟。

形态特征

成虫：体长 10~13 mm，头胸部桔黄色。前翅外端暗褐色，有 4 条波纹状横纹，内端全为黄色，密布红褐色小点（图 8-11-1）。

图 8-11-1　棉小造桥虫成虫

卵：扁圆形，青绿色，宽为高的 2 倍。

幼虫：体色多为灰绿色或青绿色，身体各节有褐色刺毛，有白色的亚背线、气门上线和气门下线。胸足 3 对，腹足 3 对着生于 4~6 腹节上，尾足 1 对，第 1~3 腹节常隆起呈桥状（图 8-11-2）。

蛹：体型中等，赤褐色，有尾刺 3 对，头顶有一乳头状突起（图 8-11-3）。

图 8-11-2　棉小造桥虫低龄幼虫

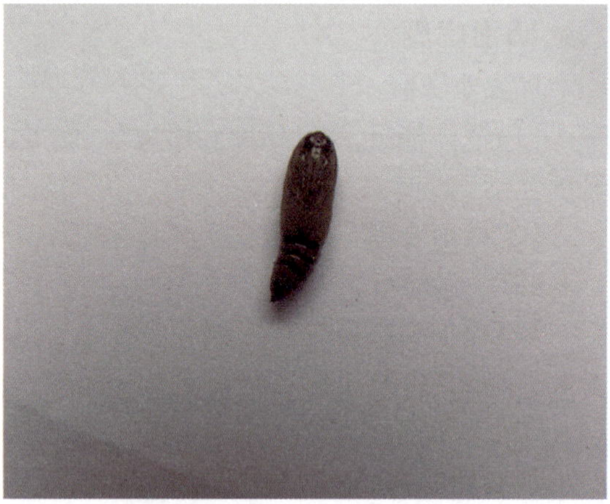

图 8-11-3　棉小造桥虫蛹

发生规律

棉小造桥虫在豫西地区 1 年发生 3~4 代，以蛹在棉花枯叶或棉铃苞叶间或木槿等植物上结茧越冬。常年 7 月中旬幼虫开始为害，8 月中、下旬进入为害盛期，个别年份可持续到 9 月中旬。成虫有趋光性，多在夜间羽化，白天隐藏在棉叶背面、苞叶间或杂草丛中。卵多产于棉株中、下部叶片背面。幼虫 4 龄后进入暴食期，4~6 龄幼虫食叶量占一生食量的 95%。老熟幼虫在叶缘或苞叶中间吐丝缀连，作薄茧化蛹。适宜温度为 25~29℃，相对湿度为 75%~95%，雨日多、湿度大有利于棉小造桥虫的发生和为害。

防治措施

1. 农业措施

（1）拔棉柴后应清除枯枝、枯叶，集中销毁，可杀灭越冬蛹。

（2）结合棉花整枝、打杈，摘除下部老叶并带出田外，可杀灭部分幼虫。

2. 理化诱控

成虫发生期,用频振式杀虫灯、黑光灯、高压汞灯、杨树枝把、糖醋液(图 8-11-4)等诱杀。

3. 生物防治

(1)保护利用天敌:棉小造桥虫的自然天敌主要有绒茧蜂、姬蜂、赤眼蜂、草蛉、胡蜂、小花蝽、猎蝽、蜘蛛、螳螂、瓢虫等。

(2)生物药剂防治:卵孵化盛期至 3 龄盛期,用 8 000IU/ mL 苏云金杆菌可湿性粉剂 100~200 g,或 0.7%印楝素乳油 40~50 mL,或 0.38%苦参碱乳油 75~100 mL,兑水 40~50 kg 喷雾防治。

图 8-11-4　棉田放置糖醋液

4. 化学防治

幼虫卵孵化盛期末至 3 龄盛期,当百株虫量达到 100 头时,可选用 20%甲氰菊酯乳油 1 500 倍液,或 20%虫酰肼悬浮剂 2 000 倍液,或 40%菊马乳油 2 000 倍液,或 2.5%溴氰菊酯乳油 2 500 倍液,或 5%高效氯氰菊酯乳油 2 000 倍液,或 50%辛硫磷・氰戊菊酯乳油 1 500~2 000 倍液喷雾,注意交替使用农药。

12 棉大造桥虫

分布与为害

棉大造桥虫又名棉步曲、棉尺蠖、棉叶尺蛾、脚攀虫,属鳞翅目尺蛾科,广泛分布于豫西各作物种植区,呈间歇性发生、局部为害。该虫食性较杂,可为害棉花、豆类、花生、烟草、向日葵、麻类、梨等多种植物。以幼虫蚕食叶片、嫩芽和嫩茎,低龄幼虫多啃食叶肉,形成天窗式透明小点或小孔;3 龄后从叶片边缘咬食叶片成缺刻和孔洞;4 龄后取食全叶及嫩芽,严重时全株叶片被吃光成光秆,影响光合作用,有时也为害花蕊,影响结铃。

形态特征

成虫:体长 15~20 mm,翅展 38~45 mm,体色差异较大,一般为浅灰褐色,也有黄白、淡黄、淡褐、浅灰褐色;翅上的横线和斑纹均为暗褐色,前翅亚基线和外横线锯齿状,中间为灰黄色,外缘中部附近具有 1 个明显的黑褐色斑块,外缘线由 7~8 个半月形黑斑组成;后翅外横线锯齿状,其内侧灰黄色;雌虫触角为暗灰色丝状,雄虫为淡黄色羽状(图 8-12-1)。

图 8-12-1　棉大造桥虫成虫

卵:约 1.7 mm×0.4 mm,长椭圆形,初产青绿色,孵化前变为灰白或灰绿色。

幼虫:共 6 龄。老熟幼虫体长 38~49 mm,体色变化较大,有黄绿色、青白色、灰黄色或黄褐色。头黄褐至褐绿色,头顶两侧各具 1 黑点;体表光滑,两侧密生黄色小点,腹部仅有 1 对腹足(图 8-12-2)。

蛹:长约 14 mm,深褐色有光泽,尾端尖,有臀棘 2 根(图 8-12-3)。

图 8-12-2　不同体色的棉大造桥虫幼虫

图 8-12-3　棉大造桥虫蛹

发生规律

大造桥虫在豫西地区一般年发生 3~4 代,以第 2 代为害最重,以蛹在土中越冬。成虫多于傍晚羽化,昼伏夜出,有较强趋光性。成虫羽化后当天即可交尾,夜间产卵,卵多散产在地面、土缝或植株上部叶背面。幼虫多在夜间为害,白天基本不活动。初龄幼虫多隐蔽在植株中下部叶片背面取食叶肉,留下叶脉,3 龄后,食量增加,主要为害作物中上部,4 龄后进入暴食期。老熟幼虫多在白天吐丝下垂或直接掉在地面,进入 3~5 cm 的土壤内化蛹。1 代幼虫主要为害豆类等早春作物,2 代开始为害棉花,3 代发生期因天气炎热,发生较轻,4 代在棉田和大豆田虫量增加。

防治措施

1. 农业防治

(1)清洁田园:在作物播种前或收获后,及时清除田间及周边杂草,集中沤肥。

(2)加强田间管理:合理密植,科学施肥,增施磷钾肥;作物收获后,深翻灭茬,利用冬耕消灭土中越冬蛹。

(3)人工捕杀:大造桥虫卵颜色明显,大发生时聚产,卵盛期人工刮抹消灭;结合农事操作,人工捕杀大龄幼虫。

2. 理化诱控

利用大造桥虫趋光性、趋化性等特性,从成虫始发期开始,用频振式杀虫灯、黑光灯或性诱捕器等诱杀成虫。

3. 生物防治

(1)保护利用天敌:大造桥虫的天敌主要有姬蜂、茧蜂、赤眼蜂、螳螂、步甲、蜘蛛以及绿僵菌、病毒等,应注意保护利用天敌(图 8-12-4,图 8-12-5)。

图 8-12-4　大造桥虫幼虫被天敌寄生状

图 8-12-5　大造桥虫幼虫被天敌寄生状

(2)生物药剂防治:在幼虫盛期,选用青虫菌或100 亿个孢子/g 的杀螟杆菌 1 000~1 500 倍液,或 100 亿个孢子/ mL 的短稳杆菌悬浮剂 500~800 倍液喷雾。也可亩用 400 亿个孢子/g 的球孢白僵菌可湿性粉剂 25~30g,或 1% 印楝素微乳剂 40~60 mL,或 0. 6% 苦参碱水剂 60~100 mL,或 20%阿维 · 灭幼脲可湿性粉剂 80~120 g 等,兑水 40~60 kg,均匀喷雾。间隔 7~10 天防治 1 次,连续防治 2~3 次效果最佳。

4. 化学防治

在幼虫进入暴食期前进行防治,当百株虫量达 5 头以上时即需防治。可亩用 15%茚虫威悬浮剂 15~20 mL,或 20%虫酰肼悬浮剂 60~80 mL,兑水 40~50 kg,喷雾防治;也可选用 5%高效氯氰菊酯乳油 2 000 倍液,或 2. 5%溴氰菊酯乳油 2 500 倍液,或 50%辛硫磷乳油 1 500~2 000 倍液,或 3%甲维 · 氟铃脲乳油 1 000~2 000 倍液,喷雾防治。

第九部分　烟草病虫害

01 烟草病毒病

分布与危害

烟草病毒病俗称烟草花叶病，是烟草生产中发生比较普遍的一大病害，目前我国已发现的烟草病毒病共有16种，其中，分布广、危害重的主要有烟草普通花叶病毒(TMV)、烟草黄瓜花叶病毒(cmV)和马铃薯Y病毒(PVY)等3种病毒。烟草受害后，叶绿素被病毒破坏，光合作用减弱，叶片生长被抑制，表现出叶小、畸形，品质下降，产烟量降低，减产幅度可达20%~80%。

症状特征

图9-1-1　烟草病毒病叶片上形成黄绿相间的斑驳

图9-1-2　烟草病毒病叶片“泡斑”

图9-1-3　烟草病毒病叶片扭曲畸形

图9-1-4　烟草病毒病叶片变细呈带状

1. 烟草普通花叶病毒：自苗床期至大田成株期均可发生。幼苗被侵染后，新叶的叶脉组织变浅绿色，呈半透明的“明脉症”，迎光透视可见病叶大小叶脉十分清晰，随后叶片逐渐形成黄绿相间的“花叶症”。大田期，烟株受侵染后，首先在心叶上出现“明脉”现象，之后随叶片生长呈现花叶、泡斑、畸形、坏死等典型症状。轻型花叶只在叶片上形成黄绿相间的斑驳（图 9-1-1），叶形不变。重型花叶病叶色泽深浅不匀，黄绿相间呈镶嵌状，受害叶片一部分细胞增多或长大，另一部分不增多，致使叶片厚薄不匀，深绿色部分出现“泡斑”，叶片边缘逐渐形成缺刻并向背面翻卷，叶片皱缩扭曲，呈现各种畸形（图 9-1-2，图 9-1-3），有些叶片甚至变细呈带状（图 9-1-4）。早期感病植株矮化，节间缩短，生长缓慢或停滞，严重的叶子不开片，花变形，果实小而皱缩，种子发育不良，发芽率极低。除典型花叶症状外，在旺长期病株中上部叶片还会出现较大的红褐色坏死斑，称为“花叶灼斑”。烟草普通花叶病的个别株系在烟叶上形成系统性花叶的同时，可在中下部叶片上产生环斑或坏死斑。早期发病的植株严重矮化，生长缓慢（图 9-1-5，图 9-1-6），不能正常开花结实。能发育的蒴果小而皱缩，种子量少且小，多不能发芽。

图 9-1-5　烟草病毒病植株严重矮化（左下角为病株）

图 9-1-6　烟草病毒病植株严重矮化植株症状

2. 烟草黄瓜花叶病毒：发病初期，首先在心叶上表现明脉症，随后叶色浓淡不均，出现黄绿相间的“花叶症”状。严重时，叶片变窄、扭曲，伸直呈拉紧状，表皮茸毛脱落，失掉光泽等。早期感病，植株严重矮化，基本无利用价值。大田期的典型症状有：（1）叶片颜色深浅不均，形成典型的“花叶症”。（2）病叶粗糙、发脆，上部叶狭窄、叶柄拉长，侧翼变窄变薄，叶缘上卷，叶尖细长，呈“畸形状”。（3）有时病叶叶缘向上翻卷，出现深绿色的“泡斑”。（4）中部叶或下部叶片侧脉出现褐色至深褐色的“闪电状”坏死斑。（5）小叶脉或中脉出现深褐色或褐色坏死。cmV 与 TMV 的症状区别：TMV 的病叶边缘时常向下翻卷不伸长，叶面绒毛不脱落，泡斑多而明显，有缺刻；而 cmV 的叶片，病斑边缘时常向上翻卷，叶基拉长，两侧叶肉几乎消失，叶尖成鼠尾状，叶面绒毛脱落，泡斑相对较少，有的病叶粗糙，如革质状。

图 9-1-7 中脉形成深褐色或褐色坏死

图 9-1-8 烟草病毒病叶脉症状

3. 烟草马铃薯 Y 病毒：由于病毒株系不同而表现出不同症状。发病初期，新叶上表现出明脉现象，此后由于病毒株系不同，引起的症状也有差异。(1)脉带花叶型：在烟株上部叶片呈黄绿花叶斑驳，叶脉两侧深绿，脉间色浅，形成明显的脉带，严重时出现卷叶或灼斑，叶片成熟不正常，色泽不均，品质下降，烟株矮化。(2)脉斑型：下部叶片发病，叶片黄褐，主侧脉从叶基开始呈灰黑或红褐色坏死，叶柄脆，摘下可见维管束变褐(图 9-1-7-图 9-1-9)，茎秆上出现红褐或黑色坏死条纹(图 9-1-10)。(3)褪绿斑点型：初期与脉带型相似，但上部叶片出现褪绿斑点，随后中下部叶片产生褐色或白色小坏死斑，病斑不规则，严重时整叶斑点密集，形成穿孔或脱落。

图 9-1-9 烟草病毒病中脉维管束变褐

图 9-1-10 烟草病毒病叶脉、茎秆上黑色坏死条纹

发生规律

1. 烟草普通花叶病毒：主要发生在苗床期至大田现蕾期，发病高峰期在烟苗移栽后 20 天至现蕾期，打顶后田间病株仍呈上升趋势，但症状主要显现在烟杈上，对烟叶影响不大。苗期的初侵染源主要是土壤传毒、肥料带毒、种子中混杂病残体及带病的其他寄主植物。该病极易传染，幼苗发病后，通过摩擦使叶片上的茸毛产生微小伤口引起再侵染。大田发病的侵染来源主要来

自苗床已带病的病苗、病土及其他带毒植物等，通过农事活动，手或者工具接触病叶后再接触健康叶片而造成病毒侵入发病。普通花叶病毒侵入后先在薄壁细胞内繁殖，后进入维管束组织，进而传染整株。烟草普通花叶病毒主要靠病汁液接触传染，在已烤烟叶、病残体及马铃薯等其他寄主植物上都能存活。品种的抗病性丧失，感病品种面积增大，发病重；移栽后气温变化大，烟株根系发育不良，发病重；施肥不足，地力瘠薄，管理不当，或连作、与茄科植物套种使毒源增多，发病重。

2. 烟草黄瓜花叶病毒：主要靠蚜虫（烟蚜、棉蚜）传播，其次是汁液擦伤传病。此种病毒寄生范围极广，可在越冬蔬菜、多年生树木及农田杂草上越冬。翌春通过有翅蚜迁飞传到烟株上。烟株在现蕾前旺长阶段较感病，现蕾后抗病力增强。大田发病率与烟蚜发生量成正比，通常在有翅蚜量出现高峰后 10 天左右出现发病高峰。高温干燥气候有利于有翅蚜虫发生，发病重。在杂草较多、距菜园较近、蚜虫发生较多的烟田，发病时间早，且受害重。另外，烟草自移栽到旺长阶段，若遇雨天，温度较低，蚜虫数量多，也会导致病害流行。

3. 烟草马铃薯 Y 病毒：可通过蚜虫、嫁接、汁液摩擦等方式传播。自然条件下仍以蚜虫传毒为主。介体蚜虫主要有棉蚜、烟蚜、马铃薯长管蚜等，以非持久性方式传毒。PVY 主要在农田杂草、马铃薯种薯和其他茄科植物上越冬，翌年通过蚜虫迁飞向烟田转移，大田汁液摩擦传毒也很重要。苗期一般不发病，团棵期开始轻微发病，旺长至封顶前后则大量发生。主要受传毒蚜虫、气候因素和烟草生育状况等多方面影响。幼嫩烟株较老株发病重，蚜虫为害重的烟田发病重，天气干旱易发病。6~8 月天气条件如适宜蚜虫生长繁殖，蚜量大，马铃薯 Y 病毒发生则重。在氮肥充足时，烟草生长迅速，组织幼嫩，较易感病，且出现症状较快。烟田离马铃薯地块越近，发病率越高，危害越重。

防治措施

防治烟草病毒病主要从培育抗耐病品种、加强栽培管理和灭蚜防病等方面着手。

1. 农业防治

（1）栽种抗耐病品种：这是防治烟草病毒病既经济、又有效的根本途径。从无病株上采种，单收单藏，并进行细致汰选，防止混入病株残屑。

（2）加强苗床管理，培育无病壮苗：苗床要尽可能远离菜地、烤房、晾棚等毒源基地场所；床土及肥料不可混入病株残屑；注意清除苗床附近杂草，以减少毒源植物；及时间苗、定苗，合理施肥浇水，有效地控温控湿，操作时要用肥皂水洗手，严禁吸烟，工具消毒，尽量减少手、衣服等与烟株接触。

（4）合理轮作、适当提早播种、提早移栽：可与甘薯等非寄主作物实行 2~3 年轮作，尽量不与茄科和十字花科作物间作或轮作，重病地至少两年内不栽种烟草；移栽时要剔除病苗。

（5）加强田期管理，提高自然抗病能力：冬前进行深翻晒土，翌年翻浆时精细耙地，熟化耕作层，减少侵染毒源；及时除掉病株、病叶，减少病源；施用充分腐熟的有机肥，增施磷钾肥，增强烟株长势；打顶抹杈要在雨露干后进行，先管理健株，后管理病株，防止人为传播。

(6)隔离驱避蚜虫：育苗床和烟田，铺设银灰色地膜，或张挂银灰色反光膜条，可有效地驱避蚜虫向烟田内迁飞；或在烟田与蚜虫来源田之间种植起屏障作用的大麦等抗烟蚜作物，以防止蚜虫迁入烟田，从而减轻为害。

2. 生物防治

发病初期，叶面喷施0.5%几丁聚糖水剂300~500倍液，或8%宁南霉素水剂500~600倍液，或0.6%甾烯醇微乳剂1 000~1 500倍液，或0.1%大黄素甲醚水剂500~700倍液。

3. 化学防治

(1)种子处理：育苗前，用0.1%硝酸银或10%磷酸三钠浸种10分钟，清洗后播种。

(2)防治蚜虫：蚜虫发生期，可用40%乐果乳剂1 000~1 500倍液，或5%联苯菊酯·啶虫脒乳油2 000~3 000倍液，或10%烯啶虫胺水剂500~1 000倍液，或80%磷胺乳剂1 000~2 000倍液，或21%噻虫嗪悬浮剂750~1 000倍液，或50%甲萘威可湿性粉剂800~1 000倍液，亩用药液100~150kg进行喷雾。

(2)防治病毒病：病毒病发生初期，可选用20%盐酸吗啉胍·乙酸铜可湿性粉剂500倍液，或31%吗啉呱·三氮唑可溶性粉剂800~1 100倍液，或1.2%辛菌胺醋酸盐水剂200~300倍液，或30%毒氟磷可湿性粉剂1 000倍液，或3.85%三氮唑核苷·铜·锌水乳剂600~800倍液，或50%氯溴异氰尿酸可湿性粉剂1 000倍液等，喷雾防治。

02 烟草赤星病

分布与危害

烟草赤星病俗称“斑病”、“红斑”、“恨虎眼”、“火炮斑”等，是烟草上发生范围最广、危害最重的一种叶部病害，在豫西烟草种植区均有发生。烟草赤星病一般发生在植株生长中后期，主要侵害叶片，使烟叶残缺不全、等级下降，严重影响产量和质量。

图9-2-1　病斑周围有淡黄色晕圈

症状特征

烟草赤星病主要发生在叶片成熟期，特别是打顶后更容易感病。该病主要为害叶片，也可侵染茎秆、叶脉、花梗和蒴果。一般先从烟株下部叶片开始发病，随着叶片的成熟，病斑自下而上逐步发展，初期呈水平扩散，后期垂直扩散。烟株感病后，下部叶片开始出现病斑，初期为直径不足0.1 cm的圆形黄褐色小点，后扩大为1~2 cm圆形或不规则圆形的褐色病斑，病斑周围有淡黄色晕圈(图9-2-1)，中央为明显的同心轮纹(图 9-2-2,图 9-2-3),质脆、易破碎。空气潮湿时,病斑上产生深褐色或黑褐色的霉状物(图 9-2-4,图 9-2-5),即病菌的分生孢子梗和分生孢子(田间诊断的依据)。

图 9-2-2　病斑中央为明显的同心轮纹(正面)

图 9-2-3　叶片病斑背面

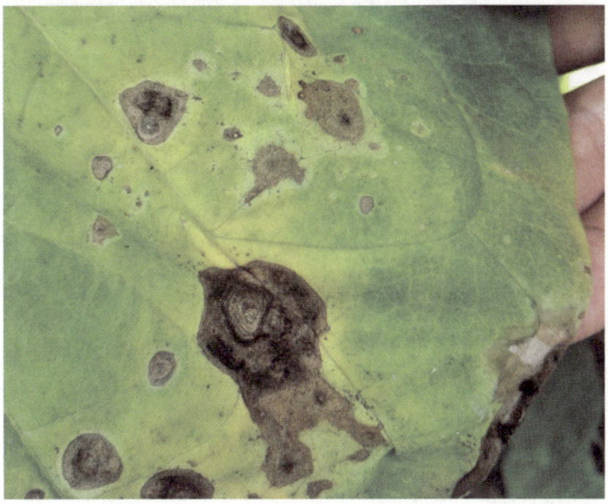

图 9-2-4　病斑上产生深褐色或黑褐色霉状物(正面)

图 9-2-5　烟草赤星病病斑背面

天气干旱时,病斑中央常破裂、穿孔,严重时,多个病斑相互合并,形成大的病斑(图 9-2-6),破裂脱落,进而造成整个叶片破碎而无使用价值。主脉、花梗、蒴果和茎被病菌侵染时,产生较小的深褐色或黑色斑点,接近采收时,茎部产生圆形或近圆形深褐色凹陷病斑。

图 9-2-6　多个病斑相互合并成大病斑

发生规律

烟草赤星病病菌以菌丝和分生孢子梗在病残体上越冬,翌年条件适宜时,产生分生孢子,借助气流、风雨传播,侵染周围的烟株。降落到幼嫩叶片上的分生孢子在有水膜时很快萌发，在叶表面生长形成很长的芽管，但在幼叶上很难侵入，或偶尔侵入发病也很轻，病斑直径不超过 1 mm，而在下部老叶上，病菌很容易萌发侵入，在温度适宜且叶表面有水膜时，短时间内即可侵入。一般从叶表皮毛基细胞、叶缘、叶耳及虫伤处侵入，也可从气孔侵入，侵入寄主组织的菌丝在细胞间生长，破坏中胶层，造成表皮细胞溃烂，进而致使内部组织溃烂，2~8 天后即可形成病斑，病斑上可重新产生大量新的分生孢子，经传播扩散引起多次再侵染。

赤星病的发生与品种的抗性、气候条件及栽培管理等因素密切相关。不同的烟草品种及同一品种不同生育期对赤星病的抗性存在明显差异，幼苗期抗病性强，一般很少发病。随着叶片的成长，抗病性逐步下降，底脚叶成熟后进入感病阶段，按叶片成熟先后，病害逐渐由底叶向上部叶片扩展。

赤星病的发生与年份间气候条件有密切关系，特别是年份间的雨量、雨日数。豫西地区的降雨主要集中在 7~8 月份，此期间大部分烟叶正处于感病阶段，因此，潜育期短，再侵染次数多，病害扩展迅速，雨量大，雨日多，常导致病害流行；相反，若 7~8 月份阳光充足，气候干燥，发病则轻；昼夜温差大、土壤潮湿、夜间结露时间长，也利于病菌的侵染和发病；移栽期和栽培管理方式对病害发生有一定影响，播种早，移栽早，成熟早的地块发病轻，反之则发病重；与花生、绿豆、甘薯等矮秆作物间、套作的烟田，由于通风透光好，发病轻；种植密度大，田间环境荫蔽，氮肥施用量偏多，发病重。

防治措施

烟草赤星病防治时，应提倡“预防为主，综合治理”的防治方针，采用农业防治、生物防治和化学防治相结合的方式，可取得较好的防治效果。

1. 农业防治

(1)选用抗(耐)病品种：目前我国抗赤星病品种有中烟 98、单育 2 号、革新 3 号、净叶黄等。

(2)培育壮苗，发展春烟：利用地膜覆盖，早育苗早移栽，早管早收，争取“伏尽烟完”，避过病害。

(3)合理密植，科学施肥：烟田密度一般以每亩 1 300~1 500 株为宜，控制氮肥用量，适当增施有机肥和饼肥，同时增施磷、钾肥，增强植株长势，促使烟叶适时成熟，及时落黄，减轻病害。

(4)加强管理，适时采收：根据土壤肥力和品种来确定打顶时间，打顶过早，上部叶片长得过大，烟株往往成伞形，下部叶片通风透光差，易受病菌的为害；及时除掉病株、病叶，减少菌源；适时采收成熟烟叶，控制病害的发生和蔓延，减轻危害。

(5)合理轮作、间作：实行 2 年以上的轮作制度或实行烟草与粮食、油料等作物间作，改善烟田小气候，从而抑制病菌的孳生蔓延。

2. 生物防治

烟株现蕾期可用 10%多抗霉素可湿性粉剂 800~1 000 倍液进行叶面喷雾。

3. 化学防治

在烟株底脚叶片零星发病时，可用 40%菌核净可湿性粉剂 400~500 倍液，或 75%百菌清可湿性粉剂 600 倍液，或 50% 退菌特可湿性粉剂 500 倍液，或 10% 苯醚甲环唑可湿性粉剂 1 000~1 500 倍液，或 70% 甲基硫菌灵可湿性粉剂 800 倍液喷雾，每亩喷药液 50~75 kg，每隔 7~10 天防治 1 次，连续防治 2~3 次，防治效果较好。

03 烟草白粉病

分布与危害

烟草白粉病俗称"上灰"、"发白"、"下霜"、"上硝"，是烟草生产中危害较严重的病害之一，在豫西各烟草种植区普遍存在。该病多为害成熟老叶，病叶烘烤后叶色深褐，薄脆，失去香味，丧失烤烟价值。一般发病田可造成损失 10%~20%，严重时可达 80% 以上（图 9-3-1）。

图 9-3-1　烟草白粉病田间为害症状

症状特征

烟草白粉病在烟草整个生育期均可发生，主要为害叶片，也可侵染茎秆、花枝、萼片。苗期发病，叶片正反两面长满白粉，叶色变黄，幼苗逐渐干枯死亡。大田期发病，一般下部老叶先表现症状，由下往上逐渐蔓延，遍及全株。被害叶片初产生近圆形的黄褐色小斑，逐渐长出白色绒状小点，随后病斑呈毯状逐渐扩大，最后白色粉状物布满整个叶片（图 9-3-2），病叶褪绿变褐，最终枯死，病斑后期偶尔可见黑色的颗粒体，即病菌的子囊壳。严重时为害嫩茎，病组织布满白粉，最后变褐枯死。

图 9-3-2　烟草白粉病白色粉状物

发生规律

烟草白粉病病原菌以子囊孢子、菌丝体及分生孢子在田间病残体、茄科寄主或再生烟上越冬，翌年条件适宜，借助风、雨传播，进行初侵染和再侵染。一般 6 月上旬开始零星发病，6 月中旬病害迅速扩展，7 月上旬达到第一个发病高峰，7 月下旬达到第二个发病高峰，8 月中旬开始下降，8 月下旬基本结束。该菌喜中温、中湿的环境，发病最适温度为16~26℃、相对湿度为75~85%。温暖、潮湿、日照较少的年份易发病；土壤中氮肥多、钾肥少，烟株生长茂密，田间通风不畅，烟田小气候阴湿，则发病重；不同烤烟品种白粉病发生程度差异较大。

防治措施

1. 农业防治

(1)选用抗病品种：因地制宜，选用F110、DC202、白肋21等抗白粉病的品种。

(2)加强田间管理：合理密植，高起垄、深挖沟模式栽培；合理控制氮肥，增施钾肥，提高植株抗病性；及时中耕除草，适时采烤脚叶，改善田间通风透光条件；雨后及时排除烟沟积水，降低田间湿度。

(3)清洁田园：及时摘除被侵染的底脚叶或其他病叶，带出田外，集中销毁。

2. 化学防治

在发病初期选用15%丙唑·戊唑醇悬浮剂1 000~1 500倍液，或45%三唑酮·福美双可湿性粉剂800~1 000倍液，或50%醚菌酯水分散粒剂2 500~3 000倍液，或50%三唑酮·硫磺悬浮剂800~1 000倍液，或4%嘧啶核苷类抗菌素400倍液，或80%代森锌可湿性粉剂500~600倍液，或36%甲基硫菌灵可湿性粉剂800~1 000倍液，或55%苯甲嘧菌酯水分散粒剂1 000~1 500倍液，或12.5腈菌唑乳油1 500~2 000倍液，或12.5烯唑醇可湿性粉剂1 000倍液，对烟叶正反两面均匀喷雾，发生严重时，隔7~10天再喷1次，连喷2~3次。

04 烟草黑胫病

分布与危害

烟草黑胫病俗称"黑疯"、"黑根"，近几年来，在豫西烟草种植区发生有明显的上升趋势。烟草黑胫病从苗期到大田期均能发病，主要在成株期为害，发病后通常整株死亡(图9-4-1)。

图9-4-1 烟草黑胫病大田为害症状

症状特征

烟草黑胫病苗期发病较少，盛发期主要在大田成株现蕾期。烟株根、茎、叶均能发病，以茎基部受害最重。幼苗染病，茎基部产生黑色小病斑，或子叶发病沿叶柄蔓延至幼茎，导致幼苗猝倒。气候冷凉干燥时，病株往往变黑干缩而枯死;湿度大时,全株迅速腐烂,病部长满白色菌丝,幼苗成片死亡。大田成株期发病,一般多在根或茎基部,根据发病部位不同,可形成以下5种不同类型的症状:

1. 黑胫:烟草植株茎基部受害,出现明显的黑斑,并环绕全茎向上部延伸(图9-4-2-图9-4-4)。

图9-4-2 烟草黑胫病"黑胫"症状

图9-4-3 烟草黑胫病茎基部黑斑

图9-4-4 烟草黑胫病茎基部病斑

图9-4-5 烟草黑胫病"穿大褂"症状

2. "穿大褂":茎基部受害逐渐向髓部扩展,从而影响水分输送,初期病株叶片白天萎蔫,夜间又恢复,之后病株叶片自下而上依次变黄,大雨后若遇烈日高温,则全株叶片突然凋萎,然后枯死,所以称之为"穿大褂"(图9-4-5)。

3. "黑膏药":多雨潮湿时,植株中下部叶片染病,初呈现暗绿色水渍状的圆形病斑,直径4~5 cm,之后病斑迅速扩大,中央黄褐色坏死,边缘不清晰隐约有轮纹,呈"膏药"状的黑斑。潮湿条件下,表面产生白色绒毛状物,俗称"黑膏药"。

4. "笋节状或碟片状":茎部感染后,茎髓部因病菌毒素作用而干缩变形,变褐、变黑,剖开病茎可看到髓部分离成碟片状(图9-4-6),犹如笋节,其间生有疏松的白色棉絮状物,潮湿时病茎外表也可见白色絮状物。该症状是黑胫病区别于其他根茎类病害的典型特征。

5."腰漏":烟株中部叶片发病后,病斑经主脉、叶基蔓延到茎部,造成茎中部出现黑褐色腐烂坏死,俗称"腰烂"。茎部病斑上的叶片萎蔫,甚至枯死(图 9-4-7)。

图 9-4-6　烟草黑胫病病茎髓部分离成碟片状

图 9-4-7　烟草黑胫病"腰漏"症状

发生规律

烟草黑胫病病菌以菌丝体、卵孢子和厚垣孢子在病株残体和土壤肥料中越冬,一般可存活3~5 年。病菌主要集中在地表 0~5 cm 的土层内活动,5 cm 以下的土层中含菌量明显下降,15 cm 以下则很少有该菌活动。病菌通过伤口或气孔直接侵入烟株茎基部,在细胞间或细胞内扩展。带病的土壤和肥料是苗床期和大田期的主要初侵染来源,其次是灌溉水带菌,带病烟苗也是大田的重要初侵染来源之一。病菌的孢子囊可借助雨水、风、人畜田间活动等进行重复传播、再侵染,进而蔓延至全田发病。

烟草黑胫病属高温高湿型病害,其发生流行与温、湿度有密切的关系。一般平均气温低于24℃发病较少,24~32℃时最有利于侵染,28~32℃时可大量发生并迅速蔓延,潜育期仅为 2~4 天。在适宜温度条件下,雨后相对湿度保持在 80%以上 3~5 天,病害即可流行;烟株现蕾前雨量大,则病害加重;雨季来得早、降雨量大、连作烟田、地势低洼、土壤黏重、碱性大、有效钙镁和氮含量较高的地块发病重;线虫及地下害虫为害重的地块发病重;平畦、大水漫灌地块发病重。不同品种的烟草对黑胫病的抗性有明显差异,同一品种的不同生育阶段对黑胫病的抗性也有较大差异,苗期和现蕾期以前易感病,现蕾以后较抗病。

防治措施

防治烟草黑胫病应采取农业防治和化学药剂防治相结合的综合防治措施。

1. 农业防治

(1)种植抗病品种:可根据实际需要选用中烟 100、K346、NC82、RG17 等较抗黑胫病的品种。

(2)实行轮作:建议与禾本科植物或甘薯实行 3 年以上轮作,对于发病严重地块,禁止来年继续种烟。各地可确定2~3个主栽品种，并搭配种植2~3个辅助品种，避免因品种单一导致病害流行。

(3)适时早栽：早栽可以早长，使烟株感病阶段避过高温多雨季节，减轻发病几率，一般采取在清明后移栽最好。

(4)加强田间管理：整平土地，起垄栽培；开沟排水；及时清除底部病叶及病株，并带出田外深埋或销毁；灌溉水沟避开感病地块，以防止病菌随水流进入其他地块传播。

2. 化学防治

(1)苗床药剂处理：移栽前用58%甲霜灵锰锌可湿性粉剂500倍液对苗床均匀喷雾。

(2)大田期药剂防治：亩用95%敌磺钠可湿性粉剂100~200 g，拌细土5 kg，于移栽后封窝前及起垄培土前各施药土一次，将药土撒施于烟株茎基周围，并用土封实。也可在移栽当天或移栽后10天用58%甲霜灵锰锌可湿性粉剂1 000倍液，或25%甲霜灵可湿性粉剂800倍液灌根。移栽后1个月内，零星发病时，可选用30%甲霜·恶霉灵水剂600倍液，或25%甲霜·霜霉威可湿性粉剂600~800倍液，或80%乙磷铝可湿性粉剂350倍液，或58%甲霜灵·锰锌可湿性粉剂600~800倍液，或36%春雷·喹啉铜悬浮剂1 000倍液，或25%瑞毒霉乳剂400~800倍液，或80%烯酰吗啉可湿性粉剂1 200~1 500倍液，进行叶面喷雾或去掉喷头喷淋茎基。

05 烟草根黑腐病

分布与危害

烟草根黑腐病俗称黑根、烂根、地症等，是一种常见的土传病害，豫西烟区均有发生。该病害在各产烟区历年表现为极少数田块零星发生，且为害程度很低，但近年来，个别田块表现为普遍集中发生。烟草根黑腐病从幼苗到成株期均可发病，以幼苗期至现蕾期发病较重，主要为害烟株根系，使根出现黑色腐烂，影响植株正常生长(图9-5-1)。

图9-5-1　烟草根黑腐病大田为害状

症状特征

苗期症状：苗床期初萌发的嫩芽被侵染后，容易引起“猝倒”，但受害部位发黑，有别于猝倒病。烟苗子叶展开后，病菌首先从幼苗的土表部位侵入，病斑环绕茎部，并向上入侵子叶，从而引起子叶腐烂，毁掉烟苗。有的烟苗受害后侧根尖端变黑腐烂，烟苗生长缓慢，植株矮小，叶色发黄但不死。重病株断根留在土里难以拔起，仅可看到黑色的茎基部，能拔起的可见整株根系变黑褐、坏死。病苗在受侵染部位以上可发出很多新的不定根，但仍不能正常生长，最终新生根被病菌再次侵染、摧毁，病苗矮化或死亡，但有的病苗外表看起来正常。

图 9-5-2　烟草根黑腐病为害根部症状

图 9-5-3　烟草根黑腐病根系全部变黑褐、坏死

成株期症状：大田期发病，烟株初期地上部分表现为生长停滞，易于萎蔫，许多病株表现出不同程度的矮化，拔起可见根尖黑褐腐烂，严重者根系全部变坏死、腐烂（图 9-5-2，图 9-5-3），须根往往难以拔出，残留在土壤中（图 9-5-4），严重时植株猝倒（图 9-5-5）。气候炎热时，白天病株萎蔫，夜间恢复正常，病株叶片变黄、变薄且早花，严重影响烟草产量和质量。此病只为害部分烟株，很少引起成片死亡。

图 9-5-4　烟草根黑腐病须根难以拔出，残留在土壤中

图 9-5-5　烟草根黑腐病根茎腐烂后烟株猝倒

发生规律

烟草根黑腐病菌耐干燥且抗逆性较强，可在土壤中腐生，长期存活，通常以厚垣孢子在病残体和土壤中越冬，随流水和病土传播。条件适宜时，分生孢子或厚垣孢子萌发产生菌丝，由伤口

侵入寄主根部的表皮细胞。皮层被寄生后，菌丝在表皮细胞间分枝蔓延，并外露进入根部周围的土壤中，产生大量分生孢子和厚垣孢子，进行多次再侵染。

温度是影响烟草根黑腐病发生程度的重要因素，低温高湿条件下易发病。病菌发展的最适宜温度为 17~23 ℃，低于 15 ℃病害发生不明显，高于 26 ℃病害发生程度明显减轻，温度超过 30 ℃后基本不发病，甚至许多病株可长出新根恢复正常生长。当土壤湿度较大、地温偏低时，病害发生严重，特别是在初移栽后遇连绵阴雨天气，病害会很快流行。此外，贫瘠盐碱地或土壤微酸性地块利于病害发生。

防治措施

1. 农业防治

（1）选用抗病品种：各种类型的烟草均有抗根黑腐病的品种，如烤烟的 Nc2、Nc89、g140、中烟 14 等；雪茄烟的哈瓦那 124、307 等。

（2）合理轮作：与防治黑胫病相结合，同禾本科作物实行 3 年以上轮作，避免与豆科、茄科及蔬菜作物连作。

（3）加强栽培管理：育苗时选用无病苗床，并适当进行苗床消毒；不施带病菌或未腐熟的有机肥；避免浇水过多，注意田间排湿，及时中耕松土。

2. 生物防治

发病初期，亩用 10 亿孢子/g 枯草芽孢杆菌可湿性粉剂 50~100 g，或 10 亿孢子/g 木霉菌可湿性粉剂 20~50 g，或 100 万孢子/g 寡雄腐霉菌可湿性粉剂 5~10 g，兑水后喷淋茎基部。

3. 化学防治

（1）苗床消毒：每平方米苗床用 50%甲基硫菌灵或 50%苯菌灵可湿性粉剂 10 g 消毒床土后，再用溴甲烷熏蒸床土，可同时杀死土壤中的其他真菌、细菌、杂草种子等。

（2）毒土穴施：栽植时亩用 50%甲基硫菌灵或 50%苯菌灵可湿性粉剂 50 g 拌细土后穴施。

（3）药剂喷洒：发病初期，用 50%甲基硫菌灵可湿性粉剂或 50%多菌灵可湿性粉剂 600~800 倍液，或 50 氯溴异氰尿酸可湿性粉剂 1 000~1 200 倍液，或 72. 2%霜霉威水剂 600~900 倍液，或 50%福美双可湿性粉剂 500 倍液，或 72%霜脲 · 锰锌可湿性粉剂 500 倍液，或 51%霜霉 · 乙酸铜可溶液剂 2 000~3 000 倍液，或 20%辛菌胺醋酸盐制剂 2 000~2 500 倍液等，进行茎基喷雾或每株 100~200 mL 药液灌根。

06 烟草根结线虫病

分布与危害

烟草根结线虫病又称根瘤线虫病、鸡爪根等,是由线虫侵入烟株根部引起的土传病害,豫西烟草种植区局部危害,近年有加重发生的趋势。根结线虫除影响烟株根系生长外,还易诱发黑胫病、根黑腐病等,造成更大损失。

症状特征

烟草根结线虫病在苗期和大田期均可发生。苗期一般发生较轻,症状不明显,受害重的烟苗,生长缓慢,长势衰弱,叶片呈黄白色或萎蔫,拔起后可见根系发育不良,须根稀少,并有少量米粒大小的根瘤。大田期症状明显,受害植株矮小,中下部叶片叶尖、叶缘褪绿变黄,随后转为红褐色,呈倒"V"字型向下向内扩展,最后整个叶片干枯反卷,随后整株叶片由下而上逐渐变黄下垂,与缺肥、缺水引起的干枯极为相似。病株地下根部长出大小不等形状各异的瘤状物(根结),小的如米粒,大的如花生粒,圆形、纺锤形或不规则形,须根明显减少,严重时只残留主根和侧根;根瘤初为乳白色,之后逐渐增大,有时一条根上串生多个根结,使整个根系肿胀变粗,呈鸡爪状畸形,基本丧失吸收营养和水分的机能;剖开根结,可见内有一至多个黄白色或乳白色粒状物,即病原线虫的雌虫。发病后期,土壤湿度大时,根系腐烂中空,仅留表皮和木质部,整个植株萎蔫枯死(图 9-6-1)。

图 9-6-1　烟草根结线虫病为害根部症状

发生规律

根结线虫以卵和 2 龄幼虫在土壤、病株残体或病组织内越冬,主要通过土壤、灌溉水、雨水及地表水等传播,也可随带有线虫的粪肥扩散蔓延,种苗带病是远距离传播的重要途径,在豫西地区发生为害的主要为南方线虫。条件适宜时,越冬卵孵化出 1 龄幼虫,蜕皮后成为 2 龄幼虫,侵入根系表皮细胞,受侵染组织细胞大量分裂,形成多核巨型细胞,在根表面形成根瘤。2 龄幼虫在根瘤中经过 3 次蜕皮后,发育为成虫。雄成虫寿命较短,雌虫成熟后产卵。卵产在胶质卵囊中,卵囊突出根结外或埋在根结内。温度 22~35 ℃,土壤相对湿度 40%~80%时,有利于根结线虫病的发生和侵染;砂质土、碱性土、坡地、贫瘠旱地发病重;连作地、管理粗放、肥水不足,发病重;烟草品种间的抗病性也存在较大差异。

防治措施

1. 农业防治

(1)选用抗病耐病品种:因地制宜选用G28、NC55、K346、中烟14、豫烟3号等抗病品种。

(2)合理轮作:可与禾本科作物实行3年以上的轮作,有条件的地区可选择水旱轮作,避免与茄科、葫芦科蔬菜和花生等轮作。

(3)加强田间管理:选择无病地作苗床,培育无病壮苗;适时早栽,栽大苗;施足基肥,及时中耕追肥,增施有机肥;农事操作时避免伤根;烟叶收获后,深耕翻地,减少越冬线虫数量。

(4)清洁田园:在病区收获时及时将病株连根挖出,带出田外集中销毁。

2. 生物防治

移栽时可亩用0.5%阿维菌素颗粒剂3~4 kg,或2亿孢子/g淡紫拟青霉粉剂1 kg,或2.5亿个孢子/g厚孢轮枝菌微粒剂1.5 kg,拌细土穴施。

3. 化学防治

(1)苗床熏蒸:每平方米用57%磷化铝片剂3.3 g,或溴甲烷40 g熏蒸苗床土壤,施药后覆土熏蒸7~14天,然后栽烟苗或播种,土壤湿度大时效果更好。

(2)移栽期处理:亩用10%噻唑膦颗粒剂2 kg,或5%丁硫·毒死蜱颗粒剂4~6 kg,拌细土20 kg,在开沟时把药土撒匀后覆土;也可用3%阿维·噻唑膦水乳剂1 000倍液蘸根。

07 烟青虫

分布与为害

烟青虫又名青虫、烟草夜蛾,属鳞翅目夜蛾科,是烟草生长中的常见虫害。烟青虫在豫西各产烟区均有发生。烟青虫为多食性害虫,寄主植物有70余种,主要为害烟草、辣椒、番茄、棉花等,常与棉铃虫混合发生。在烟株现蕾以前,以幼虫集中为害心芽及嫩叶,造成孔洞,严重时将叶肉食光,仅留叶脉;留种地烟株现蕾后,蛀食花蕾及果实,有时还能钻入嫩茎取食,造成上部幼茎嫩叶枯萎死亡(图9-7-1-图9-7-3)。

图9-7-1　烟青虫为害叶片成孔洞

形态特征

成虫：黄褐色，体长约 15~18 mm，翅展 27~35 mm。前翅长度短于体长，内横线、中横线、外横线均为波状的黑褐色细纹；肾状纹和环状纹均为黑褐色，较棉铃虫清晰，环形纹位于内横线与中横线之间，肾形纹位于中横线上半部分分叉之间；外横线外方有一条褐色宽带；缘毛黄色。后翅黄褐色，近外缘的黑色宽带稍窄（图 9-7-4，图 9-7-5）。

图 9-7-2　烟青虫为害嫩芽

图 9-7-3　烟青虫食叶肉仅留叶脉

图 9-7-4　烟青虫成虫

图 9-7-5　烟青虫成虫后翅黄褐色

卵：较扁，半球形，卵壳上有网状花纹。表面有约 21~26 条纵隆线，纵隆线间有短横线隆起。卵孔明显。初产时乳白色，后变为浅黄色，近孵化时变为紫褐色。

幼虫：老熟幼虫体长 30~42 mm，头部黄褐色，体色因食料或环境条件不同变化很大，有绿色、淡绿色、黄白色以至淡红色、黑紫色，常见的为青绿色。体背散生白点；胸部各节有瘤状突起，每节均有黑色毛片 12 个，两根前胸侧毛的连线与前胸气门下端不相切，远离前胸气门下端；气门上下两端较圆，气门片的宽度较均匀；气门片的颜色一般为褐色。体上的小刺较棉铃虫的短。体壁柔薄且较光滑（图 9-7-6）。

图 9-7-6　不同体色的烟青虫幼虫

蛹：赤褐色，长 17～21 mm，纺锤形，体长、体色与棉铃虫相似，腹部末端的 1 对钩刺靠近，似相连（图 9-7-7）。

图 9-7-7　烟青虫的蛹

发生规律

烟青虫在豫西地区每年发生3~4代,以末代蛹在土中越冬。翌年5月中下旬羽化,羽化后半小时左右开始飞翔,1~3天内交配产卵,交配时间多在夜晚8~11时,产卵期4~5天。成虫昼伏夜出,白天多隐蔽在烟叶叶背或杂草丛中,夜晚或阴天活动,需吸食花蜜补充营养,有一定的趋光性和趋化性。卵前期多散产在嫩叶的正反面叶脉处,在烟草生长后期多将卵产于果实、萼片或花瓣上,单雌可产卵千粒以上,一般单产,偶有3~4粒在一起。幼虫期一般12~50天,初孵幼虫先取食卵壳;初龄幼虫昼夜取食,并有吐丝下坠的习性,取食嫩叶表皮组织,形成孔洞或缺刻;3龄后食量增大,白天多潜伏于寄主叶下或土缝间,夜间活动为害,取食叶片、嫩茎和蛀食种子,并能转株为害。幼虫有假死性和自残性。老熟幼虫不食不动,经过1~2天后钻入土下3~5 cm作土茧化蛹,蛹期10~17天,越冬蛹入土稍深,越冬场所多为留种烟地、辣椒等蔬菜地及晚秋寄主植物地。一般夏烟比春烟受害重,白肋烟较烤烟受害重。

防治措施

1. 农业防治

(1)冬耕灭蛹:利用烟青虫以蛹在土壤耕作层内越冬的习性,冬耕可通过机械杀伤、暴露失水、恶化越冬环境、增加天敌捕食机会等,达到灭蛹效果,减少虫源。

(2)清洁田园:田间结合整枝、打顶,摘除边心及无效花蕾,并携至田外集中处理。

(3)人工捕杀幼虫:在阴天或清晨5~9时,到烟地巡查,当发现烟株顶部嫩叶上有新虫孔或叶腋内有黑绿色鲜虫粪时,找出幼虫杀死。

2. 理化诱控

(1)食饵诱杀:在成虫盛发期,利用成虫趋化性,可用糖醋液(糖、酒、醋、水=6∶1∶3∶10),或甘薯、豆饼发酵液加入少量敌百虫,放置烟田诱杀成虫。

(2)灯光诱杀:在烟田设置黑光灯或高压汞灯等诱杀成虫。

3. 生物防治

幼虫盛发前,可用100亿孢子/g的杀螟杆菌菌粉300~600倍液,或48亿孢子/g的青虫菌菌粉400~500倍液,或1.8%阿维菌素乳油3 000倍液,或0.3%印楝素乳油1 000~1 500倍液,或25%灭幼脲悬浮剂600倍液,向烟株心叶正反面喷洒,对3龄前幼虫防治效果较好。

4. 化学防治

多数幼虫在3龄以前开展防治,可选用10%吡虫啉可湿性粉剂1 500倍液,或2.5%溴氰菊酯乳油2 000倍液,或5%氟铃脲乳油1 000~2 000倍液,或90%晶体敌百虫1 000倍液,或1%甲维盐乳油2 000~3 000倍液,或43%辛·氟氯氰乳油1 500倍液,或80%敌敌畏乳油1 000~2 000倍液,或15%茚虫威悬浮剂3 500倍液,或40%乙酰甲胺磷乳油500~800倍液,或50%杀螟松乳油500~1 000倍液,或5%氯氰菊酯乳油2 000倍液,或50%辛硫磷乳油500~1 000倍液,每亩用药液30~40 kg喷雾。

08 烟蚜

分布与为害

烟蚜属同翅目蚜科昆虫，在豫西各烟草种植区均有分布，以成、若蚜聚集在烟株嫩蕾、嫩茎、花轴和叶背面刺吸汁液，致使叶片卷缩发黄，出现褪色斑点，新叶难以舒展，植株生长缓慢，严重时，烟叶发黑霉烂。受害烟叶烘烤时易成枯焦烟，品质低劣。嫩茎、花梗受害呈畸形，蒴果不能正常发育或枯死。烟蚜还是多种烟草病毒病的传播媒介，其分泌的蜜露还可引发煤污病，造成更大的产量损失（图 9-8-1，图 9-8-2）。

图 9-8-1　烟蚜为害烟草嫩叶

图 9-8-2　烟蚜群集叶背为害（人工饲养）

形态特征

无翅胎生雌蚜：体绿色、黄绿色、褐色或橘红色，较肥大，体长 1.4~2.6 mm，体宽 1.1 mm，近似卵圆形；头部深色，体表粗糙，但背中域光滑，第 7、8 腹节有网纹；额瘤明显，中额瘤微微隆起；触角 6 节，黑色，长 2.1 mm，第 5 节末端、第 6 节基部各有 1 个感觉圈，第 3 节长 0.5 mm，有毛 16~22 根，无感觉圈；腹管长筒形，端部黑色；尾片黑褐色，圆锥形，近端部 1/3 收缩，具曲毛 6~7 根（图 9-8-3，图 9-8-4）。

图 9-8-3　橘红色烟蚜

图 9-8-4　黄绿色烟蚜

有翅胎生雌蚜：体长 1.6~2.0 mm，头、胸均为黑色，额瘤显著，腹部黄绿色或赤褐色；触角黑色，共 6 节，第 3 节具 9~17 个圆形次生感觉圈，第 5 节端部、第 6 节基部各有 1 个感觉圈；腹部第 4~6 节背中央的斑点融合为一个近正方形的黑色大斑，第 2~6 节均有大型圆斑，第 8 节背中有小突起 1 对；腹管较长，黑色，圆柱形，中后部稍膨大，末端明显缢缩；尾片黑色，较腹管短，圆锥形，中部缢缩。

卵：长约 0.4 mm，长椭圆形，初产时淡黄色，后变为黑色，有光泽。

若虫：与成虫相似，体小，体色为红色、粉红色或绿色等。

发生规律

烟蚜每年发生的世代数因生态条件的差异而有所不同，豫西烟区一年发生 24~30 代，以卵在桃树上越冬，也有部分成蚜在温室或越冬蔬菜上越冬。以卵越冬的烟蚜，2 月下旬至 3 月上旬孵化为干母，在桃树上约繁殖 3 代；4 月下旬至 5 月上旬出现有翅蚜，迁至烟草、早春作物和蔬菜上为害，在烟草上可繁殖 15~17 代；9 月中下旬烟草收获后又迁往十字花科蔬菜上为害，可繁殖 8~9 代；随着气温的降低，10~11 月在秋菜田内产生有翅雄性蚜和有翅性母蚜迁回桃树，有翅性母蚜产生雄蚜后与雄蚜交配产卵越冬。在温室内，烟蚜终年以孤雌生殖方式繁殖。烟蚜对气候条件的适应性极强，繁殖量大，1 头雌蚜可产若蚜 85~150 头，平均 51 头。夏季温湿度适宜时，若蚜只需 2~4 天即可成熟繁殖。大多数成蚜当日或次日即可产若蚜，1~2 天后便进入繁殖高峰期。烟蚜寿命 11~99 天，具有明显的趋嫩性和避光性，有翅蚜对黄色呈正趋性，对银灰色和白色呈负趋性。烟蚜繁殖为害的适宜温度为 12.5~26℃，相对湿度为 80%~88%，当 5 日平均温度高于 30℃或低于 6℃，相对湿度小于 40%时，烟蚜种群数量会迅速下降。旱地、坡地及植株生长茂密、周围寄主较多的地块发生重。

防治措施

烟蚜的繁殖蔓延速度极快，应采取农业防治、理化诱控、生物防治和化学防治相结合的综合防控技术。

1. **农业防治**

(1)加强田间管理:采用集约化育苗,苗床应远离菜地及村庄;加强烟田肥水管理,提高烟草自身的抗虫性;及时人工拔除或中耕除草;对非留种田及时打顶抹杈,消灭群集在其上为害的蚜虫,同时恶化烟蚜的食物条件,注意将打掉的所有蚜枝、芽带出烟田集中销毁或深埋,可大大减轻为害。

(2)合理轮作:前茬作物或邻近田块避免种植茄科、十字花科等寄主作物,降低烟田的蚜源。

2. **理化诱控**

(1)银膜驱避:利用烟蚜对银色光有忌避的习性,在苗床内和烟田设置银色反光塑料薄膜,驱避蚜虫,减轻为害。

(2)色板诱杀:有翅蚜迁飞期,在烟田悬挂黄色粘板诱杀,间隔 5~7 天,检查 1 次,及时清理死虫,更换粘板。

3. **生物防治**

(1)保护利用天敌:烟蚜的天敌种类繁多,如草蛉、瓢虫、蚜茧蜂、食蚜蝇、蜘蛛等,生产过程中要加以保护利用,避免在天敌活动盛期用药;还可向烟田释放人工饲养的蚜茧蜂(图 9-8-5)、瓢虫等天敌。

图 9-8-5　烟蚜天敌——蚜茧蜂(人工培育)

(2)生物药剂防治:烟蚜发生初期,亩用 1.5%苦参碱可溶液剂 30~40 mL,或 200 万个/ mL 耳霉菌悬浮剂 150~200 mL,或 5%桉油精可溶液剂 70~100 mL,兑水 50~60 kg 喷雾;也可喷施 1.8%阿维菌素乳油 2 000 倍液,或 10%多杀霉素悬浮剂 2 500 倍液,或 0.3%印楝素乳油 300~500 倍液。

4. **化学防治**

(1)药液喷洒:一旦发现有零星烟蚜,及时喷洒药剂进行防治,在迁飞和种群数量猛增之前消灭。药剂可选用 50%辛硫磷乳油 800~1 000 倍液,或 50%抗蚜威可湿性粉剂 2 000 倍液,或 10%吡虫啉可湿性粉剂 2 500 倍液,或 5%啶虫脒乳油 2 000~2 500 倍液,或 4.5%高效氯氟氰菊酯乳油 1 000~2 000 倍液,或 25%噻虫嗪水分散粒剂 4 000~5 000 倍液,或 2.5%溴氰菊酯乳油 3 000~4 000 倍液,或 22%毒・吡乳油 2 000~2 200 倍液,隔 7~10 天喷 1 次,连喷 2~3 次,喷药要均匀。

(2)使用灭蚜签:将吡虫啉灭蚜签斜插于烟茎中上部,每株烟插 1 根。此法安全且不污染环境,残效期较长,并可有效保护天敌。

参考文献

[1]中国农业科学院植物保护研究所,中国植物保护学会.中国农作物病虫害[M].3版.北京:中国农业出版社,2014.

[2]河南省植保植检站.河南农业病虫原色图谱.粮棉油作物卷[M].郑州:河南科学技术出版社,2015.

[3]吕国强.粮棉油作物病虫原色图谱[M].郑州:河南科学技术出版社,2015.

[4]王燕,闵红.玉米病虫害识别与绿色防控图谱[M].郑州:河南科学技术出版社,2021.

[5]全国农业技术推广服务中心.中国植保手册.水稻病虫防治分册[M].北京:中国农业出版社,2005.

[6]彭红,朱志刚.水稻病虫害识别与绿色防控图谱[M].郑州:河南科学技术出版社,2021.

[7]李巧芝,柴俊霞.大豆病虫害识别与绿色防控图谱[M].郑州:河南科学技术出版社,2021.

[8]王朝阳,赵文新.花生病虫害识别与绿色防控图谱[M].郑州:河南科学技术出版社,2021.

[9]全国农业技术推广服务中心.中国植保手册.棉花病虫防治分册[M].北京:中国农业出版社,2007.

[10]赵文新,孙红霞.棉花病虫害原色图谱[M].郑州:河南科学技术出版社,2017.

[11]吕国强.主要农作物重大病虫防治手册[M].郑州:河南科学技术出版社,2008.

[12]全国农业技术推广服务中心.生物农药科学使用指南[M].北京:化学工业出版社,2016.

[13]邵振润,梁帝允.农药安全科学使用指南[M].2版.北京:中国农业科学技术出版社.2014.

[14]高山松,马奇祥,刘珍.粮食作物病虫实用原色图谱[M].郑州:河南科学技术出版社,1998.

[15]马奇祥,孔健.经济作物病虫实用原色图谱.郑州:河南科学技术出版社,1998.

[16]吕印谱,马奇祥.新编常用农药使用简明手册[M].北京:中国农业出版社,2004.

[17]吕佩珂,李明远,吴钜文,等.中国蔬菜病虫原色图谱[M].北京:中国农业出版社,1998.